이 책을 펴고 있는 그대를 환영합니다.

밑줄을 긋고
형광펜을 칠하고
메모를 하고
틀리고 맞고를 반복할 그대

쿵. 쿵. 쿵
알아가는 즐거움으로
심장이 벅차게 뛰기를

이 책을 펴고 있는 그대를 응원합니다.

BETTER CONTENT BETTER LIFE

확률과 통계 310제

WRITERS

김동은 대신고 교사
김한결 상문고 교사
서미경 영동일고 교사
원슬기 신일고 교사
정재훈 영동일고 교사
최승호 서울고 교사

COPYRIGHT

인쇄일 2025년 5월 12일(1판1쇄)
발행일 2025년 5월 12일

펴낸이 신광수
펴낸곳 ㈜미래엔
등록번호 제16-67호

중고등개발본부장 하남규
개발책임 주석호
개발 김지연, 문희주, 박혜령

디자인실장 손현지
디자인책임 김기욱
디자인 페이퍼눈

CS본부장 장명진

ISBN 979-11-7347-599-3

1등급 만들기

확률과 통계
310제

구성과 특징

핵심 개념

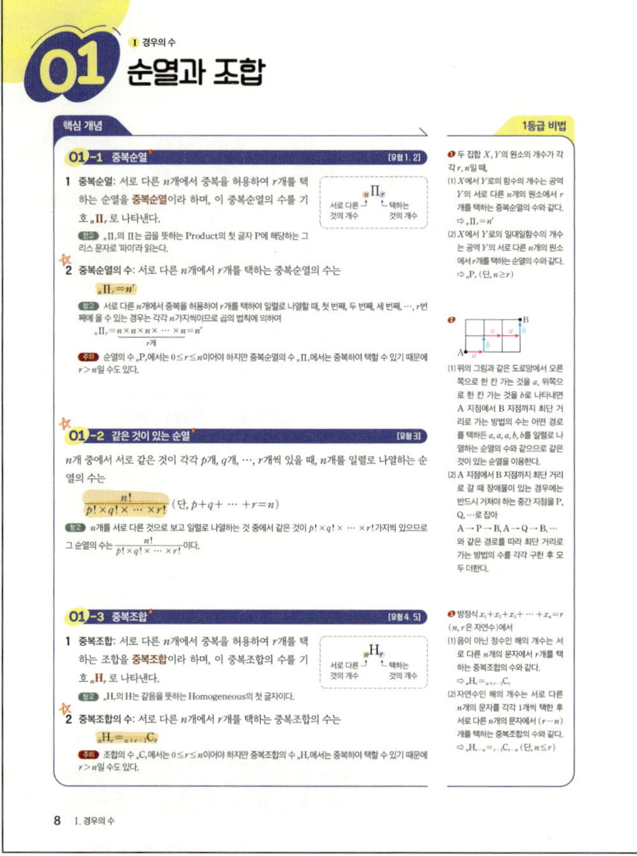

시험에 자주 나오는 핵심 개념 파악하기

학교 시험에 자주 나오는 개념을 일목 요연하게 정리하여 핵심 개념을 빠르게 파악할 수 있도록 구성하였습니다.

1등급 비법 1등급을 위하여 문제 해결에 활용할 수 있는 비법을 제시하였습니다.

1등급 만들기 3단계 문제 코스

1등급 만들기의 3단계 문제를 풀면 1등급이 이루어집니다.

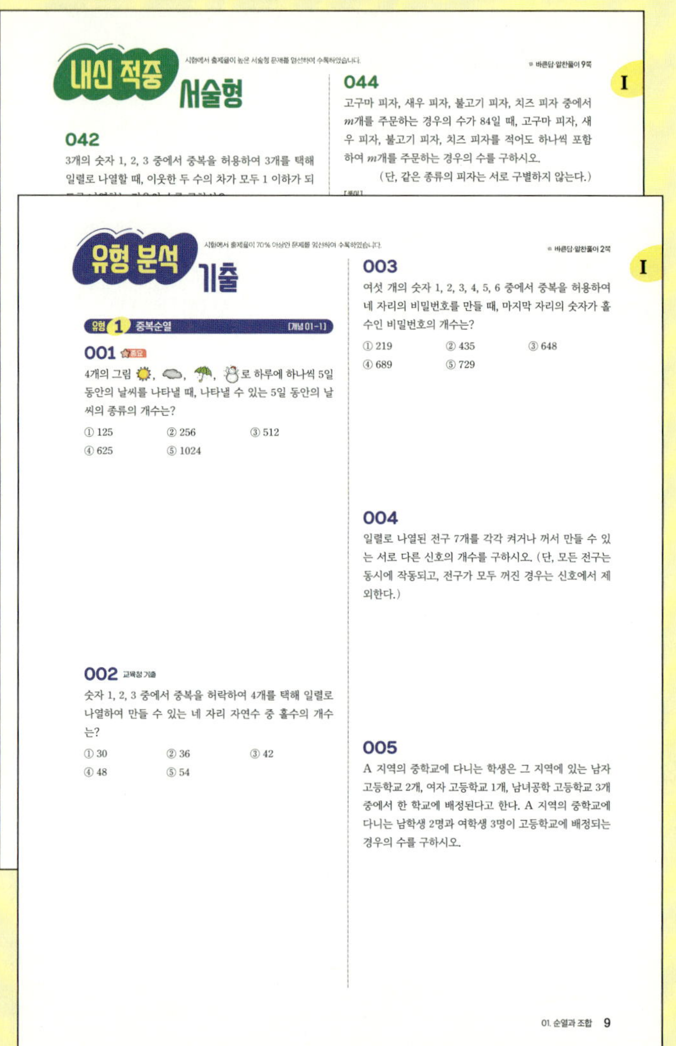

STEP 1 기출 문제로 실전 감각 키우기

유형 분석 기출

기출 문제를 유형별로 분석한 후 출제율이 70% 이상인 문제를 선별하여 수록하였습니다. 문제를 풀며 탄탄하게 실력을 키울 수 있습니다.

⭐ **중요** 시험에서 출제 빈도가 매우 높은 문제입니다.

실력 UP 실력을 한 단계 높일 수 있는 문제입니다.

교육청 기출, 평가원 기출, 수능 기출 최근 5개년에 출제된 기출 문제입니다.

내신 적중 서술형

배점이 높은 서술형 문제도 꼼꼼히 준비할 수 있도록 출제율이 높은 서술형 문제를 수록하였습니다.

도전 1등급 최고난도

※ 바른답·알찬풀이 13쪽

057 교육청 기출

집합 $X=\{1, 2, 3, 4, 5\}$에 대하여 다음 조건을 만족시키는 함수 $f: X \longrightarrow X$의 개수를 구하시오.

(가) $f(1) \leq f(2) \leq f(3)$
(나) $1 < f(5) < f(4)$
(다) $f(a)=b$, $f(b)=a$를 만족시키는 집합 X의 서로

055

서로 다른 종류의 꽃 4송이와 같은 종류의 초콜릿 2개를 3명의 학생 A, B, C에게 남김없이 나누어 주려고 한다.

1등급 실력 완성

※ 바른답·알찬풀이 26쪽

II

131 평가원 기출

주머니에 숫자 1, 2, 3, 4가 하나씩 적혀 있는 흰 공 4개와 숫자 4, 5, 6, 7이 하나씩 적혀 있는 검은 공 4개가 들어 있다. 이 주머니를 사용하여 다음 규칙에 따라 점수를 얻는 시행을 한다.

> 주머니에서 임의로 2개의 공을 동시에 꺼내어 꺼낸 공이 서로 다른 색이면 12를 점수로 얻고, 꺼낸 공이 서로 같은 색이면 꺼낸 두 공에 적힌 수의 곱을 점수로 얻는다.

이 시행을 한 번 하여 얻은 점수가 24 이하의 짝수일 확률이 $\dfrac{q}{p}$일 때, $p+q$의 값을 구하시오.

(단, p와 q는 서로소인 자연수이다.)

128

표본공간 $S=\{1, 2, 3, 4, 5, 6\}$의 각 근원사건이 일어날 확률이 모두 같을 때, 표본공간 S의 두 사건 A, B가 서로 배반사건이고 $0 < P(A) < P(B)$가 되도록 두 사건 A, B를 선택하는 경우의 수를 구하시오.

129

5명의 학생이 자신들의 모의고사 성적표가 각각 한 장씩 놓여 있는 교탁 위에서 임의로 각자 성적표를 한 장씩 택하였다. 이때 한 학생만 자신의 성적표를 택했을 확률을 구하시오.

130 평가원 기출

두 집합 $X=\{1, 2, 3, 4\}$, $Y=\{1, 2, 3, 4, 5, 6, 7\}$에 대하여 X에서 Y로의 모든 일대일함수 f 중에서 임의로 하나를 선택할 때, 이 함수가 다음 조건을 만족시킬 확률은?

(가) $f(2)=2$
(나) $f(1) \times f(2) \times f(3) \times f(4)$는 4의 배수이다.

① $\dfrac{1}{14}$ ② $\dfrac{3}{35}$ ③ $\dfrac{1}{10}$
④ $\dfrac{4}{35}$ ⑤ $\dfrac{9}{70}$

132

오른쪽 그림과 같이 한 변의 길이가 4인 정삼각형 ABC의 내부에 임의로 한 점 P를 잡을 때, 점 P에서 각 꼭짓점까지의 거리가 2보다 클 확률을 구하시오.

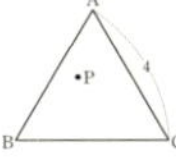

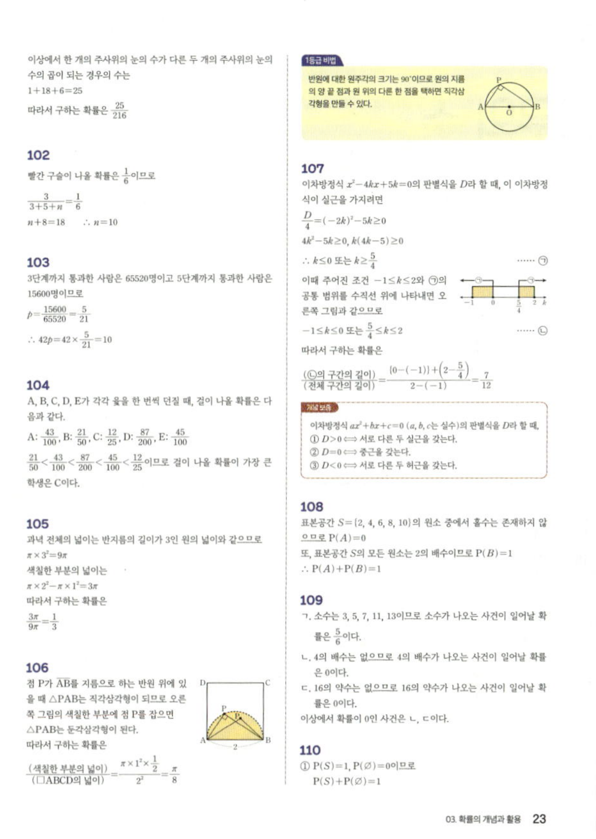

바른답·알찬풀이

이상에서 한 개의 주사위의 눈의 수가 다른 두 개의 주사위의 눈의 수의 곱이 되는 경우의 수는
$1+18+6=25$
따라서 구하는 확률은 $\dfrac{25}{216}$

1등급 비법

반원에 대한 원주각의 크기는 90°이므로 원의 지름의 양 끝 점과 원 위의 다른 한 점을 택하면 직각삼각형을 만들 수 있다.

102

빨간 구슬이 나올 확률은 $\dfrac{1}{6}$이므로
$\dfrac{3}{3+5+n}=\dfrac{1}{6}$
$n+8=18$ ∴ $n=10$

103

3단계까지 통과한 사람은 65520명이고 5단계까지 통과한 사람은 15600명이므로
$p=\dfrac{15600}{65520}=\dfrac{5}{21}$
∴ $42p=42 \times \dfrac{5}{21}=10$

104

A, B, C, D, E가 각각 윷을 한 번씩 던질 때, 걸이 나올 확률은 다음과 같다.
A: $\dfrac{43}{100}$, B: $\dfrac{21}{50}$, C: $\dfrac{12}{25}$, D: $\dfrac{87}{200}$, E: $\dfrac{45}{100}$
$\dfrac{21}{50} < \dfrac{43}{100} < \dfrac{87}{200} < \dfrac{45}{100} < \dfrac{12}{25}$이므로 걸이 나올 확률이 가장 큰 학생은 C이다.

105

과녁 전체의 넓이는 반지름의 길이가 3인 원의 넓이와 같으므로
$\pi \times 3^2=9\pi$
색칠한 부분의 넓이는
$\pi \times 2^2 - \pi \times 1^2=3\pi$
따라서 구하는 확률은
$\dfrac{3\pi}{9\pi}=\dfrac{1}{3}$

106

점 P가 $\overline{AB}$를 지름으로 하는 반원 위에 있을 때 $\triangle PAB$는 직각삼각형이 되므로 오른쪽 그림의 색칠한 부분에 점 P를 잡으면 $\triangle PAB$는 둔각삼각형이 된다.
따라서 구하는 확률은
$\dfrac{(색칠한 부분의 넓이)}{(\square ABCD의 넓이)}=\dfrac{\pi \times 1^2 \times \dfrac{1}{2}}{2^2}=\dfrac{\pi}{8}$

107

이차방정식 $x^2-4kx+5k=0$의 판별식을 D라 할 때, 이 이차방정식이 실근을 가지려면
$\dfrac{D}{4}=(-2k)^2-5k \geq 0$
$4k^2-5k \geq 0$, $k(4k-5) \geq 0$
∴ $k \leq 0$ 또는 $k \geq \dfrac{5}{4}$ …… ㉠
이때 주어진 조건 $-1 \leq k \leq 2$와 ㉠의 공통 범위를 수직선 위에 나타내면 오른쪽 그림과 같으므로
$-1 \leq k \leq 0$ 또는 $\dfrac{5}{4} \leq k \leq 2$ …… ㉡
따라서 구하는 확률은
$\dfrac{(㉡의 구간의 길이)}{(전체 구간의 길이)}=\dfrac{\{0-(-1)\}+\left(2-\dfrac{5}{4}\right)}{2-(-1)}=\dfrac{7}{12}$

개념 보충

이차방정식 $ax^2+bx+c=0$ $(a, b, c$는 실수$)$의 판별식을 D라 할 때,
① $D>0 \Longleftrightarrow$ 서로 다른 두 실근을 갖는다.
② $D=0 \Longleftrightarrow$ 중근을 갖는다.
③ $D<0 \Longleftrightarrow$ 서로 다른 두 허근을 갖는다.

108

표본공간 $S=\{2, 4, 6, 8, 10\}$의 원소 중에서 홀수는 존재하지 않으므로 $P(A)=0$
또, 표본공간 S의 모든 원소는 2의 배수이므로 $P(B)=1$
∴ $P(A)+P(B)=1$

109

ㄱ. 소수는 3, 5, 7, 11, 13이므로 소수가 나오는 사건이 일어날 확률은 $\dfrac{5}{6}$이다.
ㄴ. 4의 배수는 없으므로 4의 배수가 나오는 사건이 일어날 확률은 0이다.
ㄷ. 16의 약수는 없으므로 16의 약수가 나오는 사건이 일어날 확률은 0이다.
이상에서 확률이 0인 사건은 ㄴ, ㄷ이다.

110

① $P(S)=1$, $P(\varnothing)=0$이므로
$P(S)+P(\varnothing)=1$

---

03. 확률의 개념과 활용 39

STEP 2 1등급 문제로 실력 향상시키기

 **1등급 실력 완성**

등급의 차이를 결정하는 어려운 문제도 자신 있게 풀 수 있도록 중요 기출 문제 중에서 개념 통합형 문제와 높은 사고력을 요구하는 고난도 문제를 수록하였습니다.

STEP 3 최고난도 문제로 1등급 도전하기

  **도전 1등급 최고난도**

1등급을 결정하는 최고난도의 문제로 시험에서 1등급을 정복할 수 있습니다.

자세한 해설로 문제별 핵심 다시 파악하기

이해하기 쉽도록 자세하고 친절한 풀이를 제시하였습니다.
1등급 실력 완성 문제와 도전 1등급 최고난도 문제에는 해결 전략을 단계적으로 제시하여 문제 해결 능력을 강화할 수 있습니다.

1등급 비법 1등급을 달성할 수 있는 노하우를 수록하였습니다.

개념 보충 놓치기 쉬운 개념을 다시 한번 정리하였습니다.

Contents
차례

1등급 만들기로 1등급 완성하자!

1등급 선배들의 공부 TIP

- **하나** 문제를 풀기 전에는 절대로 풀이를 보지 말고, 문제가 풀릴 때까지 **스스로의 힘으로 풀자!**

- **둘** 잘 모르거나 틀린 문제는 해설을 보면서 어느 부분에서 **왜 틀렸는지 반드시 파악하자!**

- **셋** 계산 실수 때문에 틀리는 경우가 없도록 한 문제 한 문제를 **꼼꼼히 풀자!**

- **넷** **등급을 가르는 문제**들은 따로 체크해 두고, 틈틈이 풀면서 **익숙해 지도록 하자!**

1등급 만들기를 활용한 수학 공부법

1 기본기를 탄탄히 하려면?

교과서로 기본 개념을 익힌 후, 시험에 꼭 나오는 핵심 개념만을 모은 1등급 만들기의 핵심 개념을 반복해서 읽자. 중요 공식은 반드시 암기하고, **1등급 비법**을 숙지하자.

2 시험에 대비하려면?

시험에 자주 출제되는 문제로 공부하되, 쉬운 문제부터 어려운 문제까지 차근차근 공부하자. **1등급 만들기의 유형 분석 기출 문제와 내신 적중 서술형 문제**를 풀면서 기출 문제에 대한 감을 익힌 후, **1등급 실력 완성 문제**로 실력을 높이자. 각 단계를 공부한 후에는 채점하여 틀린 문제에 표시하고, 오답노트를 만들어 다시 한번 풀어 보자.

3 1등급을 정복하려면?

1등급이 되려면 실생활 문제, 여러 단원의 개념을 묻는 통합 문제 등을 해결할 수 있어야 한다. 수학적 사고력을 필요로 하는 **1등급 만들기의 도전 1등급 최고난도 문제**를 풀면서 문제 해결 능력을 키우자.

승리

전쟁에서는 같은 전략으로 또 승리하기는 어려우니, 무한히 변화하는 형세에 잘 적응해야
한다는 의미입니다.

손자는 응형무궁할 수 있는 방법으로 '물'을 예로 들었습니다. 물 흐르듯
유연하게 사방의 모든 지형지물을 품고 안으며 대응할 수 있어야 어떤
전쟁에서든 이길 수 있다는 것입니다. 사방의 모든 지형지물을 품고
안으며 대응할 수 있는 진정한 실력자가 됩시다.

I

경우의 수

01 순열과 조합

핵심 개념

1등급 비법

01-1 중복순열[1]

[유형 1, 2]

1 중복순열: 서로 다른 n개에서 중복을 허용하여 r개를 택하는 순열을 **중복순열**이라 하며, 이 중복순열의 수를 기호 $_n\Pi_r$로 나타낸다.

서로 다른 → $_n\Pi_r$ ← 택하는 / 것의 개수 / 것의 개수

> **참고** $_n\Pi_r$의 Π는 곱을 뜻하는 Product의 첫 글자 P에 해당하는 그리스 문자로 '파이'라 읽는다.

2 중복순열의 수: 서로 다른 n개에서 r개를 택하는 중복순열의 수는

$$_n\Pi_r = n^r$$

> **참고** 서로 다른 n개에서 중복을 허용하여 r개를 택하여 일렬로 나열할 때, 첫 번째, 두 번째, 세 번째, $\cdots$, r번째에 올 수 있는 경우는 각각 n가지씩이므로 곱의 법칙에 의하여
> $$_n\Pi_r = \underbrace{n \times n \times n \times \cdots \times n}_{r개} = n^r$$

> **주의** 순열의 수 $_n\mathrm{P}_r$에서는 $0 \le r \le n$이어야 하지만 중복순열의 수 $_n\Pi_r$에서는 중복하여 택할 수 있기 때문에 $r > n$일 수도 있다.

❶ 두 집합 X, Y의 원소의 개수가 각각 r, n일 때,

(1) X에서 Y로의 함수의 개수는 공역 Y의 서로 다른 n개의 원소에서 r개를 택하는 중복순열의 수와 같다.
$$\Rightarrow {_n\Pi_r} = n^r$$

(2) X에서 Y로의 일대일함수의 개수는 공역 Y의 서로 다른 n개의 원소에서 r개를 택하는 순열의 수와 같다.
$$\Rightarrow {_n\mathrm{P}_r} \ (\text{단}, n \ge r)$$

01-2 같은 것이 있는 순열[2]

[유형 3]

n개 중에서 서로 같은 것이 각각 p개, q개, $\cdots$, r개씩 있을 때, n개를 일렬로 나열하는 순열의 수는

$$\frac{n!}{p! \times q! \times \cdots \times r!} \ (\text{단}, p+q+\cdots+r=n)$$

> **참고** n개를 서로 다른 것으로 보고 일렬로 나열하는 것 중에서 같은 것이 $p! \times q! \times \cdots \times r!$가지씩 있으므로 그 순열의 수는 $\dfrac{n!}{p! \times q! \times \cdots \times r!}$이다.

❷

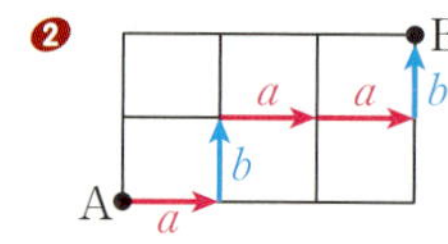

(1) 위의 그림과 같은 도로망에서 오른쪽으로 한 칸 가는 것을 a, 위쪽으로 한 칸 가는 것을 b로 나타내면 A 지점에서 B 지점까지 최단 거리로 가는 방법의 수는 어떤 경로를 택하든 a, a, a, b, b를 일렬로 나열하는 순열의 수와 같으므로 같은 것이 있는 순열을 이용한다.

(2) A 지점에서 B 지점까지 최단 거리로 갈 때 장애물이 있는 경우에는 반드시 거쳐야 하는 중간 지점을 P, Q, $\cdots$로 잡아 A → P → B, A → Q → B, $\cdots$와 같은 경로를 따라 최단 거리로 가는 방법의 수를 각각 구한 후 모두 더한다.

01-3 중복조합[3]

[유형 4, 5]

1 중복조합: 서로 다른 n개에서 중복을 허용하여 r개를 택하는 조합을 **중복조합**이라 하며, 이 중복조합의 수를 기호 $_n\mathrm{H}_r$로 나타낸다.

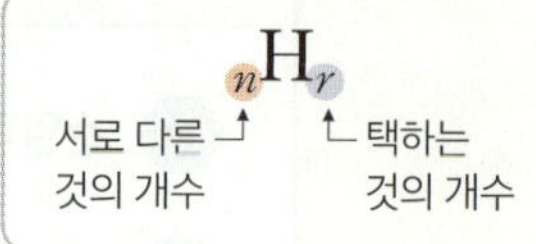

> **참고** $_n\mathrm{H}_r$의 H는 같음을 뜻하는 Homogeneous의 첫 글자이다.

2 중복조합의 수: 서로 다른 n개에서 r개를 택하는 중복조합의 수는

$$_n\mathrm{H}_r = {_{n+r-1}\mathrm{C}_r}$$

> **주의** 조합의 수 $_n\mathrm{C}_r$에서는 $0 \le r \le n$이어야 하지만 중복조합의 수 $_n\mathrm{H}_r$에서는 중복하여 택할 수 있기 때문에 $r > n$일 수도 있다.

❸ 방정식 $x_1 + x_2 + x_3 + \cdots + x_n = r$ (n, r은 자연수)에서

(1) 음이 아닌 정수인 해의 개수는 서로 다른 n개의 문자에서 r개를 택하는 중복조합의 수와 같다.
$$\Rightarrow {_n\mathrm{H}_r} = {_{n+r-1}\mathrm{C}_r}$$

(2) 자연수인 해의 개수는 서로 다른 n개의 문자를 각각 1개씩 택한 후 서로 다른 n개의 문자에서 $(r-n)$개를 택하는 중복조합의 수와 같다.
$$\Rightarrow {_n\mathrm{H}_{r-n}} = {_{r-1}\mathrm{C}_{r-n}} \ (\text{단}, n \le r)$$

 유형 분석 기출

유형 1 중복순열 [개념 01-1]

001 ⭐중요

4개의 그림 으로 하루에 하나씩 5일 동안의 날씨를 나타낼 때, 나타낼 수 있는 5일 동안의 날씨의 종류의 개수는?

① 125
② 256
③ 512
④ 625
⑤ 1024

002 교육청 기출

숫자 1, 2, 3 중에서 중복을 허락하여 4개를 택해 일렬로 나열하여 만들 수 있는 네 자리 자연수 중 홀수의 개수는?

① 30
② 36
③ 42
④ 48
⑤ 54

003

여섯 개의 숫자 1, 2, 3, 4, 5, 6 중에서 중복을 허용하여 네 자리의 비밀번호를 만들 때, 마지막 자리의 숫자가 홀수인 비밀번호의 개수는?

① 219
② 435
③ 648
④ 689
⑤ 729

004

일렬로 나열된 전구 7개를 각각 켜거나 꺼서 만들 수 있는 서로 다른 신호의 개수를 구하시오. (단, 모든 전구는 동시에 작동되고, 전구가 모두 꺼진 경우는 신호에서 제외한다.)

005

A 지역의 중학교에 다니는 학생은 그 지역에 있는 남자 고등학교 2개, 여자 고등학교 1개, 남녀공학 고등학교 3개 중에서 한 학교에 배정된다고 한다. A 지역의 중학교에 다니는 남학생 2명과 여학생 3명이 고등학교에 배정되는 경우의 수를 구하시오.

006

다섯 개의 숫자 2, 3, 5, 7, 9 중에서 중복을 허용하여 만들 수 있는 네 자리 자연수 중 반드시 2가 포함되는 것의 개수는?

① 256   ② 312   ③ 369

④ 625   ⑤ 881

007

3개의 특수 문자 ※, §, @를 일렬로 나열하여 암호를 만들려고 한다. 세 문자를 합해서 1개 이상 5개 이하로 사용하여 만들 수 있는 암호의 개수를 구하시오.

008

4개의 숫자 0, 1, 2, 3 중에서 중복을 허용하여 만든 자연수를 크기가 작은 것부터 차례대로 나열할 때, 2000은 몇 번째 수인가?

① 127번째   ② 128번째   ③ 129번째

④ 130번째   ⑤ 131번째

009   평가원 기출

네 문자 a, b, X, Y 중에서 중복을 허락하여 6개를 택해 일렬로 나열하려고 한다. 다음 조건이 성립하도록 나열하는 경우의 수는?

> ㈎ 양 끝 모두에 대문자가 나온다.
> ㈏ a는 한 번만 나온다.

① 384   ② 408   ③ 432

④ 456   ⑤ 480

010   실력 UP

서로 다른 사탕 6개를 3명의 학생에게 나누어 줄 때, 모든 학생에게 사탕을 3개 이하로 나누어 주는 경우의 수를 구하시오.

（단, 사탕을 받지 못하는 학생이 있을 수 있다.）

011 ⭐중요

두 집합 $X=\{1, 3, 5, 7\}$, $Y=\{-1, 1\}$에 대하여 함수 $f:X\longrightarrow Y$ 중에서 모든 함수의 개수를 a, $f(1)\neq1$인 함수의 개수를 b라 할 때, $a+b$의 값을 구하시오.

012

집합 $X=\{1, 2, 3, 4, 5\}$에 대하여 집합 X에서 X로의 함수 f 중에서 $f(1)+f(4)=7$을 만족시키는 함수의 개수를 구하시오.

013 실력 UP

집합 $X=\{1, 2, 3, 4, 5\}$에 대하여 집합 X에서 X로의 함수 f 중에서 다음 조건을 만족시키는 함수의 개수는?

> ㈎ 집합 X의 모든 원소 x에 대하여 $x+f(x)$는 짝수이다.
> ㈏ 1은 함수 f의 치역의 원소이다.

① 64 ② 68 ③ 72
④ 76 ⑤ 80

014 ⭐중요

sausage에 있는 7개의 문자를 일렬로 나열할 때, 양 끝에 a가 오도록 나열하는 방법의 수는?

① 56 ② 60 ③ 64
④ 68 ⑤ 72

015

7개의 숫자 1, 1, 1, 2, 3, 4, 5를 일렬로 나열할 때, 3, 4, 5는 크기가 작은 것부터 순서대로 나열하는 방법의 수는?

① 140 ② 280 ③ 420
④ 560 ⑤ 840

016

6개의 문자 a, b, c, d, e, f를 일렬로 나열할 때, a는 d보다 앞에 오고 c는 e보다 앞에 오도록 나열하는 방법의 수는?

① 30 ② 120 ③ 180
④ 360 ⑤ 720

017

5개의 숫자 1, 2, 2, 3, 3 중에서 4개를 택하여 만들 수 있는 네 자리 자연수의 개수를 구하시오.

018

오른쪽 그림과 같은 도로망이 있다. A 지점에서 B 지점까지 최단 거리로 갈 때, $\overline{PQ}$를 거치지 않고 가는 방법의 수는?

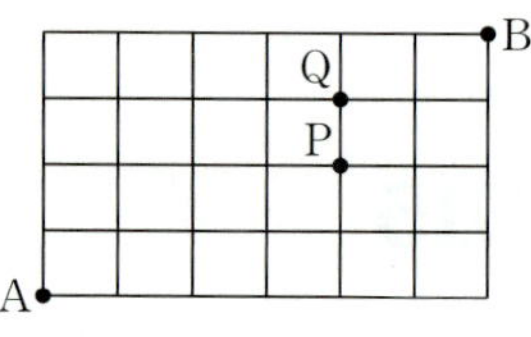

① 120   ② 165   ③ 210
④ 255   ⑤ 300

019

tomorrow에 있는 8개의 문자를 일렬로 나열할 때, m과 w가 이웃하지 않도록 나열하는 방법의 수는?

① 420   ② 840   ③ 1680
④ 2520   ⑤ 3360

020 ⭐중요 교육청 기출

그림과 같이 직사각형 모양으로 연결된 도로망이 있다. 이 도로망을 따라 A 지점에서 출발하여 B 지점까지 최단 거리로 갈 때, P 지점을 지나면서 Q 지점을 지나지 않는 경우의 수는?

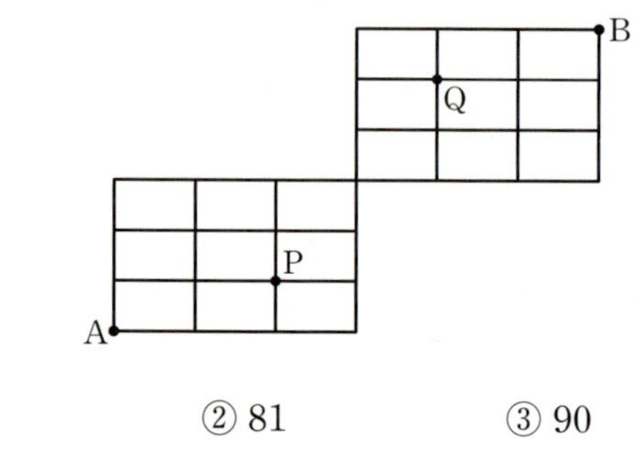

① 72   ② 81   ③ 90
④ 99   ⑤ 108

021

다음 조건을 만족시키는 10 이하의 자연수 a, b, c의 순서쌍 (a, b, c)의 개수를 구하시오.

> (가) $a \times b \times c = 36$
> (나) a, b, c 중 서로 같은 수가 있다.

022

6개의 숫자 0, 1, 1, 2, 2, 2를 모두 사용하여 만들 수 있는 여섯 자리 자연수 중에서 짝수의 개수는?

① 34 ② 38 ③ 42
④ 46 ⑤ 50

023

3개의 숫자 1, 2, 3 중에서 중복을 허용하여 다음 조건을 만족시키도록 6개를 택한 후 택한 6개의 숫자를 일렬로 나열하는 경우의 수를 구하시오.

> ㈎ 숫자 1, 2, 3을 각각 한 개 이상씩 택한다.
> ㈏ 택한 6개의 수의 합이 12이다.

024

오른쪽 그림과 같이 공사 중인 부분이 표시된 도로망이 있다. 공사 중인 부분은 지나갈 수 없다고 할 때, 집에서 학교까지 최단 거리로 가는 방법의 수를 구하시오.

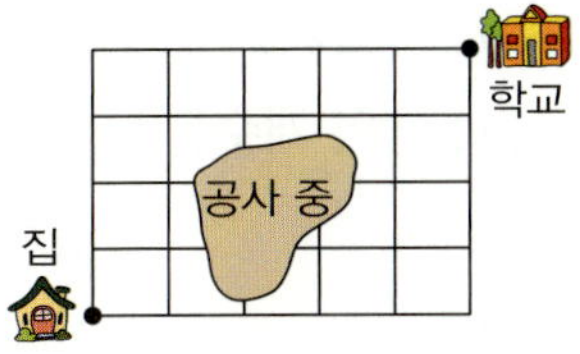

025

다항식 $(a+b+c+d)^5$의 전개식에서 서로 다른 항의 개수를 구하시오.

026 ⭐중요

회원이 10명인 어느 동아리 회장 선거에 2명이 출마하였다. 회원들이 한 명의 후보자에게 각각 투표할 때, 무기명으로 투표하는 경우의 수를 a, 기명으로 투표하는 경우의 수를 b라 하자. $a+b$의 값은?

(단, 기권이나 무효표는 없다.)

① 31 ② 111 ③ 166
④ 1035 ⑤ 1090

027

$1 \leq x \leq y \leq z \leq 9$를 만족시키는 자연수 x, y, z의 순서쌍 (x, y, z)의 개수는?

① 164　　　② 165　　　③ 166

④ 167　　　⑤ 168

028

같은 종류의 인형 5개를 세 상자 A, B, C에 나누어 담을 때, 각 상자에 적어도 인형을 한 개 이상 담는 경우의 수는? (단, 같은 종류의 인형끼리는 서로 구별하지 않는다.)

① 6　　　② 7　　　③ 8

④ 9　　　⑤ 10

029

네 종류의 꽃 장미, 국화, 튤립, 목화를 섞어서 15송이의 꽃을 사려고 한다. 장미 꽃은 5송이 이상, 목화 꽃은 3송이 이상 사는 경우의 수는?

(단, 같은 종류의 꽃끼리는 서로 구별하지 않는다.)

① 120　　　② 132　　　③ 144

④ 156　　　⑤ 168

030 ⭐중요

x, y, z, w가 모두 음이 아닌 정수일 때, 부등식 $x+y+z+w \leq 3$을 만족시키는 해의 개수를 구하시오.

031

방정식 $x+y+z=19$를 만족시키는 홀수인 자연수 x, y, z의 순서쌍 (x, y, z)의 개수를 구하시오.

032

방정식 $x+y+z=k$를 만족시키는 $x \geq 0$, $y \geq 1$, $z \geq 2$인 정수 x, y, z의 순서쌍 (x, y, z)의 개수가 21일 때, 자연수 k의 값은?

① 5　　　② 6　　　③ 7

④ 8　　　⑤ 9

033

방정식 $a+b+c+4d=12$를 만족시키는 자연수 a, b, c, d의 순서쌍 (a, b, c, d)의 개수는?

① 23   ② 24   ③ 25
④ 26   ⑤ 27

034 수능 기출

다음 조건을 만족시키는 자연수 a, b, c, d, e의 모든 순서쌍 (a, b, c, d, e)의 개수는?

> (개) $a+b+c+d+e=12$
> (내) $|a^2-b^2|=5$

① 30   ② 32   ③ 34
④ 36   ⑤ 38

035 평가원 기출

빨간색 카드 4장, 파란색 카드 2장, 노란색 카드 1장이 있다. 이 7장의 카드를 세 명의 학생에게 남김없이 나누어 줄 때, 3가지 색의 카드를 각각 한 장 이상 받는 학생이 있도록 나누어 주는 경우의 수는? (단, 같은 색 카드끼리는 서로 구별하지 않고, 카드를 받지 못하는 학생이 있을 수 있다.)

① 78   ② 84   ③ 90
④ 96   ⑤ 102

036 실력 UP

다음 그림과 같이 같은 종류의 공 7개와 이 공을 4개, 4개, 7개 담을 수 있는 서로 다른 3개의 바구니가 있다. 이 공 7개를 남김없이 나누어 담는 경우의 수는?
(단, 같은 종류의 공끼리는 서로 구별하지 않고, 비어 있는 바구니가 있을 수 있다.)

① 12   ② 18   ③ 24
④ 30   ⑤ 36

037 수능기출

다음 조건을 만족시키는 6 이하의 자연수 a, b, c, d의 모든 순서쌍 (a, b, c, d)의 개수를 구하시오.

> $a \leq c \leq d$이고 $b \leq c \leq d$이다.

유형 5 중복조합: 함수의 개수   [개념 01-3]

038 수능기출

집합 $X = \{1, 2, 3, 4\}$에 대하여 다음 조건을 만족시키는 함수 $f : X \longrightarrow X$의 개수는?

> $f(2) \leq f(3) \leq f(4)$

① 64   ② 68   ③ 72
④ 76   ⑤ 80

039  중요

두 집합 $X = \{1, 2, 3, 4, 5\}$, $Y = \{6, 7, 8, 9, 10\}$에 대하여 X에서 Y로의 함수 f 중에서 다음 조건을 만족시키는 함수의 개수는?

> (가) $f(2) = 7$
>
> (나) $x_1 \in X$, $x_2 \in X$일 때, $x_1 < x_2$이면 $f(x_1) \leq f(x_2)$이다.

① 32   ② 36   ③ 40
④ 44   ⑤ 48

040

집합 $X = \{1, 2, 3, 4, 5, 6\}$에 대하여 다음 조건을 만족시키는 함수 $f : X \longrightarrow X$의 개수를 구하시오.

> (가) $f(1) \times f(5) = 6$
>
> (나) $2f(1) \leq f(2) \leq f(3) \leq f(4) \leq 2f(5)$

041 실력 UP

집합 $X = \{1, 2, 3, 4\}$에 대하여 다음 조건을 만족시키는 함수 $f : X \longrightarrow X$의 개수를 구하시오.

> (가) $x = 1, 2, 3$일 때, $f(x) \leq f(x+1)$
>
> (나) $f(2) \neq 3$

시험에서 출제율이 높은 서술형 문제를 엄선하여 수록하였습니다.

● 바른답·알찬풀이 9쪽

I

042

3개의 숫자 1, 2, 3 중에서 중복을 허용하여 3개를 택해 일렬로 나열할 때, 이웃한 두 수의 차가 모두 1 이하가 되도록 나열하는 경우의 수를 구하시오.

[풀이]

043

8개의 숫자 3, 4, 4, 6, 6, 6, 7, 7을 모두 사용하여 만들 수 있는 여덟 자리 자연수 중 일의 자리, 십의 자리, 백의 자리 숫자가 모두 소수인 경우의 수를 구하시오.

[풀이]

044

고구마 피자, 새우 피자, 불고기 피자, 치즈 피자 중에서 m개를 주문하는 경우의 수가 84일 때, 고구마 피자, 새우 피자, 불고기 피자, 치즈 피자를 적어도 하나씩 포함하여 m개를 주문하는 경우의 수를 구하시오.

(단, 같은 종류의 피자는 서로 구별하지 않는다.)

[풀이]

045

집합 $X=\{1,\ 2,\ 3\}$에서 집합 $Y=\{1,\ 2,\ 3,\ 4,\ 5,\ 6\}$으로의 함수 f에 대하여 다음을 구하시오.

(1) 일대일함수의 개수

[풀이]

(2) $f(1)<f(2)<f(3)$을 만족시키는 함수의 개수

[풀이]

(3) $f(1)\leq f(2)\leq f(3)$을 만족시키는 함수의 개수

[풀이]

046

빨간색, 파란색 깃발이 각각 한 개씩 있다. 이 깃발들을 합해서 n번 이하로 들어 올려서 200개 이상의 서로 다른 신호를 만들려고 할 때, n의 최솟값을 구하시오.

(단, 깃발은 1번 이상 들어 올려야 하고, 두 개의 깃발을 동시에 들어 올리지 않는다.)

047

엘리베이터를 탄 5명이 1층, 2층, 3층에서 모두 내릴 때, 각 층에서 적어도 한 명씩은 내리는 경우의 수는?

① 150　　　② 155　　　③ 160
④ 165　　　⑤ 170

048

두 집합 $X=\{1, 2, 3, 4, 5, 6\}$, $Y=\{a, b, c\}$에 대하여 함수 $f : X \longrightarrow Y$ 중에서 치역과 공역이 같은 함수의 개수를 구하시오.

049

집합 $X=\{-2, -1, 0, 1, 2\}$에 대하여 다음 조건을 만족시키는 X에서 X로의 함수 f의 개수를 구하시오.

(가) 집합 X의 모든 원소 x에 대하여 $|f(x)+f(-x)|=2$ 이다.

(나) $x>0$이면 $f(x)\geq0$이다.

050

★ 모양의 스티커 3장, ♥ 모양의 스티커 1장, ♣ 모양의 스티커 2장 중에서 4장의 스티커를 골라 일렬로 배열하려고 할 때, 만들 수 있는 모든 배열의 수는?

(단, 같은 종류의 스티커끼리는 서로 구별하지 않는다.)

① 38　　　② 39　　　③ 40
④ 41　　　⑤ 42

051

좌표평면 위에서 상하 방향 또는 좌우 방향으로 한 번에 1만큼씩 움직이는 점 P가 있다. 오른쪽 그림과 같이 원점 O를 출발한 점 P

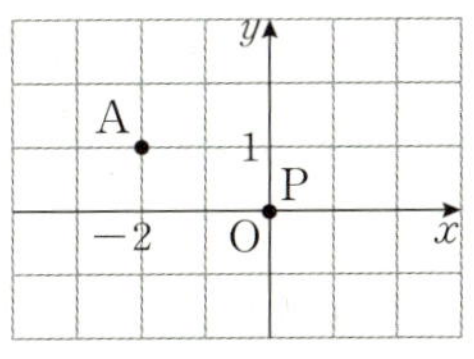

가 7번 움직여서 점 $A(-2, 1)$의 위치에 있는 경우의 수는?

① 210　　② 420　　③ 630

④ 735　　⑤ 900

052

다음 조건을 만족시키는 자연수 a, b, c, d, e의 모든 순서쌍 (a, b, c, d, e)의 개수는?

> ㈎ $a+b+c+d+e=9$
>
> ㈏ $a+b$는 짝수이다.
>
> ㈐ a, b, c, d, e 중 적어도 하나는 짝수이다.

① 21　　② 22　　③ 23

④ 24　　⑤ 25

053

한 개의 주사위를 5번 던질 때, k번째에 나오는 눈의 수를 $a_k \ (k=1, 2, 3, 4, 5)$라 하자. $a_1<a_2\leq a_3<a_4\leq a_5$를 만족시키는 경우의 수는?

① 48　　② 56　　③ 64

④ 72　　⑤ 80

054 교육청 기출

두 집합

$$X=\{1, 2, 3, 4\}, \quad Y=\{1, 2, 3, 4, 5, 6\}$$

에 대하여 다음 조건을 만족시키는 함수 $f : X \longrightarrow Y$의 개수를 구하시오.

> ㈎ $f(1)\leq f(2)\leq f(1)+f(3)\leq f(1)+f(4)$
>
> ㈏ $f(1)+f(2)$는 짝수이다.

도전 1등급 최고난도

055

서로 다른 종류의 꽃 4송이와 같은 종류의 초콜릿 2개를 3명의 학생 A, B, C에게 남김없이 나누어 주려고 한다. 아무것도 받지 못하는 학생이 없도록 꽃과 초콜릿을 나누어 주는 경우의 수를 구하시오.

056

다음 [그림 1]과 같이 행을 따라 오른쪽으로 가면 숫자가 커지거나 같고, 열을 따라 아래로 가면 숫자가 커지도록 주어진 수를 채워 넣은 것을 타블로라 한다. [그림 2]와 같이 9개의 정사각형으로 이루어진 도형에 숫자 1, 2, 3, 4를 채워 넣어 만들 수 있는 타블로의 개수는?

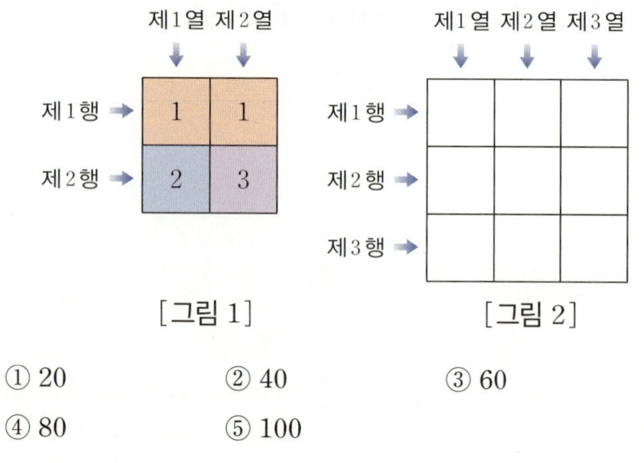

[그림 1]　　　[그림 2]

① 20　　② 40　　③ 60
④ 80　　⑤ 100

057　교육청 기출

집합 $X = \{1, 2, 3, 4, 5\}$에 대하여 다음 조건을 만족시키는 함수 $f : X \longrightarrow X$의 개수를 구하시오.

> (가) $f(1) \leq f(2) \leq f(3)$
>
> (나) $1 < f(5) < f(4)$
>
> (다) $f(a) = b$, $f(b) = a$를 만족시키는 집합 X의 서로 다른 두 원소 a, b가 존재한다.

02 이항정리

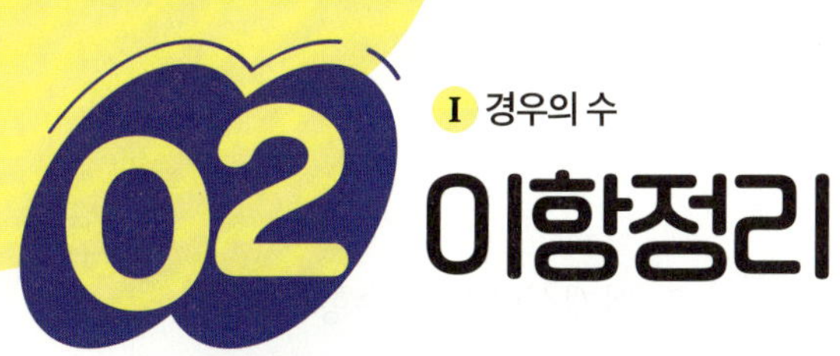

I

핵심 개념

02-1 이항정리[1]　　　　　　　[유형 1]

자연수 n에 대하여 $(a+b)^n$의 전개식은

$$(a+b)^n={}_nC_0a^n+{}_nC_1a^{n-1}b+\cdots+{}_nC_ra^{n-r}b^r+\cdots+{}_nC_nb^n$$

으로 나타낼 수 있고, 이것을 **이항정리**라 한다.

또, 이 전개식에서 각 항의 계수 ${}_nC_0$, ${}_nC_1$, $\cdots$, ${}_nC_r$, $\cdots$, ${}_nC_n$을 **이항계수**라 하고,
${}_nC_ra^{n-r}b^r$을 $(a+b)^n$의 전개식의 일반항이라 한다.

> **참고** ① $a\neq0$, $b\neq0$일 때, $a^0=1$, $b^0=1$이다.
> ② ${}_nC_r={}_nC_{n-r}$이므로 $(a+b)^n$의 전개식에서 $a^{n-r}b^r$의 계수와 a^rb^{n-r}의 계수는 서로 같다.

❶ (1) $(a+bx)^n$ 꼴의 전개식에서
　① 일반항은
$${}_nC_ra^{n-r}(bx)^r={}_nC_ra^{n-r}b^rx^r$$
　② x^r의 계수는 ${}_nC_ra^{n-r}b^r$
(2) $(a+bx)^m(c+dx)^n$ 꼴의 전개식에서
　① 일반항을 구할 때는 $(a+bx)^m$과 $(c+dx)^n$의 전개식의 일반항을 각각 구하여 곱한다.
$$\Rightarrow {}_mC_ra^{m-r}(bx)^r$$
$$\times{}_nC_sc^{n-s}(dx)^s$$
$$={}_mC_r\times{}_nC_s$$
$$\times a^{m-r}b^rc^{n-s}d^sx^{r+s}$$
$$(\text{단, }0\leq r\leq m,\ 0\leq s\leq n)$$
　② 계수를 구할 때는 원하는 항의 차수가 나오는 경우를 모두 찾아서 각 경우의 계수를 모두 더한다.

02-2 이항계수의 성질　　　　　　　[유형 2]

(1) ${}_nC_0+{}_nC_1+{}_nC_2+\cdots+{}_nC_n=2^n$

(2) ${}_nC_0-{}_nC_1+{}_nC_2-\cdots+(-1)^n{}_nC_n=0$

(3) ${}_nC_0+{}_nC_2+{}_nC_4+\cdots={}_nC_1+{}_nC_3+{}_nC_5+\cdots=2^{n-1}$

> **참고** $(1+x)^n={}_nC_0+{}_nC_1x+{}_nC_2x^2+\cdots+{}_nC_nx^n$에서
> (1) 양변에 $x=1$을 대입하면 ${}_nC_0+{}_nC_1+{}_nC_2+\cdots+{}_nC_n=2^n$　　　$\cdots\cdots$ ㉠
> (2) 양변에 $x=-1$을 대입하면 ${}_nC_0-{}_nC_1+{}_nC_2-\cdots+(-1)^n{}_nC_n=0$　　　$\cdots\cdots$ ㉡
> (3) ㉠$+$㉡을 하면 $2({}_nC_0+{}_nC_2+{}_nC_4+\cdots)=2^n$　　　$\therefore {}_nC_0+{}_nC_2+{}_nC_4+\cdots=2^{n-1}$
> 　　㉠$-$㉡을 하면 $2({}_nC_1+{}_nC_3+{}_nC_5+\cdots)=2^n$　　　$\therefore {}_nC_1+{}_nC_3+{}_nC_5+\cdots=2^{n-1}$

02-3 파스칼의 삼각형[2]　　　　　　　[유형 3]

$n=1,\ 2,\ 3,\ 4,\ 5,\ \cdots$일 때, $(a+b)^n$의 전개식에서 이항계수를 차례대로 다음과 같이 배열한 것을 **파스칼의 삼각형**이라 한다.

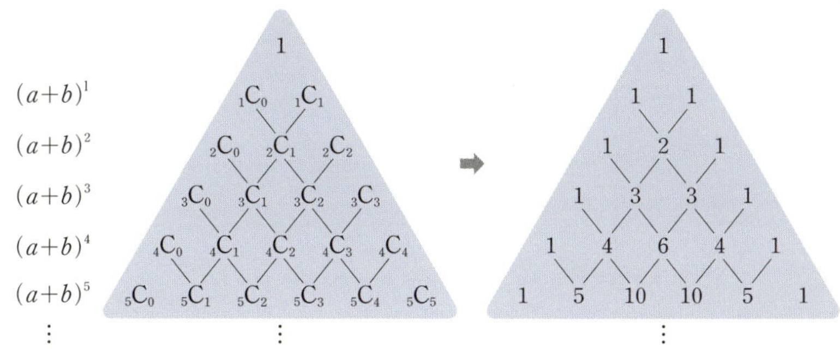

❷ ① 각 단계의 양 끝에 있는 수는 모두 1이다.
$$\Rightarrow {}_nC_0=1,\ {}_nC_n=1$$
② 각 단계의 수의 배열은 좌우 대칭이다.
$$\Rightarrow {}_nC_r={}_nC_{n-r}$$
③ 각 단계에서 이웃하는 두 수의 합은 그 두 수의 아래쪽 중앙에 있는 수와 같다.
$$\Rightarrow {}_{n-1}C_{r-1}+{}_{n-1}C_r={}_nC_r$$
$$(\text{단, }1\leq r<n)$$

 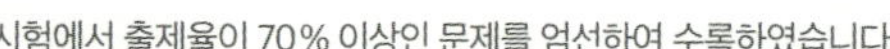

유형 1 이항정리 [개념 02-1]

058 ⭐중요

$(x-3y)^5$의 전개식에서 x^3y^2의 계수는?

① -270 ② -90 ③ 9
④ 90 ⑤ 270

059

$(1+x^2)^n$의 전개식에서 x^4의 계수가 15일 때, 자연수 n의 값을 구하시오.

060 교육청 기출

3 이상의 자연수 n에 대하여 다항식 $(x+2)^n$의 전개식에서 x^2의 계수와 x^3의 계수가 같을 때, n의 값은?

① 7 ② 8 ③ 9
④ 10 ⑤ 11

061

$(x^2+2x-3)\left(x+\dfrac{1}{x}\right)^4$의 전개식에서 상수항은?

① -18 ② -14 ③ -10
④ 4 ⑤ 6

062

$(1-x)^7(a+x)^3$의 전개식에서 x^2의 계수가 3일 때, 실수 a의 값은?

① -2 ② -1 ③ 1
④ 2 ⑤ 3

유형 2 이항계수의 성질 [개념 02-2]

063 ⭐중요

부등식 $500 < {}_nC_1 + {}_nC_2 + {}_nC_3 + \cdots + {}_nC_n < 1000$을 만족시키는 자연수 n의 값은?

① 7 ② 8 ③ 9
④ 10 ⑤ 11

064

$_{20}C_1 - _{20}C_2 + _{20}C_3 - \cdots + _{20}C_{19}$의 값을 구하시오.

065

집합 $A = \{a_1, a_2, a_3, \cdots, a_{10}\}$의 부분집합 중에서 원소의 개수가 짝수인 집합의 개수는? (단, 공집합은 제외한다.)

① 256   ② 511   ③ 512
④ 1023   ⑤ 1024

066 실력 UP

$f(n) = \dfrac{_nC_1 + _nC_2 + _nC_3 + \cdots + _nC_n}{3}$이라 할 때, $f(n)$이 자연수가 되도록 하는 모든 한 자리 자연수 n의 값의 합을 구하시오.

---

067 ★중요

다음 그림과 같은 파스칼의 삼각형에서 색칠한 부분의 모든 수의 합은?

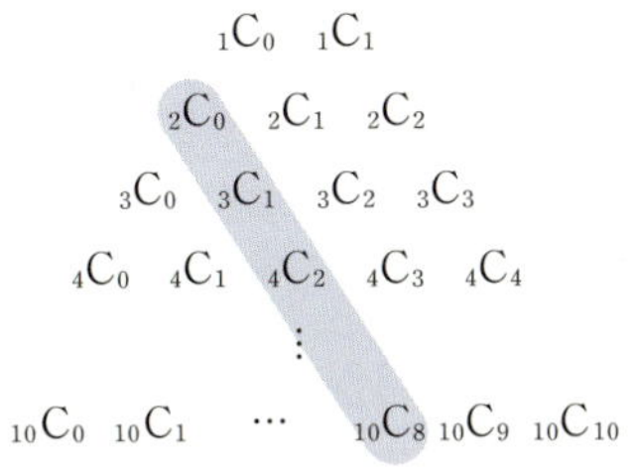

$$
\begin{array}{c}
_1C_0 \quad _1C_1 \\
_2C_0 \quad _2C_1 \quad _2C_2 \\
_3C_0 \quad _3C_1 \quad _3C_2 \quad _3C_3 \\
_4C_0 \quad _4C_1 \quad _4C_2 \quad _4C_3 \quad _4C_4 \\
\vdots \\
_{10}C_0 \quad _{10}C_1 \quad \cdots \quad _{10}C_8 \quad _{10}C_9 \quad _{10}C_{10}
\end{array}
$$

① 120   ② 165   ③ 330
④ 405   ⑤ 512

068

$_5C_0 + _6C_1 + _7C_2 + \cdots + _{25}C_{20} = _nC_{20}$을 만족시키는 자연수 n의 값은?

① 24   ② 25   ③ 26
④ 27   ⑤ 28

069

다항식 $(x+1)^2 + (x+1)^3 + (x+1)^4 + \cdots + (x+1)^{10}$의 전개식에서 x^2의 계수와 같은 것은?

① $_{10}C_3$ ② $_{10}C_4$ ③ $_{11}C_3$
④ $_{11}C_4$ ⑤ $_{15}C_5$

070

다항식 $(2x-1)(x+3)^5$의 전개식에서 x^2의 계수를 구하시오.

[풀이]

071

$\left(ax-\dfrac{1}{x}\right)^6$의 전개식에서 상수항이 -160일 때, 다음 물음에 답하시오. (단, a는 실수이다.)

⑴ a의 값을 구하시오.

[풀이]

⑵ $\left(ax-\dfrac{1}{x}\right)^6$의 전개식에서 $\dfrac{1}{x^2}$의 계수를 구하시오.

[풀이]

072

${}_{10}C_1+3\times{}_{10}C_2+3^2\times{}_{10}C_3+\cdots+3^9\times{}_{10}C_{10}$의 값이 $\dfrac{2^a-b}{3}$일 때, $a+b$의 값을 구하시오.

(단, a, b는 자연수이다.)

[풀이]

073

다음 등식이 성립할 때, 두 자연수 n, r의 값을 구하시오.

$$({}_{10}C_0)^2+({}_{10}C_1)^2+({}_{10}C_2)^2+\cdots+({}_{10}C_{10})^2={}_nC_r$$

[풀이]

출제율이 높은 문제 중 1등급을 결정하는 고난도 문제를 수록하였습니다.

074

다항식 $(1+x+x^2+x^3)^5$의 전개식에서 x^6의 계수는?

① 130 ② 135 ③ 140
④ 145 ⑤ 150

075

다항식 $(x^2+1)^4(x^3+1)^n$의 전개식에서 x^8의 계수가 41
일 때, x^3의 계수는? (단, n은 2 이상의 자연수이다.)

① 5 ② 6 ③ 7
④ 8 ⑤ 9

076

21^{11}을 400으로 나누었을 때의 나머지를 구하시오.

077

오늘부터 32^7째 되는 날이 수요일일 때, $(1+32)^7$째 되
는 날은 무슨 요일인가?

① 월요일 ② 화요일 ③ 수요일
④ 목요일 ⑤ 금요일

078

$(1+3x)+(1+3x)^2+(1+3x)^3+ \cdots +(1+3x)^9$의
전개식에서 x^4의 계수가 $k\times {}_nC_5$와 같을 때, 두 자리 자연
수 k, n에 대하여 $k-n$의 값을 구하시오.

079

$(x^3+x+1)^{10}=\{x^3+(x+1)\}^{10}$임을 이용하여
$(x^3+x+1)^{10}$의 전개식에서 x^4의 계수를 구하시오.

080

$(1+i)^{24}$의 전개식을 이용하여 집합
$A=\{1,\ 2,\ 3,\ \cdots,\ 24\}$의 부분집합 중에서 원소의 개수가
4의 배수인 집합의 개수를 구하면?

(단, $i=\sqrt{-1}$이고, 공집합은 제외한다.)

① $2^{20}+2^{10}-1$ 　　　　② $2^{20}+2^{10}$

③ $2^{22}+2^{11}-1$ 　　　　④ $2^{22}+2^{11}$

⑤ $2^{24}+2^{12}-1$

081

빨간색, 파란색, 노란색, 초록색 펜이 있다. 네 가지 색의
펜을 적어도 한 개씩 포함하여 10개 이하의 펜을 택하는
방법의 수를 구하시오.

(단, 같은 색의 펜은 서로 구별하지 않는다.)

Ⅱ 확률

✓ 학습 계획 Check

- 학습하기 전, 중단원이 무엇인지 먼저 확인하세요.
- 이해가 부족한 개념이 있는 단원은 ☐ 안에 표시하고 반복하여 학습하세요

03 확률의 개념과 활용

핵심 개념

03-1 시행과 사건 [유형 1]

1 시행: 동일한 조건에서 반복할 수 있고 그 결과가 우연에 의하여 결정되는 실험이나 관찰

2 표본공간: 어떤 시행에서 일어날 수 있는 모든 결과의 집합
→ 표본공간은 보통 S로 나타내고, 공집합이 아닌 경우만 생각한다.

3 사건: 표본공간의 부분집합

4 근원사건: 한 개의 원소로 이루어진 사건

5 표본공간이 S인 두 사건 A, B에 대하여

(1) **합사건:** A 또는 B가 일어나는 사건을 A와 B의 합사건이라 하고, 이것을 기호로 $A \cup B$와 같이 나타낸다.

(2) **곱사건:** A와 B가 동시에 일어나는 사건을 A와 B의 곱사건이라 하고, 이것을 기호로 $A \cap B$와 같이 나타낸다.

(3) **배반사건:** A와 B가 동시에 일어나지 않을 때, 즉 $A \cap B = \varnothing$일 때, A와 B는 서로 **배반사건**이라 한다.

(4) **여사건:**❶ A가 일어나지 않는 사건을 A의 **여사건**이라 하고, 이것을 기호로 A^C와 같이 나타낸다.

❶ $A \cap A^c = \varnothing$이므로 A와 A^c는 서로 배반사건이다.

> **참고** 합사건, 곱사건, 배반사건, 여사건을 벤 다이어그램으로 나타내면 다음과 같다.

① 합사건   ② 곱사건   ③ 배반사건   ④ 여사건

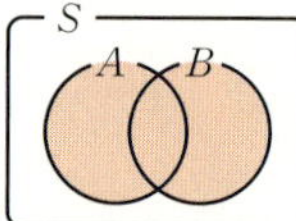 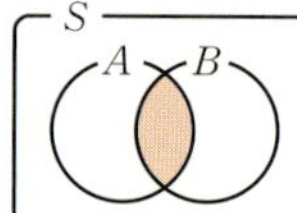 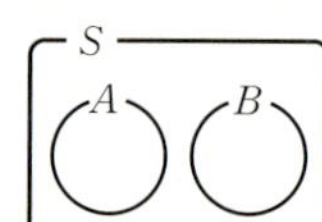 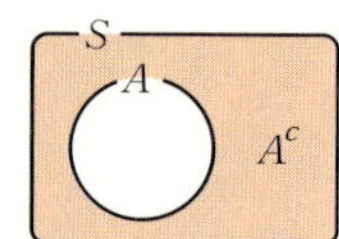

03-2 확률 [유형 2~5]

1 확률: 어떤 시행에서 사건 A가 일어날 가능성을 수로 나타낸 것을 사건 A의 확률이라 하고, 이것을 기호로 $\mathrm{P}(A)$와 같이 나타낸다.

2 수학적 확률: 표본공간이 S인 어떤 시행에서 각 근원사건이 일어날 가능성이 모두 같을 때, 사건 A가 일어날 확률 $\mathrm{P}(A)$를

$$\mathrm{P}(A) = \frac{n(A)}{n(S)} \longrightarrow \frac{(\text{사건 } A\text{가 일어나는 경우의 수})}{(\text{일어날 수 있는 모든 경우의 수})}$$

로 정의하고, 이것을 표본공간 S에서 사건 A가 일어날 **수학적 확률**이라 한다.

3 통계적 확률:❷ 어떤 시행을 n번 반복할 때 사건 A가 일어난 횟수를 r_n이라 하면 시행 횟수 n이 한없이 커짐에 따라 상대도수 $\dfrac{r_n}{n}$이 일정한 값 p에 가까워지는데, 이 값 p를 사건 A의 **통계적 확률**이라 한다.

❷ 실제로 시행 횟수 n을 한없이 크게 할 수 없으므로 n이 충분히 클 때의 상대도수 $\dfrac{r_n}{n}$을 통계적 확률로 생각한다.

> **참고** 기하적 확률: 연속적인 변량을 크기로 가지는 표본공간의 영역 S에서 각각의 점을 잡을 가능성이 같은 정도로 기대될 때, 영역 S에 포함되어 있는 영역 A에 대하여 영역 S에서 임의로 잡은 점이 영역 A에 포함될 확률 $\mathrm{P}(A)$를 $\mathrm{P}(A) = \dfrac{(\text{영역 } A\text{의 크기})}{(\text{영역 } S\text{의 크기})}$로 정의하고, 이것을 기하적 확률이라 한다.

03-3 확률의 기본 성질 [유형 6]

표본공간이 S인 시행에서

(1) 임의의 사건 A에 대하여 $0 \leq \mathrm{P}(A) \leq 1$

(2) 반드시 일어나는 사건 S에 대하여 $\mathrm{P}(S)=1$

(3) 절대로 일어나지 않는 사건 $\varnothing$에 대하여 $\mathrm{P}(\varnothing)=0$

참고 표본공간이 S인 사건 A에 대하여 $\varnothing \subset A \subset S$이므로

(1) $0 \leq n(A) \leq n(S)$에서 $\dfrac{0}{n(S)} \leq \dfrac{n(A)}{n(S)} \leq \dfrac{n(S)}{n(S)}$

$\qquad \therefore 0 \leq \mathrm{P}(A) \leq 1$

(2) $A=S$이면 $\mathrm{P}(S)=\dfrac{n(S)}{n(S)}=1$

(3) $A=\varnothing$이면 $\mathrm{P}(\varnothing)=\dfrac{n(\varnothing)}{n(S)}=\dfrac{0}{n(S)}=0$

03-4 확률의 덧셈정리 [3] [유형 7]

표본공간 S의 두 사건 A, B에 대하여

(1) 사건 A 또는 사건 B가 일어날 확률은

$$\mathrm{P}(A \cup B)=\mathrm{P}(A)+\mathrm{P}(B)-\mathrm{P}(A \cap B)$$

(2) 두 사건 A, B가 서로 배반사건이면

$$\mathrm{P}(A \cup B)=\mathrm{P}(A)+\mathrm{P}(B)$$

참고 표본공간 S의 두 사건 A, B에 대하여

(1) $n(A \cup B)=n(A)+n(B)-n(A \cap B)$이므로

$$\mathrm{P}(A \cup B)=\dfrac{n(A \cup B)}{n(S)}$$

$$=\dfrac{n(A)}{n(S)}+\dfrac{n(B)}{n(S)}-\dfrac{n(A \cap B)}{n(S)}$$

$$=\mathrm{P}(A)+\mathrm{P}(B)-\mathrm{P}(A \cap B)$$

(2) 두 사건 A, B가 서로 배반사건이면 $A \cap B=\varnothing$이므로 $\mathrm{P}(A \cap B)=0$

$$\therefore \mathrm{P}(A \cup B)=\mathrm{P}(A)+\mathrm{P}(B)$$

[3] '~이거나', '또는' 등의 표현이 있는 사건의 확률을 구할 때는 확률의 덧셈 정리를 이용한다. 이때 주어진 두 사건 이 서로 배반사건인지 배반사건이 아 닌지를 확인한다.

03-5 여사건의 확률 [4] [유형 8]

표본공간 S의 사건 A와 그 여사건 A^C에 대하여

$$\mathrm{P}(A^C)=1-\mathrm{P}(A)$$

참고 (1) 표본공간 S의 사건 A와 그 여사건 A^C는 서로 배반사건이므로 확률의 덧셈정리에 의하여

$$\mathrm{P}(A \cup A^C)=\mathrm{P}(A)+\mathrm{P}(A^C) \qquad \longrightarrow A \cap A^C=\varnothing$$

이때 $\mathrm{P}(A \cup A^C)=\mathrm{P}(S)=1$이므로

$$\mathrm{P}(A)+\mathrm{P}(A^C)=1 \qquad \therefore \mathrm{P}(A^C)=1-\mathrm{P}(A)$$

(2) $\mathrm{P}(A^C \cap B^C)=\mathrm{P}((A \cup B)^C)=1-\mathrm{P}(A \cup B)$

$\quad \mathrm{P}(A^C \cup B^C)=\mathrm{P}((A \cap B)^C)=1-\mathrm{P}(A \cap B)$

[4] '적어도 ~인', '~이 아닌', '~ 이상 인', '~ 이하인' 등의 표현이 있는 사건 의 확률을 구할 때는 여사건의 확률을 이용하면 편리하다.

유형 분석 기출

유형 1 시행과 사건　　　　　　　　[개념 03-1]

082 ⭐중요

1부터 9까지의 자연수가 각각 하나씩 적힌 9장의 카드 중에서 임의로 한 장의 카드를 뽑을 때, 5 이상의 홀수가 나오는 사건을 A, 3의 배수가 나오는 사건을 B라 하자. 다음 중 옳은 것은?

① $A=\{7, 9\}$　　　　　　② $A \cup B=\{3, 5, 7, 9\}$

③ $A \cap B=\{9\}$　　　　　④ $n(A^C)=7$

⑤ $n(A \cap B^C)=8$

083

한 개의 주사위를 던지는 시행에서 짝수의 눈이 나오는 사건을 A, 소수의 눈이 나오는 사건을 B, 5의 약수의 눈이 나오는 사건을 C라 할 때, 서로 배반사건인 것만을 | 보기 |에서 있는 대로 고르시오.

| 보기 |

ㄱ. A와 B　　　　ㄴ. A와 C　　　　ㄷ. B와 C

084

표본공간 $S=\{1, 3, 5, 7, 9, 11, 13, 15\}$에 대하여 두 사건 A, B가 $A=\{3, 7, 11\}$, $B=\{1, 7, 13\}$이다. A와 C는 배반사건이고 B^C와 C도 배반사건일 때, 사건 C의 개수는?

① 2　　　　　　② 4　　　　　　③ 6

④ 8　　　　　　⑤ 10

085

각 면에 1부터 n까지의 자연수가 각각 하나씩 적힌 서로 다른 정n면체 3개와 동전 1개를 동시에 던지는 시행에서 표본공간의 원소의 개수가 128일 때, n의 값은?

　　　(단, 정n면체는 바닥에 닿는 면에 적힌 수를 읽는다.)

① 4　　　　　　② 6　　　　　　③ 8

④ 12　　　　　⑤ 20

086

주머니 속에 2부터 20까지의 자연수가 각각 하나씩 적힌 구슬 19개가 들어 있다. 이 주머니에서 임의로 한 개의 구슬을 꺼낼 때, 공에 적힌 수가 2 이상 20 이하의 자연수 n에 대하여 n의 약수인 사건을 A_n, 소수인 사건을 B, 10 이하의 수인 사건을 C라 하자. 사건 A_n과 사건 $B \cap C$가 서로 배반사건이 되도록 하는 모든 n의 값의 합을 구하시오.

087

720의 모든 양의 약수가 각각 하나씩 적힌 카드가 들어 있는 주머니에서 임의로 한 장의 카드를 꺼낼 때, 카드에 적힌 수가 140의 약수일 확률은?

① $\dfrac{1}{10}$　　　② $\dfrac{1}{5}$　　　③ $\dfrac{3}{10}$

④ $\dfrac{2}{5}$　　　⑤ $\dfrac{1}{2}$

088

한 개의 주사위를 두 번 던져서 첫 번째에 나온 눈의 수를 a, 두 번째에 나온 눈의 수를 b라 할 때, x에 대한 이차방정식 $ax^2-8x+b=0$이 실근을 가질 확률을 구하시오.

089 실력 UP

두 개의 주사위 A, B를 동시에 던져서 나온 눈의 수를 각각 a, b라 할 때, 좌표평면 위에서 원 $(x-a)^2+y^2=b^2$이 직선 $x=-2$와 만날 확률은?

① $\dfrac{2}{9}$　　　② $\dfrac{1}{4}$　　　③ $\dfrac{5}{18}$

④ $\dfrac{11}{36}$　　　⑤ $\dfrac{1}{3}$

090 ⭐중요

서로 다른 소설책 4권과 서로 다른 만화책 2권을 책꽂이에 일렬로 꽂을 때, 소설책끼리 이웃할 확률은?

① $\dfrac{1}{6}$　　　② $\dfrac{1}{5}$　　　③ $\dfrac{2}{5}$

④ $\dfrac{1}{2}$　　　⑤ $\dfrac{2}{3}$

091

경아와 예솔이를 포함한 7명 중에서 임의로 3명의 대표를 뽑을 때, 경아는 대표로 뽑히고 예솔이는 대표로 뽑히지 않을 확률은?

① $\dfrac{6}{35}$　　　② $\dfrac{1}{5}$　　　③ $\dfrac{8}{35}$

④ $\dfrac{9}{35}$　　　⑤ $\dfrac{2}{7}$

092

네 개의 숫자 2, 3, 5, 7에서 중복을 허용하여 3개를 뽑아 세 자리 자연수를 만들 때, 만든 수가 짝수일 확률은?

① $\dfrac{1}{5}$ ② $\dfrac{1}{4}$ ③ $\dfrac{1}{3}$

④ $\dfrac{1}{2}$ ⑤ $\dfrac{2}{3}$

093

3명의 학생이 방과후 체육 활동으로 농구, 야구, 축구, 배구, 배드민턴 중에서 임의로 한 가지를 택하려고 한다. 3명의 학생이 서로 다른 방과후 체육 활동을 택할 확률은?

① $\dfrac{2}{5}$ ② $\dfrac{11}{25}$ ③ $\dfrac{12}{25}$

④ $\dfrac{13}{25}$ ⑤ $\dfrac{14}{25}$

094

15개의 제비가 들어 있는 상자에서 임의로 2개의 제비를 동시에 꺼낼 때, 꺼낸 제비가 모두 당첨 제비일 확률은 $\dfrac{4}{15}$이다. 이때 상자에 들어 있는 당첨 제비의 개수는?

① 4   ② 5   ③ 6

④ 7   ⑤ 8

095 ⭐중요

어느 고등학교의 독서 동아리에 1학년 남학생 1명, 2학년 남학생과 여학생 각각 1명씩, 3학년 남학생과 여학생 각각 1명씩 모두 5명이 있다. 이 5명의 학생이 일렬로 설 때, 여학생끼리는 이웃하고 1학년 남학생과 3학년 남학생은 이웃하지 않을 확률을 구하시오.

096

주머니 속에 흰색 탁구공 n개와 주황색 탁구공 3개가 들어 있다. 이 주머니에서 임의로 2개의 탁구공을 동시에 꺼낼 때, 꺼낸 탁구공이 모두 흰색일 확률은 꺼낸 탁구공이 모두 주황색일 확률의 2배이다. 이때 n의 값은?

① 1   ② 2   ③ 3

④ 4   ⑤ 5

097

두 집합 $X=\{1, 2, 3\}$, $Y=\{1, 2, 3, 4\}$에 대하여 X에서 Y로의 함수 f 중에서 임의로 하나를 택할 때, 이 함수가 다음 조건을 만족시키는 함수일 확률을 구하시오.

> 집합 X의 임의의 두 원소 x_1, x_2에 대하여 $x_1 < x_2$이면 $f(x_1) \leq f(x_2)$이다.

098

초코 우유, 딸기 우유, 바나나 우유, 커피 우유 중에서 임의로 9개를 택할 때, 바나나 우유는 하나도 택하지 않을 확률은? (단, 각 종류의 우유는 9개 이상씩 있다.)

① $\dfrac{1}{4}$ ② $\dfrac{5}{16}$ ③ $\dfrac{3}{8}$

④ $\dfrac{7}{16}$ ⑤ $\dfrac{1}{2}$

099

오른쪽 그림과 같이 한 모서리의 길이가 1인 정육면체에서 임의로 서로 다른 두 꼭짓점을 택하여 선분을 그을 때, 선분의 길이가 $\sqrt{2}$ 이상일 확률을 구하시오.

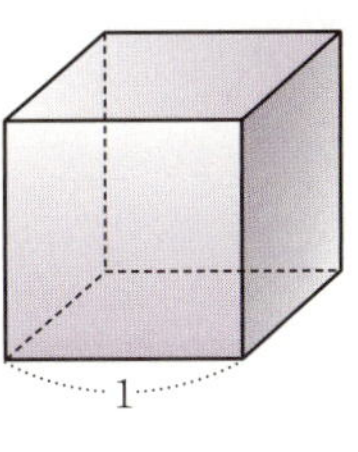

100

주머니 속에 1부터 10까지의 자연수가 각각 하나씩 적힌 공 10개가 들어 있다. 이 주머니에서 임의로 6개의 공을 동시에 꺼낼 때, 공에 적힌 수의 합이 홀수일 확률은?

① $\dfrac{101}{210}$ ② $\dfrac{52}{105}$ ③ $\dfrac{107}{210}$

④ $\dfrac{11}{21}$ ⑤ $\dfrac{113}{210}$

101 실력 UP

서로 다른 세 개의 주사위를 동시에 던질 때, 한 개의 주사위의 눈의 수가 다른 두 개의 주사위의 눈의 수의 곱이 될 확률은?

① $\dfrac{25}{216}$ ② $\dfrac{13}{108}$ ③ $\dfrac{1}{8}$

④ $\dfrac{7}{54}$ ⑤ $\dfrac{29}{216}$

| 유형 **4** 통계적 확률 | [개념 03-2] |

102 ⭐중요

주머니 속에 빨간 구슬 3개, 노란 구슬 5개, 흰 구슬 n개가 들어 있다. 이 주머니에서 임의로 한 개의 구슬을 꺼내어 색을 확인하고 다시 넣는 시행을 여러 번 반복했더니 6번에 1번 꼴로 빨간 구슬이 나왔다. 이때 n의 값은?

① 8   ② 9   ③ 10
④ 11   ⑤ 12

103

오른쪽 표는 다섯 단계로 이루어진 어느 컴퓨터 게임에서 각 단계별로 통과한 사람의 수를 나타낸 것이다. 3단계까지 통과한 사람이 5단계까지 통과할 확률을 p라 할 때, $42p$의 값은?

단계	통과자(명)
1단계	92572
2단계	82631
3단계	65520
4단계	37100
5단계	15600

① 8   ② 10   ③ 12
④ 20   ⑤ 24

104

5명의 학생 A, B, C, D, E가 윷놀이를 할 때, 윷을 던진 횟수와 걸이 나온 횟수는 다음 표와 같다. A, B, C, D, E가 각각 윷을 한 번씩 던질 때, 걸이 나올 확률이 가장 큰 학생을 구하시오.

	A	B	C	D	E
윷을 던진 횟수	100	50	25	200	100
걸이 나온 횟수	43	21	12	87	45

| 유형 **5** 기하적 확률 | [개념 03-2] |

105

오른쪽 그림과 같이 반지름의 길이가 각각 1, 2, 3이고 중심이 같은 세 원으로 이루어진 과녁에 화살을 쏠 때, 화살이 색칠한 부분을 맞힐 확률을 구하시오. (단, 화살은 과녁을 벗어나지 않고, 경계선에 맞지 않는다.)

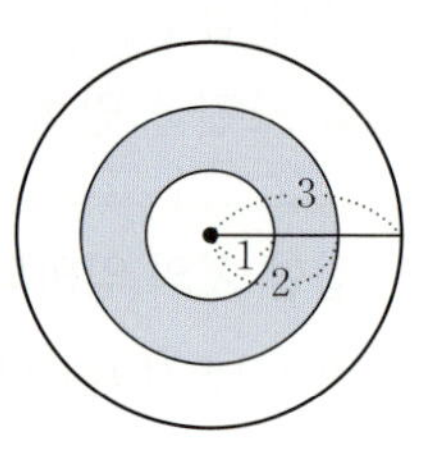

106 ⭐중요

오른쪽 그림과 같이 한 변의 길이가 2인 정사각형 ABCD의 내부에 임의로 한 점 P를 잡을 때, 삼각형 PAB가 둔각삼각형이 될 확률은?

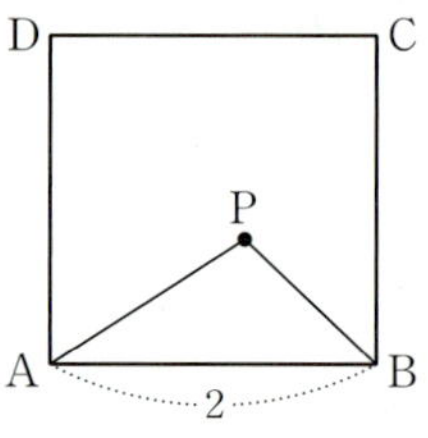

① $\dfrac{1}{8}$ ② $\dfrac{1}{4}$

③ $\dfrac{1}{2}$ ④ $\dfrac{\pi}{8}$

⑤ $\dfrac{\pi}{4}$

107

$-1 \le k \le 2$일 때, x에 대한 이차방정식 $x^2 - 4kx + 5k = 0$ 이 실근을 가질 확률을 구하시오.

유형 6 확률의 기본 성질 [개념 03-3]

108

표본공간 $S = \{2x \mid x$는 5 이하의 자연수$\}$에서 임의로 하나의 원소를 택할 때, 홀수인 사건을 A, 2의 배수인 사건을 B라 하자. 이때 $P(A) + P(B)$의 값은?

① 0 ② $\dfrac{1}{4}$ ③ $\dfrac{1}{2}$

④ $\dfrac{3}{4}$ ⑤ 1

109

각 면에 3, 5, 7, 9, 11, 13이 각각 하나씩 적힌 정육면체 모양의 주사위를 던지는 시행을 할 때, 확률이 0인 사건인 것만을 | 보기 |에서 있는 대로 고른 것은?

| 보기 |
ㄱ. 소수가 나오는 사건
ㄴ. 4의 배수가 나오는 사건
ㄷ. 16의 약수가 나오는 사건

① ㄴ   ② ㄷ   ③ ㄱ, ㄴ

④ ㄴ, ㄷ   ⑤ ㄱ, ㄴ, ㄷ

---

110 ⭐중요

표본공간을 S, 절대로 일어나지 않는 사건을 $\varnothing$이라 할 때, 다음 중에서 임의의 두 사건 A, B에 대하여 옳은 것을 모두 고르면? (정답 2개)

① $P(S) + P(\varnothing) = 1$
② $0 \le P(A \cap B) \le 1$
③ $1 \le P(A) + P(B) \le 3$
④ $A \cup B = S$이면 $P(A) + P(B) = 1$이다.
⑤ $P(A) + P(B) = 1$이면 A와 B는 서로 배반사건이다.

유형 7 확률의 덧셈정리 [개념 03-4]

111

표본공간 S의 두 사건 A, B가 서로 배반사건이고

$$S = A \cup B, \ P(B) = \frac{4}{7}$$

일 때, $P(A)$는?

① $\dfrac{2}{7}$ ② $\dfrac{5}{14}$ ③ $\dfrac{3}{7}$

④ $\dfrac{1}{2}$ ⑤ $\dfrac{4}{7}$

112 평가원 기출

두 사건 A, B에 대하여

$$P(A \cap B) = \frac{2}{3} P(A) = \frac{2}{5} P(B)$$

일 때, $\dfrac{P(A \cup B)}{P(A \cap B)}$의 값은? (단, $P(A \cap B) \neq 0$)

① 3 ② $\dfrac{7}{2}$ ③ 4

④ $\dfrac{9}{2}$ ⑤ 5

113 ⭐중요

흰 공 2개, 검은 공 3개가 들어 있는 주머니에서 임의로 2개의 공을 동시에 꺼낼 때, 꺼낸 공이 모두 같은 색일 확률은?

① $\dfrac{1}{10}$ ② $\dfrac{1}{5}$ ③ $\dfrac{2}{5}$

④ $\dfrac{1}{2}$ ⑤ $\dfrac{3}{5}$

114

소율이네 학교 학생 160명 중에서 음악을 좋아하는 학생은 전체의 35 %이고 체육을 좋아하는 학생은 전체의 60 %이다. 또, 음악과 체육을 모두 좋아하는 학생은 40명이다. 이 학교 학생 중 임의로 한 명을 택할 때, 그 학생이 음악 또는 체육을 좋아하는 학생일 확률을 구하시오.

115

a, b, c, d, e, f가 각각 하나씩 적힌 6장의 카드가 있다. 6장의 카드를 일렬로 나열할 때, a와 b가 적힌 카드가 이웃하거나 b와 c가 적힌 카드가 이웃할 확률은?

① $\dfrac{1}{5}$ ② $\dfrac{3}{10}$ ③ $\dfrac{2}{5}$

④ $\dfrac{1}{2}$ ⑤ $\dfrac{3}{5}$

116

두 사건 A, B에 대하여
$$P(A)=\frac{2}{3},\ P(B)=\frac{1}{2},\ P(A \cap B)=\frac{1}{3}$$
일 때, $P(A^c \cap B^c)$는?

① $\dfrac{1}{6}$ ② $\dfrac{1}{3}$ ③ $\dfrac{1}{2}$

④ $\dfrac{2}{3}$ ⑤ $\dfrac{5}{6}$

117 ⭐중요

두 사건 A, B에 대하여 A^c와 B는 서로 배반사건이고 $P(A)=3P(B)=\dfrac{2}{5}$일 때, $P(A \cap B^c)$는?

① $\dfrac{1}{15}$ ② $\dfrac{2}{15}$ ③ $\dfrac{1}{5}$

④ $\dfrac{4}{15}$ ⑤ $\dfrac{1}{3}$

118

남학생 4명, 여학생 5명 중에서 임의로 대표 4명을 뽑을 때, 적어도 한 명은 남학생이 뽑힐 확률은?

① $\dfrac{1}{42}$ ② $\dfrac{5}{126}$ ③ $\dfrac{121}{126}$

④ $\dfrac{41}{42}$ ⑤ $\dfrac{125}{126}$

119

여학생 n명을 포함하여 전체 회원이 모두 16명인 어느 동아리에서 2명의 대표를 임의로 뽑을 때, 적어도 한 명이 여학생일 확률은 $\dfrac{13}{24}$이다. 이때 n의 값은?

① 3 ② 4 ③ 5

④ 6 ⑤ 7

120

지애와 정아를 포함한 5명의 학생을 일렬로 세울 때, 지애와 정아 사이에 적어도 한 명의 학생을 세울 확률이 $\dfrac{q}{p}$이다. 이때 $p+q$의 값을 구하시오.

(단, p와 q는 서로소인 자연수이다.)

121

진희가 ○, ×로 답하는 5개의 문제에 임의로 답을 표시할 때, 3문제 이하로 맞힐 확률은?

① $\dfrac{5}{8}$ ② $\dfrac{11}{16}$ ③ $\dfrac{3}{4}$

④ $\dfrac{13}{16}$ ⑤ $\dfrac{7}{8}$

122

두 학생 A, B가 어떤 문제를 풀 때, 두 명 중에서 한 명만 문제를 맞힐 확률은 0.6이고, 두 명 모두 문제를 맞힐 확률은 0.3이라 한다. 이때 A, B 모두 문제를 틀릴 확률은?

① 0.1 ② 0.2 ③ 0.3

④ 0.4 ⑤ 0.5

123 평가원 기출

1부터 11까지의 자연수 중에서 임의로 서로 다른 2개의 수를 선택한다. 선택한 2개의 수 중 적어도 하나가 7 이상의 홀수일 확률은?

① $\dfrac{23}{55}$ ② $\dfrac{24}{55}$ ③ $\dfrac{5}{11}$

④ $\dfrac{26}{55}$ ⑤ $\dfrac{27}{55}$

서술형

시험에서 출제율이 높은 서술형 문제를 엄선하여 수록하였습니다.

124

A, B, C 세 명이 각각 주사위를 한 개씩 던질 때, 같은 눈의 수가 나온 주사위가 2개일 확률을 구하시오.

[풀이]

125

6개의 숫자 1, 2, 2, 3, 3, 3을 일렬로 나열할 때, 홀수끼리 모두 이웃할 확률을 구하시오.

[풀이]

126

두 집합

$$X=\{1, 2, 3, 4, 5\}, \ Y=\{1, 3, 5, 7, 9, 11, 13, 15\}$$

에 대하여 X에서 Y로의 함수 f를 만들 때, $f(3)=5$이거나 $f(5)=7$일 확률을 구하시오.

[풀이]

127

집합 $A=\{-4, -3, -2, -1, 0, 1, 2, 3, 4\}$의 원소 중에서 임의로 서로 다른 두 원소를 택할 때, 이 두 원소를 곱한 값을 a라 하자. 다음 물음에 답하시오.

(1) 집합 A에서 택한 두 원소를 $x, y \ (x>y)$라 할 때, $|a| \geq 10$을 만족시키는 순서쌍 (x, y)의 개수를 구하시오.

[풀이]

(2) $|a| < 10$일 확률을 구하시오.

[풀이]

1등급 실력 완성

● 바른답·알찬풀이 **26쪽**

128

표본공간 $S=\{1, 2, 3, 4, 5, 6\}$의 각 근원사건이 일어날 확률이 모두 같을 때, 표본공간 S의 두 사건 A, B가 서로 배반사건이고 $0<P(A)<P(B)$가 되도록 두 사건 A, B를 선택하는 경우의 수를 구하시오.

129

5명의 학생이 자신들의 모의고사 성적표가 각각 한 장씩 놓여 있는 교탁 위에서 임의로 각자 성적표를 한 장씩 택하였다. 이때 한 학생만 자신의 성적표를 택했을 확률을 구하시오.

130 평가원 기출

두 집합 $X=\{1, 2, 3, 4\}$, $Y=\{1, 2, 3, 4, 5, 6, 7\}$에 대하여 X에서 Y로의 모든 일대일함수 f 중에서 임의로 하나를 선택할 때, 이 함수가 다음 조건을 만족시킬 확률은?

> (가) $f(2)=2$
> (나) $f(1)\times f(2)\times f(3)\times f(4)$는 4의 배수이다.

① $\dfrac{1}{14}$ ② $\dfrac{3}{35}$ ③ $\dfrac{1}{10}$

④ $\dfrac{4}{35}$ ⑤ $\dfrac{9}{70}$

131 평가원 기출

주머니에 숫자 1, 2, 3, 4가 하나씩 적혀 있는 흰 공 4개와 숫자 4, 5, 6, 7이 하나씩 적혀 있는 검은 공 4개가 들어 있다. 이 주머니를 사용하여 다음 규칙에 따라 점수를 얻는 시행을 한다.

> 주머니에서 임의로 2개의 공을 동시에 꺼내어 꺼낸 공이 서로 다른 색이면 12를 점수로 얻고, 꺼낸 공이 서로 같은 색이면 꺼낸 두 공에 적힌 수의 곱을 점수로 얻는다.

이 시행을 한 번 하여 얻은 점수가 24 이하의 짝수일 확률이 $\dfrac{q}{p}$일 때, $p+q$의 값을 구하시오.

(단, p와 q는 서로소인 자연수이다.)

132

오른쪽 그림과 같이 한 변의 길이가 4인 정삼각형 ABC의 내부에 임의로 한 점 P를 잡을 때, 점 P에서 각 꼭짓점까지의 거리가 2보다 클 확률을 구하시오.

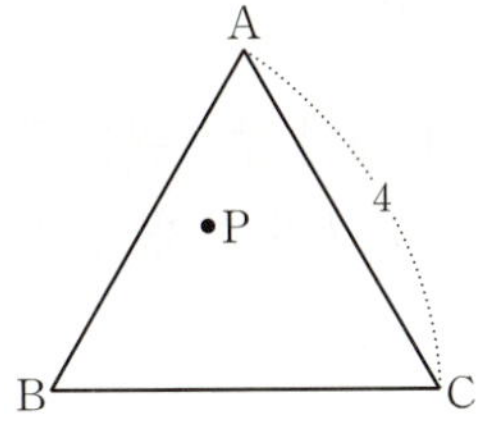

● 바른답·알찬풀이 **28쪽**

133

두 사건 A, B에 대하여 $\mathrm{P}(A)=\dfrac{3}{4}$, $\mathrm{P}(B)=\dfrac{3}{7}$일 때, $\mathrm{P}(A\cap B)$의 최댓값을 M, 최솟값을 m이라 하자. 이때 $M+m$의 값은?

① $\dfrac{4}{7}$ ② $\dfrac{17}{28}$ ③ $\dfrac{9}{14}$

④ $\dfrac{19}{28}$ ⑤ $\dfrac{5}{7}$

134

1학년 남학생 2명, 1학년 여학생 2명, 2학년 남학생 3명, 2학년 여학생 1명이 있다. 이 8명의 학생을 임의로 일렬로 세울 때, 양쪽 끝에 모두 남학생이 서거나 모두 2학년 학생이 설 확률을 구하시오.

135

한 개의 주사위를 두 번 던질 때 나온 눈의 수를 차례대로 a, b라 하자. 함수 $f(x)=x^2-7x+6$에 대하여 $f(a)f(b)=0$이 성립할 확률을 구하시오.

136

1부터 100까지의 자연수가 각각 하나씩 적힌 100개의 공이 들어 있는 상자에서 임의로 한 개의 공을 꺼낼 때, 꺼낸 공에 적힌 수가 6과 서로소일 확률은?

① $\dfrac{4}{25}$ ② $\dfrac{33}{100}$ ③ $\dfrac{1}{2}$

④ $\dfrac{67}{100}$ ⑤ $\dfrac{22}{25}$

137 평가원 기출

흰색 손수건 4장, 검은색 손수건 5장이 들어 있는 상자가 있다. 이 상자에서 임의로 4장의 손수건을 동시에 꺼낼 때, 꺼낸 4장의 손수건 중에서 흰색 손수건이 2장 이상일 확률은?

① $\dfrac{1}{2}$ ② $\dfrac{4}{7}$ ③ $\dfrac{9}{14}$

④ $\dfrac{5}{7}$ ⑤ $\dfrac{11}{14}$

1등급을 결정하는 문제 중 최고난도 문제를 수록하였습니다.

II

138 평가원 기출

1부터 10까지의 자연수 중에서 임의로 서로 다른 3개의 수를 선택한다. 선택된 세 개의 수의 곱이 5의 배수이고 합은 3의 배수일 확률은?

① $\dfrac{3}{20}$ ② $\dfrac{1}{6}$ ③ $\dfrac{11}{60}$

④ $\dfrac{1}{5}$ ⑤ $\dfrac{13}{60}$

139

주머니 속에 1부터 8까지의 자연수가 각각 하나씩 적힌 8개의 공이 들어 있다. 이 주머니에서 임의로 3개의 공을 동시에 꺼낼 때, 꺼낸 공에 적힌 수를 각각 a, b, c $(a<b<c)$라 하자. 이때 $\dfrac{bc}{a}$가 자연수일 확률을 구하시오.

140

한 개의 주사위를 5번 던져서 나온 눈의 수를 작거나 같은 수부터 차례대로 나열하여 순서쌍 $(a_1,\ a_2,\ a_3,\ a_4,\ a_5)$를 만든다. 이 순서쌍들의 집합을 S라 하고 S의 원소 중 한 원소를 선택하였을 때, $a_1 \leq a_2 < a_3 < a_4 \leq a_5$가 될 확률를 구하시오.

(단, 주사위의 눈이 나오는 순서는 무시한다.)

04 조건부확률

04-1 조건부확률   [유형 1~4]

1 조건부확률

(1) **조건부확률**: 표본공간 S의 두 사건 A, B에 대하여 확률이 0이 아닌 사건 A가 일어났다고 가정할 때 사건 B가 일어날 확률을 사건 A가 일어났을 때 사건 B의 **조건부확률**이라 하고, 이것을 기호로 $\mathrm{P}(B\,|\,A)$와 같이 나타낸다.

(2) 사건 A가 일어났을 때 사건 B의 조건부확률은

$$\mathrm{P}(B\,|\,A)=\frac{\mathrm{P}(A\cap B)}{\mathrm{P}(A)} \quad (단,\ \mathrm{P}(A)\neq 0)$$

2 확률의 곱셈정리

두 사건 A, B에 대하여 $\mathrm{P}(A)\neq 0$, $\mathrm{P}(B)\neq 0$일 때,

$$\mathrm{P}(A\cap B)=\mathrm{P}(A)\mathrm{P}(B\,|\,A)=\mathrm{P}(B)\mathrm{P}(A\,|\,B)$$

❶ 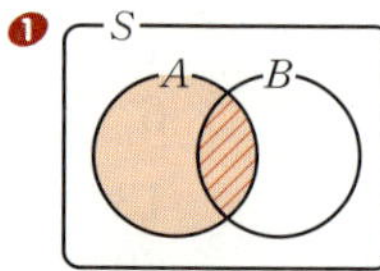

$\mathrm{P}(B\,|\,A)$는 사건 A를 표본공간으로 생각할 때 사건 $A\cap B$가 일어날 확률이다.

❷ 확률이 0이 아닌 두 사건 A, E에 대하여 두 사건 $A\cap E$와 $A^c\cap E$는 서로 배반사건이므로

$E=(A\cap E)\cup(A^c\cap E)$

(1) 확률의 덧셈정리와 확률의 곱셈정리에 의하여

$\mathrm{P}(E)$
$=\mathrm{P}(A\cap E)+\mathrm{P}(A^c\cap E)$
$=\mathrm{P}(A)\mathrm{P}(E\,|\,A)$
$\qquad +\mathrm{P}(A^c)\mathrm{P}(E\,|\,A^c)$

(2) 사건 E가 일어났을 때 사건 A의 조건부확률은

$\mathrm{P}(A\,|\,E)$
$=\dfrac{\mathrm{P}(A\cap E)}{\mathrm{P}(E)}$
$=\dfrac{\mathrm{P}(A\cap E)}{\mathrm{P}(A\cap E)+\mathrm{P}(A^c\cap E)}$

04-2 사건의 독립과 종속   [유형 5~7]

(1) **독립**: 두 사건 A, B에 대하여 사건 A가 일어났을 때 사건 B의 조건부확률이 사건 B가 일어날 확률과 같을 때, 즉

$$\mathrm{P}(B\,|\,A)=\mathrm{P}(B)$$

일 때, 두 사건 A와 B는 서로 **독립**이라 한다.

> **참고** 두 사건 A와 B가 서로 독립이면 A와 B^c, A^c와 B, A^c와 B^c도 각각 서로 독립이다.

(2) **종속**: 두 사건 A와 B가 서로 독립이 아닐 때, 두 사건 A와 B는 서로 **종속**이라 한다.

(3) 두 사건 A와 B가 서로 독립이기 위한 필요충분조건은

$$\mathrm{P}(A\cap B)=\mathrm{P}(A)\mathrm{P}(B) \quad (단,\ \mathrm{P}(A)\neq 0,\ \mathrm{P}(B)\neq 0)$$

❸ $\mathrm{P}(A\,|\,B)=\mathrm{P}(A)$일 때에도 두 사건 A와 B는 서로 독립이다.

❹ 두 사건 A와 B가 서로 독립인지 종속인지 판별할 때는 두 사건이 서로 독립이기 위한 필요충분조건을 이용하는 것이 편리하다.

① $\mathrm{P}(A\cap B)=\mathrm{P}(A)\mathrm{P}(B)$
$\quad \Leftrightarrow A$와 B는 서로 독립

② $\mathrm{P}(A\cap B)\neq \mathrm{P}(A)\mathrm{P}(B)$
$\quad \Leftrightarrow A$와 B는 서로 종속

★ 04-3 독립시행의 확률   [유형 8]

(1) **독립시행**: 동일한 시행을 반복할 때, 각 시행에서 일어나는 사건이 서로 독립인 경우 이러한 시행을 **독립시행**이라 한다.

(2) **독립시행의 확률**: 어떤 시행에서 사건 A가 일어날 확률이 p $(0<p<1)$일 때, 이 시행을 n번 반복하는 독립시행에서 사건 A가 r번 일어날 확률은

$$_{n}\mathrm{C}_{r}\,p^{r}(1-p)^{n-r} \quad (단,\ r=0,\ 1,\ 2,\ \cdots,\ n)$$

❺ 독립시행의 확률은 각 시행에서 일어나는 사건의 확률을 곱하여 계산한다.

시험에서 출제율이 70% 이상인 문제를 엄선하여 수록하였습니다.

유형 1 조건부확률의 계산 [개념 04-1]

141 ⭐중요

두 사건 A, B에 대하여

$$P(A)=\frac{9}{16},\ P(B)=\frac{1}{4},\ P(A\cup B)=\frac{3}{4}$$

일 때, $P(B|A)$는?

① $\frac{1}{9}$ ② $\frac{2}{7}$ ③ $\frac{4}{9}$

④ $\frac{1}{2}$ ⑤ $\frac{3}{4}$

142

두 사건 A, B가 서로 배반사건이고

$$P(A)=\frac{1}{5},\ P(B)=\frac{1}{3}$$

일 때, $P(A|B^C)$를 구하시오.

143

두 사건 A, B에 대하여

$$P(A|B)=\frac{1}{3},\ P(B|A)=\frac{1}{5},\ P(A\cup B)=\frac{4}{7}$$

일 때, $P(A\cap B)$는?

① $\frac{4}{49}$ ② $\frac{1}{7}$ ③ $\frac{9}{49}$

④ $\frac{2}{7}$ ⑤ $\frac{16}{49}$

144 평가원 기출

두 사건 A, B에 대하여

$$P(A\cup B)=1,\ P(A\cap B)=\frac{1}{4},$$
$$P(A|B)=P(B|A)$$

일 때, $P(A)$의 값은?

① $\frac{1}{2}$ ② $\frac{9}{16}$ ③ $\frac{5}{8}$

④ $\frac{11}{16}$ ⑤ $\frac{3}{4}$

유형 2 조건부확률 [개념 04-1]

145

한 개의 주사위를 던져서 나온 눈의 수가 짝수일 때, 그 수가 소수일 확률은?

① $\frac{1}{6}$ ② $\frac{1}{5}$ ③ $\frac{1}{3}$

④ $\frac{2}{5}$ ⑤ $\frac{1}{2}$

146

어느 고등학교 전체 학생의 $\dfrac{4}{7}$는 여학생이고, 버스로 등교하는 여학생은 전체 학생의 $\dfrac{2}{9}$이다. 이 고등학교 학생 중에서 임의로 택한 한 명이 여학생일 때, 이 학생이 버스로 등교하는 학생일 확률은?

① $\dfrac{1}{3}$ ② $\dfrac{7}{18}$ ③ $\dfrac{4}{9}$

④ $\dfrac{1}{2}$ ⑤ $\dfrac{5}{9}$

147

상자 속에 1, 2, 3, 4, 5의 숫자가 각각 하나씩 적힌 빨간색 카드 5장과 6, 7, 8, 9의 숫자가 각각 하나씩 적힌 노란색 카드 4장이 들어 있다. 이 상자에서 임의로 한 장의 카드를 꺼냈더니 빨간색 카드였을 때, 그 카드에 적힌 수가 홀수일 확률을 구하시오.

148

갑, 을, 병을 포함한 10명의 학생들이 임의로 일렬로 서는데 갑과 을이 이웃하여 서 있을 때, 을과 병이 이웃하여 서 있을 확률은?

① $\dfrac{1}{18}$ ② $\dfrac{1}{9}$ ③ $\dfrac{1}{6}$

④ $\dfrac{2}{9}$ ⑤ $\dfrac{5}{18}$

149

한 개의 주사위를 던져서 나온 눈의 수가 a일 때, a를 4로 나눈 나머지를 점수로 얻는 게임이 있다. 윤서와 소미가 각각 주사위를 한 번씩 던져서 같은 점수를 얻었을 때, 그 점수가 2점일 확률을 구하시오.

150 ⭐중요

다음 표는 어느 직업 체험 행사에 참가한 학생 60명을 대상으로 체험한 직업을 조사하여 나타낸 것이다.

(단위: 명)

	파일럿	승무원	합계
남학생	21	11	32
여학생	3	25	28
합계	24	36	60

이 직업 체험 행사에 참가한 학생 중에서 임의로 택한 한 명이 승무원을 체험한 학생일 때, 이 학생이 여학생일 확률을 구하시오.

151 평가원 기출

한 개의 주사위를 두 번 던질 때 나오는 눈의 수를 차례로 a, b라 하자. $a \times b$가 4의 배수일 때, $a+b \leq 7$일 확률은?

① $\dfrac{2}{5}$ ② $\dfrac{7}{15}$ ③ $\dfrac{8}{15}$

④ $\dfrac{3}{5}$ ⑤ $\dfrac{2}{3}$

152

1등 당첨 제비 1개, 2등 당첨 제비 4개를 포함한 10개의 제비가 있다. 이 중에서 임의로 2개의 제비를 동시에 뽑았더니 당첨 제비가 나왔을 때, 2등 당첨 제비가 포함되어 있을 확률을 구하시오.

153 실력 UP

주머니 A에는 검은 공 1개, 흰 공 3개가 들어 있고, 주머니 B에는 검은 공 2개, 흰 공 2개가 들어 있다. 두 주머니 A, B에서 임의로 각각 2개의 공을 동시에 꺼내어 서로 상대 주머니에 넣는 시행을 1회 하였다. 1회 시행 후에 주머니 A에 검은 공 1개, 흰 공 3개가 들어 있었을 때, 주머니 B에서 검은 공을 꺼냈을 확률을 구하시오.

154

주머니 속에 딸기 맛 사탕 3개와 포도 맛 사탕 4개가 들어 있다. 이 중에서 임의로 한 개씩 차례대로 두 개의 사탕을 먹을 때, 첫 번째에는 딸기 맛 사탕을, 두 번째에는 포도 맛 사탕을 먹을 확률은?

① $\dfrac{1}{7}$ ② $\dfrac{2}{7}$ ③ $\dfrac{3}{7}$

④ $\dfrac{4}{7}$ ⑤ $\dfrac{5}{7}$

155

n장의 당첨 복권을 포함한 12장의 복권이 있다. 갑, 을의 순서대로 각각 임의로 한 장씩 복권을 뽑을 때, 을만 당첨 복권을 뽑을 확률이 $\dfrac{9}{44}$가 되도록 하는 모든 n의 값의 합을 구하시오. (단, 뽑은 복권은 다시 넣지 않는다.)

156

흰 공 n개와 빨간 공 4개가 들어 있는 주머니에서 공을 임의로 한 개씩 2번 꺼낼 때, 첫 번째에는 흰 공을, 두 번째에는 빨간 공을 꺼낼 확률이 $\dfrac{1}{5}$이다. 이때 n의 값은?

(단, $n \geq 2$이고, 꺼낸 공은 다시 넣지 않는다.)

① 10   ② 11   ③ 12

④ 13   ⑤ 14

157 ⭐중요

어느 의사가 코로나에 걸린 사람을 코로나에 걸렸다고 진단할 확률은 0.8이고, 코로나에 걸리지 않은 사람을 코로나에 걸렸다고 오진할 확률은 0.1이다. 코로나에 걸린 사람과 걸리지 않은 사람의 비율이 각각 40 %, 60 %인 집단에서 임의로 한 사람을 택하여 이 의사가 진단하였을 때, 그 사람을 코로나에 걸렸다고 진단할 확률은?

① 0.22 ② 0.26 ③ 0.3

④ 0.34 ⑤ 0.38

158

1부터 10까지의 자연수가 각각 하나씩 적힌 10개의 구슬이 들어 있는 주머니에서 A가 임의로 구슬 한 개를 꺼낸 후 B가 임의로 구슬 한 개를 꺼낼 때, B가 소수가 적힌 구슬을 꺼낼 확률을 구하시오.

(단, 꺼낸 구슬은 다시 넣지 않는다.)

159

어느 축구팀은 비가 내릴 때 경기에서 이길 확률이 0.3이고, 비가 내리지 않을 때 경기에서 이길 확률이 0.5라 한다. 내일 비가 내릴 확률이 0.4일 때, 이 축구팀이 내일 경기에서 이길 확률은?

① 0.36 ② 0.39 ③ 0.42

④ 0.45 ⑤ 0.48

160

어느 공장에서 두 기계 A, B는 각각 전체 제품의 40 %, 60 %를 생산하고, 생산된 제품 중에서 불량품은 각각 1 %, 2 %라 한다. 두 기계에서 생산된 제품 중에서 임의로 한 개의 제품을 택했더니 불량품이었을 때, 그 제품이 기계 B에서 생산되었을 확률을 구하시오.

161

어떤 질문마다 거짓말로 대답할 확률이 40 %인 사람에게 흰색 모자 2개와 노란색 모자 3개가 들어 있는 상자에서 임의로 모자 한 개를 꺼내어 보여 주었더니 노란색 모자라고 대답하였다. 이때 꺼낸 모자가 실제로 노란색 모자일 확률을 구하시오.

162

앞면이 파란색, 뒷면이 빨간색인 6장의 카드가 다음 그림과 같이 배열되어 있다.

주사위를 한 번 던져 나온 눈의 수를 k라 할 때, 왼쪽부터 k번째 카드를 뒤집는 것을 한 번의 시행이라 하자. 이 시행을 2번 반복한 후 빨간색인 카드가 한 개일 때, 첫 번째 시행에서 빨간색인 카드를 뒤집었을 확률은?

① $\dfrac{1}{4}$ ② $\dfrac{5}{16}$ ③ $\dfrac{3}{8}$

④ $\dfrac{7}{16}$ ⑤ $\dfrac{1}{2}$

163 실력 UP

다음 표는 성재와 윤주가 평소 가위바위보를 할 때의 습관을 조사하여 가위, 바위, 보를 낼 확률을 나타낸 것이다.

	가위	바위	보
성재	0.3	0.4	0.3
윤주	0.2	0.4	0.4

성재와 윤주가 가위바위보를 하여 성재가 이겼을 때, 가위를 내서 이겼을 확률은?

① $\dfrac{1}{4}$ ② $\dfrac{3}{8}$ ③ $\dfrac{1}{2}$

④ $\dfrac{5}{8}$ ⑤ $\dfrac{3}{4}$

164 중요

한 개의 주사위를 던지는 시행에서 짝수의 눈이 나오는 사건을 A, 3 이하의 눈이 나오는 사건을 B, 3 또는 4의 눈이 나오는 사건을 C라 하자. 서로 독립인 사건만을 | 보기 |에서 있는 대로 고른 것은?

| 보기 |
ㄱ. A와 B ㄴ. B와 C ㄷ. C와 A

① ㄱ ② ㄴ ③ ㄱ, ㄷ
④ ㄴ, ㄷ ⑤ ㄱ, ㄴ, ㄷ

165

$0<\mathrm{P}(A)<1$, $0<\mathrm{P}(B)<1$인 두 사건 A, B에 대하여 다음 중 옳은 것은?

① A, B가 서로 배반사건이면 $\mathrm{P}(B^{C}|A)=1$이다.

② A, B가 서로 배반사건이면 A, B는 서로 독립이다.

③ A, B가 서로 독립이면 A, B^{C}는 서로 종속이다.

④ A, B가 서로 독립이면 $\mathrm{P}(A|B)=\mathrm{P}(B|A)$이다.

⑤ A, B가 서로 독립이면 $\mathrm{P}(A^{C}|B^{C})=1-\mathrm{P}(A^{C}|B)$이다.

166

두 사건 A, B가 서로 독립이고
$$P(A)=\frac{1}{3},\ P(A^c \cap B^c)=\frac{1}{5}$$
일 때, $P(B)$를 구하시오.

167

두 사건 A, B가 서로 독립이고
$$P(A \cap B)=\frac{1}{6},\ P(A^c)=3P(A)$$
일 때, $P(B)$는?

① $\dfrac{1}{3}$ ② $\dfrac{4}{9}$ ③ $\dfrac{5}{9}$

④ $\dfrac{2}{3}$ ⑤ $\dfrac{7}{9}$

168

두 사건 A, B에 대하여 $P(B)=\dfrac{2}{3}$, $P(A \cup B)=\dfrac{3}{4}$이다. A와 B가 서로 배반사건일 때의 $P(A)$를 α, A와 B가 서로 독립일 때의 $P(A)$를 β라 할 때, $\alpha+\beta$의 값을 구하시오.

169

축구 선수 A가 페널티 킥을 성공시킬 확률은 $\dfrac{2}{5}$이고, 축구 선수 B가 페널티 킥을 성공시킬 확률은 p이다. 두 축구 선수 A, B가 각각 한 번씩 페널티 킥을 찰 때, 적어도 한 명이 성공시킬 확률이 $\dfrac{13}{25}$이다. p의 값은?

① $\dfrac{1}{10}$ ② $\dfrac{1}{5}$ ③ $\dfrac{3}{10}$

④ $\dfrac{2}{5}$ ⑤ $\dfrac{1}{2}$

170

상자 A에는 흰 공 4개, 검은 공 1개가 들어 있고, 상자 B에는 흰 공 3개, 검은 공 2개가 들어 있다. 희진이는 상자 A에서, 윤호는 상자 B에서 각각 한 개의 공을 꺼낼 때, 두 사람 중에서 한 명만 흰 공을 뽑을 확률은 $\dfrac{q}{p}$이다. 이때 $p+q$의 값을 구하시오.

(단, p와 q는 서로소인 자연수이다.)

171

어느 미술 대회의 참가자는 창의성과 심미성에서 각각 50점, 40점, 30점 중 하나의 점수를 받는다. 이 대회에 참가한 재현이가 창의성과 심미성에서 50점, 40점, 30점을 받을 확률은 각각 $\frac{1}{2}$, $\frac{1}{3}$, $\frac{1}{6}$로 같다고 한다. 창의성 점수를 받는 사건과 심미성 점수를 받는 사건이 서로 독립일 때, 재현이가 받은 점수의 합이 80점일 확률은?

① $\frac{1}{3}$ ② $\frac{11}{36}$ ③ $\frac{5}{18}$

④ $\frac{1}{4}$ ⑤ $\frac{2}{9}$

172 실력 UP

다음은 어느 고등학교 1학년과 2학년 전체 학생 480명을 대상으로 체험 학습 실시에 대한 찬반 여부를 조사하여 나타낸 표이다.

(단위: 명)

	찬성	반대	합계
1학년		a	120
2학년	b		360
합계	280	200	480

이 학생들 중에서 임의로 한 명을 택할 때, 1학년 학생을 택하는 사건과 체험 학습 실시에 찬성하는 학생을 택하는 사건은 서로 독립이다. 이때 $a+b$의 값을 구하시오.

173

어떤 농구 선수가 자유투를 한 번 던져 성공할 확률이 $\frac{2}{3}$일 때, 5번의 자유투를 던져 3번 성공할 확률을 구하시오.

174 교육청 기출

한 개의 동전을 4번 던질 때, 앞면이 적어도 한 번 나올 확률은?

① $\frac{7}{16}$ ② $\frac{9}{16}$ ③ $\frac{11}{16}$

④ $\frac{13}{16}$ ⑤ $\frac{15}{16}$

175 중요

가영이는 수학 문제를 풀 때, 평균적으로 5문제 중에서 4문제를 맞힌다고 한다. 3문제가 출제된 어느 수학 시험에서 2문제 이상 맞히면 합격이라고 할 때, 가영이가 이 시험에 합격할 확률은?

① $\frac{102}{125}$ ② $\frac{107}{125}$ ③ $\frac{112}{125}$

④ $\frac{117}{125}$ ⑤ $\frac{122}{125}$

● 바른답·알찬풀이 **37쪽**

176

주머니 속에 흰 구슬 3개, 검은 구슬 2개가 들어 있다. 이 주머니에서 임의로 한 개의 구슬을 꺼내어 색을 확인하고 다시 주머니에 넣는 시행을 10회 반복했을 때, 흰 구슬이 r번 나올 확률을 $P(r)$이라 하자. $\dfrac{P(10-n)}{P(n)}=\dfrac{81}{16}$ 일 때, 자연수 n의 값을 구하시오.

177

계단에서 성희와 누리가 가위바위보를 하여 이기는 사람은 두 계단을 올라가고 비기거나 지는 사람은 한 계단을 내려가기로 하였다. 가위바위보를 7번 하여 성희가 5계단을 올라가게 될 확률이 $\dfrac{n}{3^7}$일 때, 자연수 n의 값을 구하시오.

178

화살을 과녁에 명중시킬 확률이 $\dfrac{1}{4}$인 선경이가 흰 구슬 3개, 검은 구슬 2개가 들어 있는 주머니에서 임의로 한 개의 구슬을 꺼낼 때, 흰 구슬이 나오면 화살을 2번 쏘고 검은 구슬이 나오면 화살을 3번 쏜다고 한다. 선경이가 화살을 과녁에 2번 명중시킬 확률을 구하시오.

179 실력 UP

두 테니스 선수 A, B가 경기를 할 때, A선수가 이길 확률이 $\dfrac{3}{5}$이다. 두 선수 A, B가 7전 4선승제의 테니스 경기를 할 때, 다섯 번째 경기에서 승부가 결정될 확률은?

(단, 비기는 경우는 없다.)

① $\dfrac{166}{625}$ ② $\dfrac{167}{625}$ ③ $\dfrac{168}{625}$

④ $\dfrac{169}{625}$ ⑤ $\dfrac{34}{125}$

180 수능 기출

한 개의 주사위를 5번 던질 때 홀수의 눈이 나오는 횟수를 a라 하고, 한 개의 동전을 4번 던질 때 앞면이 나오는 횟수를 b라 하자. $a-b$의 값이 3일 확률을 $\dfrac{q}{p}$라 할 때, $p+q$의 값을 구하시오.

(단, p와 q는 서로소인 자연수이다.)

181

한 개의 주사위를 두 번 던져서 첫 번째에 나온 눈의 수를 a, 두 번째에 나온 눈의 수를 b라 하자. a가 짝수일 때, 이차방정식 $x^2-ax+b=0$이 서로 다른 두 실근을 가질 확률을 구하시오.

[풀이]

182

검은 공 4개, 흰 공 3개가 들어 있는 상자에서 한 개의 공을 꺼내어 색을 확인한 후 다시 넣고, 그 공과 같은 색의 공을 한 개 더 상자에 넣는다. 다시 이 상자에서 2개의 공을 꺼낼 때, 적어도 한 개의 흰 공을 꺼낼 확률을 구하시오.

[풀이]

183

두 사건 A, B가 서로 독립이고

$$\mathrm{P}(A)=\frac{1}{3},\ \mathrm{P}((A-B)\cup(B-A))=\frac{3}{5}$$

일 때, $\mathrm{P}(B)$를 구하시오.

[풀이]

184

검은 공 2개, 흰 공 4개가 들어 있는 주머니에서 임의로 한 개의 공을 꺼낼 때, 꺼낸 공이 검은 공이면 1점, 흰 공이면 2점을 기록하고 공을 다시 주머니에 넣는다. 이와 같은 시행을 4번 반복할 때, 다음 물음에 답하시오.

⑴ 기록한 점수의 합이 7점 이상일 때, 검은 공이 나올 수 있는 횟수를 모두 구하시오.

[풀이]

⑵ 기록한 점수의 합이 7점 이상일 확률을 구하시오.

[풀이]

1등급 실력 완성

185

두 사건 A, B에 대하여 $P(A)=0.7$, $P(B)=0.5$일 때, $P(B|A)$의 최댓값을 M, 최솟값을 m이라 하자. 이때 $M+m$의 값은?

① $\dfrac{1}{2}$　　② $\dfrac{3}{4}$　　③ 1

④ $\dfrac{5}{4}$　　⑤ $\dfrac{3}{2}$

186

남성 회원과 여성 회원이 각각 100명, 60명인 어느 스포츠 센터에서 전체 회원 160명 중 60 %가 스포츠 센터를 주 3회 이상 이용한다. 이 스포츠 센터의 회원 중에서 임의로 택한 회원이 여성일 때, 이 회원이 주 3회 이상 이용할 확률이 $\dfrac{2}{5}$이다. 이 스포츠 센터의 회원 중에서 임의로 택한 회원이 스포츠 센터를 주 2회 이하 이용하였을 때, 이 회원이 남성일 확률은?

① $\dfrac{1}{4}$　　② $\dfrac{5}{16}$　　③ $\dfrac{3}{8}$

④ $\dfrac{7}{16}$　　⑤ $\dfrac{1}{2}$

187

갑, 을, 병 세 사람이 주사위를 한 개씩 던져서 나온 눈의 수를 각각 a, b, c라 할 때, $a+b+c\le16$인 사건을 A, $a+b=2c$인 사건을 B라 하자. 이때 $P(B|A)$를 구하시오.

188

다음 그림과 같은 정육면체의 전개도를 이용하여 모두 면의 수의 합이 18인 '에프론의 주사위'를 만들었다. 세 주사위 A, B, C 중에서 임의로 한 개를 택하여 두 번 던졌더니 두 번 모두 같은 수가 나왔을 때, 택한 주사위가 A일 확률은?

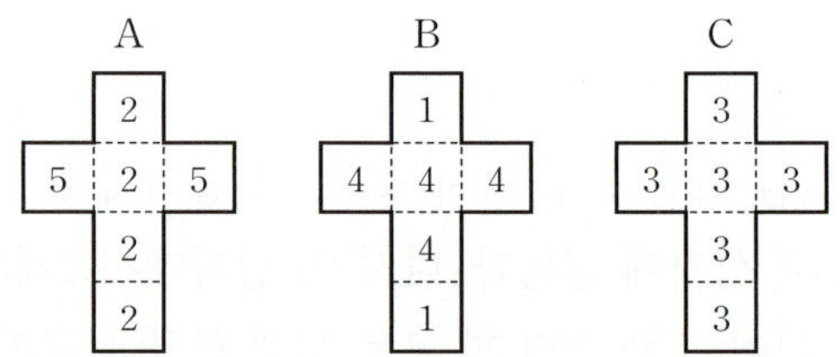

① $\dfrac{2}{9}$　　② $\dfrac{5}{19}$　　③ $\dfrac{4}{15}$

④ $\dfrac{3}{10}$　　⑤ $\dfrac{1}{3}$

189 수능 기출

하나의 주머니와 두 상자 A, B가 있다. 주머니에는 숫자 1, 2, 3, 4가 하나씩 적힌 4장의 카드가 들어 있고, 상자 A에는 흰 공과 검은 공이 각각 8개 이상 들어 있고, 상자 B는 비어 있다. 이 주머니와 두 상자 A, B를 사용하여 다음 시행을 한다.

주머니에서 임의로 한 장의 카드를 꺼내어 카드에 적힌 수를 확인한 후 다시 주머니에 넣는다.
확인한 수가 1이면 상자 A에 있는 흰 공 1개를 상자 B에 넣고, 확인한 수가 2 또는 3이면 상자 A에 있는 흰 공 1개와 검은 공 1개를 상자 B에 넣고, 확인한 수가 4이면 상자 A에 있는 흰 공 2개와 검은 공 1개를 상자 B에 넣는다.

이 시행을 4번 반복한 후 상자 B에 들어 있는 공의 개수가 8일 때, 상자 B에 들어 있는 검은 공의 개수가 2일 확률은?

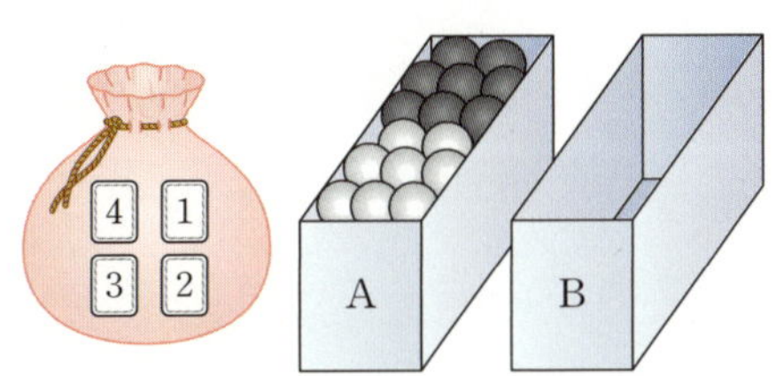

① $\dfrac{3}{70}$ ② $\dfrac{2}{35}$ ③ $\dfrac{1}{14}$

④ $\dfrac{3}{35}$ ⑤ $\dfrac{1}{10}$

190

1부터 15까지의 자연수가 각각 하나씩 적힌 15장의 카드 중에서 임의로 한 장의 카드를 뽑을 때, n의 배수가 적힌 카드를 뽑는 사건을 A_n이라 하자. 옳은 것만을 | 보기 |에서 있는 대로 고른 것은?

| 보기 |

ㄱ. $\mathrm{P}(A_4 | A_2) = \dfrac{1}{2}$

ㄴ. A_6과 A_8은 서로 배반사건이다.

ㄷ. A_3과 A_5는 서로 독립이다.

① ㄷ   ② ㄱ, ㄴ   ③ ㄱ, ㄷ
④ ㄴ, ㄷ   ⑤ ㄱ, ㄴ, ㄷ

191

각 면에 1, 1, 2, 2, 2, 2의 숫자가 하나씩 적힌 정육면체 모양의 상자를 던져 상자가 바닥에 닿는 면에 적힌 숫자를 기록하였다. 이 상자를 네 번 던졌을 때, 네 수의 합이 6 이하일 확률을 구하시오.

192

수직선 위의 원점에 점 P가 있다. 한 개의 주사위를 사용하여 다음 시행을 한다.

주사위를 한 번 던져 나온 눈의 수가 6의 약수이면 점 P를 양의 방향으로 1만큼 이동시키고, 6의 약수가 아니면 점 P를 이동시키지 않는다.

이 시행을 4번 반복할 때, 4번째 시행 후 점 P의 좌표가 2 이상일 확률을 구하시오.

도전 1등급 최고난도

1등급을 결정하는 문제 중 최고난도 문제를 수록하였습니다.

193 평가원 기출

주머니에 1부터 12까지의 자연수가 각각 하나씩 적혀 있는 12개의 공이 들어 있다. 이 주머니에서 임의로 3개의 공을 동시에 꺼내어 공에 적혀 있는 수를 작은 수부터 크기 순서대로 a, b, c라 하자. $b-a \geq 5$일 때, $c-a \geq 10$일 확률은 $\dfrac{q}{p}$이다. $p+q$의 값을 구하시오.

(단, p와 q는 서로소인 자연수이다.)

194

오른쪽 그림은 바둑판의 일부이다. 한 개의 주사위를 던질 때마다 다음 규칙에 따라 바둑돌을 이동시킨다.

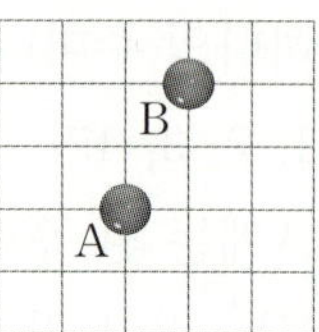

> ㈎ 1 또는 2의 눈이 나오면 오른쪽으로 1칸 이동한다.
> ㈏ 3의 눈이 나오면 왼쪽으로 1칸 이동한다.
> ㈐ 4 이상의 눈이 나오면 위쪽으로 1칸 이동한다.

한 개의 주사위를 5번 던질 때, A 지점에서 출발한 바둑돌이 B 지점에 있을 확률을 구하시오.

Ⅲ
통계

☑ 학습 계획 Check

- 학습하기 전, 중단원이 무엇인지 먼저 확인하세요.
- 이해가 부족한 개념이 있는 단원은 ☐ 안에 표시하고 반복하여 학습하세요.

05 확률분포

1등급 비법

05-1 확률변수 [유형 1, 2]

어떤 시행에서 표본공간의 각 원소에 실수가 하나씩 대응되는 함수를 **확률변수**라 한다.

(1) 이산확률변수: 확률변수가 가질 수 있는 값이 유한개이거나, 무수히 많더라도 자연수처럼 셀 수 있을 때, 그 확률변수를 **이산확률변수**라 한다.

(2) 연속확률변수:[1] 확률변수가 어떤 범위 안에 속하는 모든 실수의 값을 가질 때, 그 확률변수를 **연속확률변수**라 한다.

[1] 연속확률변수는 길이, 시간, 무게, 온도 등과 같이 어떤 범위에 속하는 모든 실수의 값을 연속적으로 갖는 확률변수이다.

05-2 이산확률변수의 확률분포 [유형 1]

이산확률변수 X가 어떤 값 x를 가질 확률을 기호로 $\mathrm{P}(X=x)$와 같이 나타낸다.

1 확률질량함수와 확률분포

이산확률변수 X가 가질 수 있는 모든 값이 $x_1, x_2, x_3, \cdots, x_n$이고 X가 이 값을 가질 확률을 각각 $p_1, p_2, p_3, \cdots, p_n$이라 할 때, $x_1, x_2, x_3, \cdots, x_n$과 $p_1, p_2, p_3, \cdots, p_n$의 대응 관계를 이산확률변수 X의 **확률분포**라 한다. 또, 이 대응 관계를 나타내는 함수

$$\mathrm{P}(X=x_i)=p_i \ (i=1, 2, 3, \cdots, n)$$

를 이산확률변수 X의 확률질량함수라 한다.

2 확률질량함수의 성질

이산확률변수 X의 확률질량함수 $\mathrm{P}(X=x_i)=p_i \ (i=1, 2, 3, \cdots, n)$에 대하여

(1) $0 \leq p_i \leq 1$ → 확률은 0 이상 1 이하이다.

(2) $p_1+p_2+p_3+\cdots+p_n=1$ → 확률의 총합은 1이다.

(3) $\mathrm{P}(x_i \leq X \leq x_j)=p_i+p_{i+1}+p_{i+2}+\cdots+p_j$ (단, $j=1, 2, 3, \cdots, n$이고 $i \leq j$)

> 참고 ① $\mathrm{P}(X=x_i \ 또는 \ X=x_j)=\mathrm{P}(X=x_i)+\mathrm{P}(X=x_j)=p_i+p_j$ (단, $i \neq j$)
> ② $\mathrm{P}(a \leq X \leq b)$는 확률변수 X가 a 이상 b 이하의 값을 가질 확률을 나타낸다.

05-3 연속확률변수의 확률분포[2] [유형 2]

$\alpha \leq X \leq \beta$에서 모든 실수의 값을 가질 수 있는 연속확률변수 X에 대하여 $\alpha \leq x \leq \beta$에서 정의된 함수 $f(x)$가 다음 세 가지 성질을 만족시킬 때, 함수 $f(x)$를 확률변수 X의 확률밀도함수라 한다.

(ⅰ) $f(x) \geq 0$

(ⅱ) 함수 $y=f(x)$의 그래프와 x축 및 두 직선 $x=\alpha$, $x=\beta$로 둘러싸인 도형의 넓이는 1이다.

(ⅲ) $\mathrm{P}(a \leq X \leq b)$는 함수 $y=f(x)$의 그래프와 x축 및 두 직선 $x=a$, $x=b$로 둘러싸인 도형의 넓이와 같다.

$$(단, \ \alpha \leq a \leq b \leq \beta)$$

[2] 연속확률변수 X에서 $\mathrm{P}(X=x)=0$이므로
$\mathrm{P}(a \leq X \leq b)$
$=\mathrm{P}(a \leq X < b)$
$=\mathrm{P}(a < X \leq b)$
$=\mathrm{P}(a < X < b)$

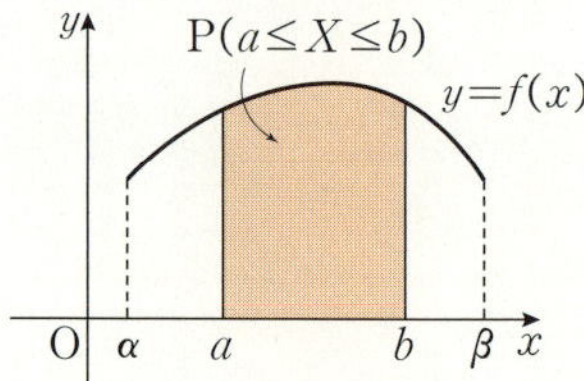

05-4 이산확률변수의 기댓값(평균), 분산, 표준편차 [3] [유형 3]

1 이산확률변수 X의 기댓값(평균), 분산, 표준편차

이산확률변수 X의 확률질량함수가 $P(X=x_i)=p_i\,(i=1,\ 2,\ 3,\ \cdots,\ n)$일 때,

(1) 기댓값(평균): $E(X)=x_1p_1+x_2p_2+x_3p_3+\cdots+x_np_n$

(2) 분산: $V(X)=E((X-m)^2)$

$$=(x_1-m)^2p_1+(x_2-m)^2p_2+(x_3-m)^2p_3+\cdots+(x_n-m)^2p_n$$
$$=E(X^2)-\{E(X)\}^2 \ (단,\ m=E(X)) \quad \to (제곱의 평균)-(평균의 제곱)$$

(3) 표준편차: $\sigma(X)=\sqrt{V(X)}$ $\to \sigma(X)$는 $V(X)$의 양의 제곱근이다.

2 이산확률변수 $aX+b$의 기댓값(평균), 분산, 표준편차

이산확률변수 X와 두 상수 $a\,(a\neq0)$, b에 대하여

(1) $E(aX+b)=aE(X)+b$

(2) $V(aX+b)=a^2V(X)$ $\rceil$ 분산과 표준편차는 평균을 중심으로 흩어진 정도를 나타내므로

(3) $\sigma(aX+b)=|a|\sigma(X)$ $\rfloor$ b의 값에 영향을 받지 않는다.

❸ 확률분포가 주어지지 않을 때, 확률변수 X의 평균, 분산, 표준편차는 다음과 같은 순서로 구한다.
(i) 확률변수 X가 가질 수 있는 모든 값에 대하여 그 값을 가질 확률을 각각 구한다.
(ii) 확률변수 X의 확률분포를 표로 나타낸다.
(iii) 확률변수 X의 평균, 분산, 표준편차를 구한다.

05-5 이항분포 [유형 4]

1 이항분포

한 번의 시행에서 사건 A가 일어날 확률이 p로 일정할 때, n번의 독립시행에서 사건 A가 일어나는 횟수를 확률변수 X라 하면 확률변수 X가 가질 수 있는 값은 0, 1, 2, $\cdots$, n이며, X의 확률질량함수는 다음과 같다.

$$P(X=x)={}_nC_xp^xq^{n-x}\ (x=0,\ 1,\ 2,\ \cdots,\ n이고\ q=1-p)$$

이와 같은 확률변수 X의 확률분포를 **이항분포**라 하며, 이것을 기호 $B(n,\ p)$로 나타내고, '확률변수 X는 이항분포 $B(n,\ p)$를 따른다'고 한다.

> 참고 ${}_nC_xp^xq^{n-x}$에서 ${}_nC_x$는 n번의 독립시행에서 사건 A가 x번 일어나는 경우의 수이며, p^xq^{n-x}은 각 경우의 확률이다.

2 이항분포의 평균, 분산, 표준편차

확률변수 X가 이항분포 $B(n,\ p)$를 따를 때,

$$E(X)=np,\ V(X)=npq,\ \sigma(X)=\sqrt{npq}\ (단,\ q=1-p)$$

05-6 큰수의 법칙

어떤 시행에서 사건 A가 일어날 수학적 확률이 p일 때 n번의 독립시행에서 사건 A가 일어나는 횟수를 X라 하면, 아무리 작은 양수 h를 택하더라도 n을 충분히 크게 하면

$$P\left(\left|\frac{X}{n}-p\right|<h\right)는\ 1에\ 가까워진다.$$ 이것을 **큰수의 법칙**이라 한다.

> 참고 시행 횟수 n이 충분히 클 때, 상대도수 $\dfrac{X}{n}$는 통계적 확률에 가까워지므로 큰수의 법칙에 의하여 통계적 확률은 수학적 확률 p에 가까워짐을 알 수 있다.

1 정규분포

실수 전체의 집합에서 정의된 연속확률변수 X의 확률밀도함수 $f(x)$가 두 상수 m, σ ($\sigma>0$)에 대하여 $f(x)=\dfrac{1}{\sqrt{2\pi}\sigma}e^{-\frac{(x-m)^2}{2\sigma^2}}$ 일 때, X의 확률분포를 **정규분포**라 한다.

이때 확률밀도함수 $f(x)$의 그래프는 오른쪽 그림과 같고, 이 곡선을 정규분포곡선이라 한다.

또, 평균과 분산이 각각 m, σ^2인 정규분포를 기호 $\mathbf{N}(\boldsymbol{m},\,\boldsymbol{\sigma^2})$으로 나타내고, '확률변수 X는 정규분포 $\mathrm{N}(m,\,\sigma^2)$을 따른다'고 한다.

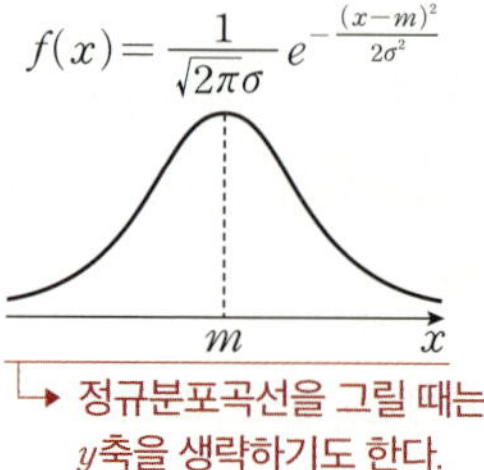

$f(x)=\dfrac{1}{\sqrt{2\pi}\sigma}e^{-\frac{(x-m)^2}{2\sigma^2}}$

→ 정규분포곡선을 그릴 때는 y축을 생략하기도 한다.

2 정규분포곡선의 성질 ❹

정규분포 $\mathrm{N}(m,\,\sigma^2)$을 따르는 확률변수 X의 정규분포곡선은 다음과 같은 성질을 갖는다.

(1) 직선 $x=m$에 대하여 대칭인 종 모양의 곡선이다.

(2) 곡선과 x축 사이의 넓이는 1이다.

(3) σ의 값이 일정하고 m의 값이 달라지면, 모양은 변하지 않지만 대칭축의 위치가 바뀐다.

(4) m의 값이 일정하고 σ의 값이 달라지면, 대칭축의 위치는 바뀌지 않지만 σ의 값이 클수록 가운데 부분의 높이는 낮아지고 양옆으로 퍼진 모양이 된다.

❹ 정규분포곡선이 직선 $x=m$에 대하여 대칭이므로
(1) $\mathrm{P}(X\geq m)=\mathrm{P}(X\leq m)=0.5$
(2) $\mathrm{P}(m\leq X\leq m+a)$
   $=\mathrm{P}(m-a\leq X\leq m)$ (단, $a>0$)

1 표준정규분포

평균이 0이고 분산이 1인 정규분포 $\mathbf{N}(\mathbf{0},\,\mathbf{1})$을 **표준정규분포**라 한다.

확률변수 Z가 표준정규분포 $\mathrm{N}(0,\,1)$을 따를 때, Z의 확률밀도함수는

$$f(z)=\dfrac{1}{\sqrt{2\pi}}e^{-\frac{z^2}{2}} \quad (z\text{는 모든 실수})$$

이고, 그 그래프는 오른쪽 그림과 같다.

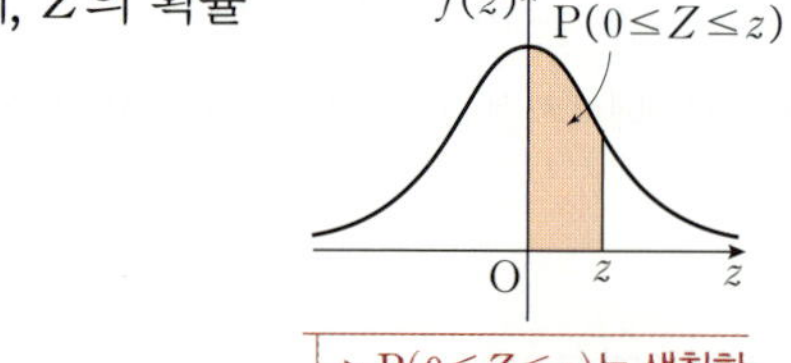

→ $\mathrm{P}(0\leq Z\leq z)$는 색칠한 도형의 넓이와 같다.

2 정규분포와 표준정규분포의 관계

확률변수 X가 정규분포 $\mathrm{N}(m,\,\sigma^2)$을 따를 때,

(1) 확률변수 $Z=\dfrac{X-m}{\sigma}$은 표준정규분포 $\mathrm{N}(0,\,1)$을 따른다.

(2) $\mathrm{P}(a\leq X\leq b)=\mathrm{P}\left(\dfrac{a-m}{\sigma}\leq Z\leq \dfrac{b-m}{\sigma}\right)$

❺ 확률변수 Z가 표준정규분포 $\mathrm{N}(0,\,1)$을 따를 때, 다음이 성립한다.
(단, $0<a<b$)
(1) $\mathrm{P}(0\leq Z\leq a)$
   $=\mathrm{P}(-a\leq Z\leq 0)$
(2) $\mathrm{P}(a\leq Z\leq b)$
   $=\mathrm{P}(0\leq Z\leq b)-\mathrm{P}(0\leq Z\leq a)$
(3) $\mathrm{P}(Z\geq a)$
   $=\mathrm{P}(Z\geq 0)-\mathrm{P}(0\leq Z\leq a)$
   $=0.5-\mathrm{P}(0\leq Z\leq a)$
(4) $\mathrm{P}(Z\leq a)$
   $=\mathrm{P}(Z\leq 0)+\mathrm{P}(0\leq Z\leq a)$
   $=0.5+\mathrm{P}(0\leq Z\leq a)$
(5) $\mathrm{P}(-a\leq Z\leq b)$
   $=\mathrm{P}(-a\leq Z\leq 0)$
      $+\mathrm{P}(0\leq Z\leq b)$
   $=\mathrm{P}(0\leq Z\leq a)+\mathrm{P}(0\leq Z\leq b)$

확률변수 X가 이항분포 $\mathrm{B}(n,\,p)$를 따를 때, n이 충분히 크면 X는 근사적으로 정규분포 $\mathrm{N}(np,\,npq)$를 따른다. (단, $q=1-p$)

참고 n이 충분히 크다는 것은 일반적으로 $np\geq 5$, $nq\geq 5$일 때를 뜻한다.

시험에서 출제율이 70 % 이상인 문제를 엄선하여 수록하였습니다.

유형 1 이산확률변수와 확률질량함수　[개념 05-1, 2]

195

확률변수 X의 확률분포를 표로 나타내면 다음과 같을 때, 상수 a의 값은?

X	-1	0	1	합계
$P(X=x)$	$\dfrac{a}{2}$	$\dfrac{3}{4}-a$	$2a^2$	1

① $\dfrac{1}{4}$　　　② $\dfrac{3}{8}$　　　③ $\dfrac{1}{2}$

④ $\dfrac{5}{8}$　　　⑤ $\dfrac{3}{4}$

196

확률변수 X의 확률질량함수가

$$P(X=x)=\frac{k}{x(x-1)}\ (x=2,\,3,\,4,\,\cdots,\,9)$$

일 때, $P(4 \leq X \leq 6)$은? (단, k는 상수이다.)

① $\dfrac{1}{8}$　　　② $\dfrac{3}{16}$　　　③ $\dfrac{1}{4}$

④ $\dfrac{5}{16}$　　　⑤ $\dfrac{3}{8}$

197

확률변수 X의 확률질량함수가

$$P(X=x)=k|x|+\frac{1}{10}\ (-2 \leq x \leq 2,\ x\text{는 정수})$$

일 때, $P(X^2=1)$을 구하시오. (단, k는 상수이다.)

198 ⭐중요

0, 1, 2, 3, 4의 숫자가 각각 하나씩 적힌 5장의 카드 중에서 임의로 2장의 카드를 동시에 뽑을 때, 두 카드에 적힌 수의 차를 확률변수 X라 하자. 이때 $P(X^2-6X+8=0)$은?

① $\dfrac{2}{5}$　　　② $\dfrac{3}{5}$　　　③ $\dfrac{7}{10}$

④ $\dfrac{4}{5}$　　　⑤ $\dfrac{9}{10}$

199

딸기 맛 사탕 6개와 포도 맛 사탕 4개가 들어 있는 주머니에서 임의로 5개의 사탕을 동시에 꺼낼 때 나오는 딸기 맛 사탕의 개수를 확률변수 X라 하자. $P(X \geq a)=\dfrac{11}{42}$을 만족시키는 자연수 a의 값을 구하시오.

200 교육청 기출

7개의 공이 들어 있는 상자가 있다. 각각의 공에는 1 또는 2 또는 3 중 하나의 숫자가 적혀 있다. 이 상자에서 임의로 2개의 공을 동시에 꺼내어 확인한 두 개의 수의 곱을 확률변수 X라 하자. 확률변수 X가

$$P(X=4)=\frac{1}{21},\ 2P(X=2)=3P(X=6)$$

을 만족시킬 때, $P(X\leq 3)$의 값은?

① $\dfrac{2}{7}$ ② $\dfrac{3}{7}$ ③ $\dfrac{4}{7}$

④ $\dfrac{5}{7}$ ⑤ $\dfrac{6}{7}$

201

1개의 주사위를 한 번 던져서 나오는 눈의 수의 약수의 개수를 확률변수 X라 하고, 확률변수 Y를

$$Y=\begin{cases} X^2 & (X\text{가 홀수인 경우}) \\ X & (X\text{가 짝수인 경우}) \end{cases}$$

라 하자. $P(2Y-2<3Y-5)$를 구하시오.

202

연속확률변수 X의 확률밀도함수가

$$f(x)=k(6-x)\ (0\leq x\leq 6)$$

일 때, 상수 k의 값을 구하시오.

203

$-1\leq X\leq 1$에서 정의된 연속확률변수 X의 확률밀도함수인 것만을 **|보기|** 에서 있는 대로 고른 것은?

> |보기|
> ㄱ. $f(x)=1$ ㄴ. $f(x)=-x$
> ㄷ. $f(x)=\dfrac{x+1}{2}$ ㄹ. $f(x)=1-|x|$

① ㄱ, ㄴ   ② ㄱ, ㄷ   ③ ㄴ, ㄷ
④ ㄴ, ㄹ   ⑤ ㄷ, ㄹ

204

연속확률변수 X의 확률밀도함수가

$$f(x)=\begin{cases} \dfrac{x}{6} & (0\leq x\leq 3) \\ 2-\dfrac{x}{2} & (3\leq x\leq 4) \end{cases}$$

이다. $P(X\geq a)=\dfrac{2}{3}$일 때, 상수 a의 값을 구하시오.

205 ⭐중요

$0 \le X \le 3a$에서 정의된 연속확률변수 X의 확률밀도함수 $f(x)$의 그래프가 다음 그림과 같다.

$\mathrm{P}\left(\dfrac{a}{2} \le X \le 2a\right) = b$일 때, $a+b$의 값을 구하시오.

(단, a, b는 상수이다.)

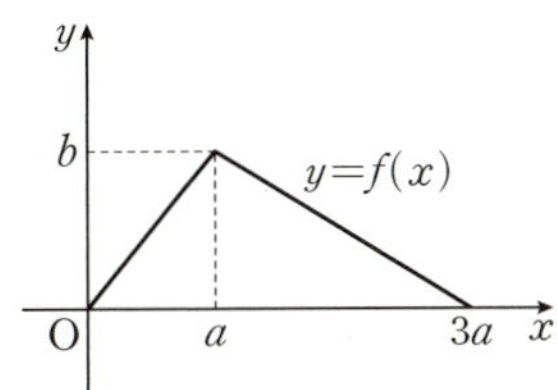

206

$-3 \le x \le 3$에서 정의된 연속확률변수 X의 확률밀도함수 $f(x)$가 다음 조건을 만족시킬 때, $\mathrm{P}\left(-\dfrac{1}{2} \le X \le 0\right)$은?

> (가) $0 \le x \le 3$인 모든 x에 대하여 $f(-x)=f(x)$
>
> (나) $\mathrm{P}\left(0 \le X \le \dfrac{1}{2}\right) = 5\mathrm{P}\left(\dfrac{1}{2} \le X \le 3\right)$

① $\dfrac{1}{12}$　　② $\dfrac{1}{6}$　　③ $\dfrac{1}{4}$

④ $\dfrac{1}{3}$　　⑤ $\dfrac{5}{12}$

207 실력 UP

두 양수 a, b에 대하여 연속확률변수 X의 확률밀도함수가

$$f(x) = \dfrac{|x-b|}{a} \quad (0 \le x \le 12)$$

이다. $\mathrm{P}(0 \le X \le b) = \dfrac{1}{10}$일 때, $\mathrm{P}\left(\dfrac{1}{b} \le X \le b\right)$는?

① $\dfrac{32}{405}$　　② $\dfrac{7}{81}$　　③ $\dfrac{38}{405}$

④ $\dfrac{41}{405}$　　⑤ $\dfrac{44}{405}$

208

확률변수 X에 대하여 $\mathrm{E}(X)=3$, $\mathrm{V}(X)=16$이고 확률변수 $Y=aX+b$에 대하여 $\mathrm{E}(Y)=4$, $\mathrm{V}(Y)=1$일 때, 양수 a, b에 대하여 $a-b$의 값을 구하시오.

209

양수 k에 대하여 확률변수 X의 확률질량함수가

$$\mathrm{P}(X=x)=\frac{(x\text{의 약수의 개수})}{k}\ (x=2,\,3,\,4,\,5)$$

일 때, $\mathrm{E}(9X-4)$는?

① 26 ② 28 ③ 30
④ 32 ⑤ 34

210

확률변수 X에 대하여 확률변수 Y를 $Y=\dfrac{1}{2}X+5$라 할 때, $\mathrm{E}(Y)=4$, $\mathrm{E}(Y^2)=20$이다. 이때 $\mathrm{E}(X)+\sigma(X)$의 값을 구하시오.

211

확률변수 X의 확률분포를 표로 나타내면 다음과 같다. $\mathrm{E}(X)=2$일 때, $\mathrm{V}(2X)$는? (단, a, b는 상수이다.)

X	0	1	2	3	합계
$\mathrm{P}(X=x)$	$\dfrac{1}{8}$	a	$\dfrac{1}{8}$	b	1

① $\dfrac{\sqrt{5}}{2}$ ② $\dfrac{5}{4}$ ③ $\sqrt{5}$
④ $\dfrac{5}{2}$ ⑤ 5

212 ⭐중요

흰 공 3개, 검은 공 1개, 파란 공 2개가 들어 있는 주머니에서 임의로 3개의 공을 동시에 꺼낼 때, 나오는 흰 공의 개수를 확률변수 X라 하자. X의 평균과 표준편차를 차례대로 구하시오.

213

6장의 카드 중에 0, 1, 2가 각각 하나씩 적힌 카드가 a장, b장, c장이 있다. 이 6장의 카드 중에서 한 장의 카드를 임의로 뽑을 때, 뽑힌 카드에 적힌 숫자를 확률변수 X라 하자. $\mathrm{E}(X)=\dfrac{4}{3}$, $\mathrm{V}(X)=\dfrac{5}{9}$일 때, $a-b+c$의 값은?

① -2 ② -1 ③ 0
④ 1 ⑤ 2

214 평가원 기출

이산확률변수 X가 가지는 값이 0부터 4까지의 정수이고

$$P(X=k)=P(X=k+2)\ (k=0,\ 1,\ 2)$$

이다. $E(X^2)=\dfrac{35}{6}$일 때, $P(X=0)$의 값은?

① $\dfrac{1}{24}$ ② $\dfrac{1}{12}$ ③ $\dfrac{1}{8}$

④ $\dfrac{1}{6}$ ⑤ $\dfrac{5}{24}$

215 실력 UP

오른쪽 그림과 같이 직선 사이의 간격이 1인 가로 방향의 평행선 3개와 세로 방향의 평행선 4개가 각각 수직으로 만난다. 이 직선으로 만들어지는 직사각형의 넓이를 확률변수 X라 할 때, $\sigma(3-9X)$는?

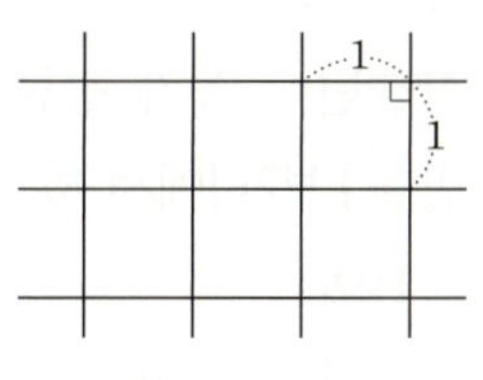

① $\dfrac{\sqrt{35}}{9}$ ② $\dfrac{2\sqrt{35}}{9}$ ③ $\sqrt{35}$

④ $2\sqrt{35}$ ⑤ $9\sqrt{35}$

216

명중률이 0.8인 어떤 양궁 선수가 7번의 화살을 쏘아 과녁을 명중시키는 횟수를 확률변수 X라 할 때, $P(X\le 6)$은?

① $\left(\dfrac{1}{5}\right)^6$ ② $\left(\dfrac{4}{5}\right)^7$ ③ $1-\left(\dfrac{4}{5}\right)^6$

④ $1-\left(\dfrac{1}{5}\right)^7$ ⑤ $1-\left(\dfrac{4}{5}\right)^7$

217

확률변수 X의 확률질량함수가

$$P(X=x)={}_{49}\mathrm{C}_x\frac{6^x}{7^{49}}\ (x=0,\ 1,\ 2,\ \cdots,\ 49)$$

일 때, $E(X)$를 구하시오.

218

이항분포 $B(n,\ p)$를 따르는 확률변수 X의 평균이 10, 표준편차가 $\sqrt{6}$일 때, n의 값을 구하시오.

219

확률변수 X가 이항분포 $B(9, p)$를 따르고

$E\left(\left(\dfrac{X}{2}-1\right)\left(\dfrac{X}{2}+1\right)\right)=\dfrac{7}{4}$ 일 때, $V(X)$는?

① $\dfrac{5}{3}$　　　② 2　　　③ $\dfrac{7}{3}$

④ $\dfrac{8}{3}$　　　⑤ 3

220 ⭐중요

서로 다른 4개의 동전을 동시에 던지는 시행을 48회 반복할 때, 3개는 앞면, 1개는 뒷면이 나오는 횟수를 확률변수 X라 하자. X의 평균과 표준편차의 합을 구하시오.

221

두 주사위 A, B를 동시에 던질 때, 나오는 각각의 눈의 수 m, n에 대하여 $m^2+n^2\leq25$가 되는 사건을 E라 하자. 두 주사위 A, B를 동시에 던지는 24회의 독립시행에서 사건 E가 일어나는 횟수를 확률변수 X라 할 때, $V(6X-5)$를 구하시오.

222 📢실력 UP

오지선다형 20문항으로만 이루어진 시험에서 감점 제도를 도입하려고 한다. 문항당 점수는 5점이고, 모든 문항의 답을 임의로 고른 학생의 점수의 평균이 0점이 되도록 하기 위해서는 틀린 문항당 몇 점을 감점해야 하는가? (단, 각 문항의 정답은 한 개이다.)

① 1점　　　② 1.25점　　　③ 1.5점

④ 1.75점　　　⑤ 2점

유형 5 정규분포　　　[개념 05-7]

223

확률변수 X가 정규분포 $N(m, \sigma^2)$을 따를 때, 옳은 것만을 | 보기 |에서 있는 대로 고른 것은?

> | 보기 |
>
> ㄱ. $P(X\geq m)=1$
>
> ㄴ. $x_1<x_2$일 때,
> $P(x_1\leq X\leq x_2)=P(X\leq x_2)-P(X\leq x_1)$
>
> ㄷ. $x_1<m$일 때, $P(X\geq x_1)=0.5-P(x_1\leq X\leq m)$

① ㄱ　　　② ㄴ　　　③ ㄷ

④ ㄱ, ㄴ　　　⑤ ㄴ, ㄷ

224

정규분포 $N(30, \sigma^2)$을 따르는 확률변수 X에 대하여

$$P(X \le 16) = 0.24, \quad P(40 \le X \le 44) = 0.08$$

일 때, $P(16 \le X \le 40)$은?

① 0.42 ② 0.44 ③ 0.46

④ 0.48 ⑤ 0.5

225

정규분포 $N(m, \sigma^2)$을 따르는 확률변수 X에 대하여 $P(m \le X \le x)$는 오른쪽 표와 같다. 확률변수 X가 정규분포 $N(20, 2^2)$을 따를 때, 오른쪽 표를 이용하여 $P(18 \le X \le 24)$를 구하시오.

x	$P(m \le X \le x)$
$m+\sigma$	0.3413
$m+1.5\sigma$	0.4332
$m+2\sigma$	0.4772
$m+2.5\sigma$	0.4938

유형 ⑥ 표준정규분포 [개념 05-8]

226

두 확률변수 X, Y가 각각 정규분포 $N(20, 5^2)$, $N(30, 7^2)$을 따르고 $P(25 \le X \le 30) = P(37 \le Y \le k)$ 일 때, 상수 k의 값은?

① 40 ② 42 ③ 44

④ 46 ⑤ 48

227

두 확률변수 X, Y가 각각 정규분포 $N(3, 2^2)$, $N(m, 2^2)$을 따를 때,

$$2P(2 \le X \le 3) \le P(2-m \le Y \le 3m-2)$$

를 만족시키는 상수 m의 최솟값은? (단, $m \ge 1$)

① $\dfrac{1}{2}$ ② 1 ③ $\dfrac{3}{2}$

④ 2 ⑤ $\dfrac{5}{2}$

228

확률변수 X가 정규분포 $N(5, 9)$를 따를 때, 오른쪽 표준정규분포표를 이용하여

$$P(2 \le X \le k) = 0.82$$

를 만족시키는 상수 k의 값을 구하면?

z	$P(0 \le Z \le z)$
1.0	0.34
1.5	0.43
2.0	0.48

① 10 ② 11 ③ 12

④ 13 ⑤ 14

229

정규분포 $N(25, 4^2)$을 따르는 확률변수 X에 대하여 확률변수 Y가 $Y=4X-3$일 때, 오른쪽 표준정규분포표를 이용하여 $P(Y \leq 105)$를 구하면?

z	$P(0 \leq Z \leq z)$
0.5	0.1915
1.0	0.3413
1.5	0.4332

① 0.3085 ② 0.6915 ③ 0.7745

④ 0.8413 ⑤ 0.9332

230 중요

지현이네 반 전체 학생의 국어, 영어, 수학 시험 성적은 각각 정규분포를 따르고, 각 과목의 평균, 표준편차와 지현이의 성적은 다음 표와 같다.

(단위: 점)

	국어	영어	수학
반 평균	65	72	68
반 표준편차	10	9	7
지현이의 성적	74	80	75

과목별로 지현이의 성적을 반 전체의 학생의 성적과 비교할 때, 세 과목 중에서 지현이의 성적이 상대적으로 가장 좋은 과목을 구하시오.

231 평가원 기출

어느 고등학교의 수학 시험에 응시한 수험생의 시험 점수는 평균이 68점, 표준편차가 10점인 정규분포를 따른다고 한다. 이 수학 시험에 응시한 수험생 중 임의로 선택한 수험생 한 명의 시험 점수가 55점 이상이고 78점 이하일 확률을 오른쪽 표준정규분포표를 이용하여 구한 것은?

z	$P(0 \leq Z \leq z)$
1.0	0.3413
1.1	0.3643
1.2	0.3849
1.3	0.4032

① 0.7262 ② 0.7445 ③ 0.7492

④ 0.7675 ⑤ 0.7881

232

국주가 등교하는 데 걸리는 시간은 평균이 25분, 표준편차가 4분인 정규분포를 따른다고 한다. 학교 등교 시각은 오전 7시 50분까지이고 국주가 집에서 출발한 시각이 오전 7시 35분일 때, 위의 표준정규분포표를 이용하여 국주가 지각하지 않을 확률을 구하면?

z	$P(0 \leq Z \leq z)$
1.0	0.3413
1.5	0.4332
2.0	0.4772
2.5	0.4938

① 0.0062 ② 0.0228 ③ 0.0668

④ 0.1587 ⑤ 0.3085

233

모집 정원이 800명인 어느 대
학의 입학시험에 2000명이 응
시하였다. 응시자들의 점수는
평균이 350점, 표준편차가 40
점인 정규분포를 따른다고 할
때, 오른쪽 표준정규분포표를
이용하여 합격자의 최저 점수를 구하시오.

z	$P(0 \leq Z \leq z)$
0.25	0.1
0.52	0.2
0.85	0.3
1.28	0.4

234

어느 공장에서 생산하는 A 제품 1개의 중량은 평균이
$500\,g$, 표준편차가 $10\,g$인 정규분포를 따르고, B 제품 1개
의 중량은 평균이 $520\,g$, 표준편차가 $8\,g$인 정규분포를
따른다고 한다. 이 공장에서 생산한 A 제품 중에서 임의
로 선택한 1개의 중량이 $480\,g$ 이상일 확률과 B 제품 중
에서 임의로 선택한 1개의 중량이 $k\,g$ 이하일 확률이 서
로 같을 때, 상수 k의 값은?

① 524   ② 528   ③ 532
④ 536   ⑤ 540

235

확률변수 X가 이항분포
$B\left(64, \dfrac{1}{2}\right)$을 따를 때, 오른쪽 표
준정규분포표를 이용하여
$P(28 \leq X \leq 36)$을 구하면?

z	$P(0 \leq Z \leq z)$
0.5	0.19
1.0	0.34
1.5	0.43
2.0	0.48

① 0.38   ② 0.68
③ 0.77   ④ 0.86
⑤ 0.96

236

확률변수 X의 확률질량함수가

$$P(X=x) = {}_{48}C_x \left(\frac{3}{4}\right)^x \left(\frac{1}{4}\right)^{48-x} \ (x=0, 1, 2, \cdots, 48)$$

일 때, $P(X \geq 45)$는?

(단, $P(0 \leq Z \leq 3) = 0.4987$로 계산한다.)

① 0.9987   ② 0.9759   ③ 0.1587
④ 0.0228   ⑤ 0.0013

237 ⭐중요

불량률이 10 %인 기계로 400개의 제품을 생산할 때, 오른쪽 표준정규분포표를 이용하여 불량품이 49개 이하일 확률을 구하시오.

z	$P(0 \leq Z \leq z)$
1.0	0.3413
1.5	0.4332
2.0	0.4772

238

좌석이 750개인 어느 강연장에서 하는 무료 강연에 900명으로부터 예약을 받았다고 한다. 강연을 예약한 사람 한 명이 강연장에 나오지 않을 확률이 20 %라 할 때, 위의 표준정규분포표를 이용하여 예약을 하고 강연장에 나온 모든 사람이 좌석에 앉아 강연을 들을 수 있을 확률을 구하시오.

(단, 예약 취소는 독립적이다.)

z	$P(0 \leq Z \leq z)$
1.5	0.4332
2.0	0.4772
2.5	0.4938

239

한 번의 시행에서 5점을 얻을 확률은 $\dfrac{1}{3}$이고 1점을 잃을 확률이 $\dfrac{2}{3}$인 게임이 있다. 0점에서 시작하여 이 게임을 1800번 독립적으로 시행할 때, 얻은 점수가 1860점 이상일 확률을 위의 표준정규분포표를 이용하여 구하면? (단, 비기는 경우는 없다.)

z	$P(0 \leq Z \leq z)$
0.5	0.1915
1.0	0.3413
1.5	0.4332
2.0	0.4772

① 0.0228 ② 0.0668 ③ 0.1587

④ 0.3085 ⑤ 0.383

240 평가원 기출

수직선의 원점에 점 A가 있다. 한 개의 주사위를 사용하여 다음 시행을 한다.

> 주사위를 한 번 던져 나온 눈의 수가
> 4 이하이면 점 A를 양의 방향으로 1만큼 이동시키고,
> 5 이상이면 점 A를 음의 방향으로 1만큼 이동시킨다.

이 시행을 16200번 반복하여 이동된 점 A의 위치가 5700 이하일 확률을 오른쪽 표준정규분포표를 이용하여 구한 값을 k라 하자. $1000 \times k$의 값을 구하시오.

z	$P(0 \leq Z \leq z)$
1.0	0.341
1.5	0.433
2.0	0.477
2.5	0.494

서술형

● 바른답·알찬풀이 **51**쪽

241

$0 \leq X \leq 3$에서 정의된 연속확률변수 X의 확률밀도함수 $f(x)$의 그래프가 다음 그림과 같다. $\mathrm{P}(0 \leq X \leq b) = \dfrac{3}{8}$일 때, $\mathrm{P}(b \leq X \leq 2b)$를 구하시오. (단, a, b는 상수이다.)

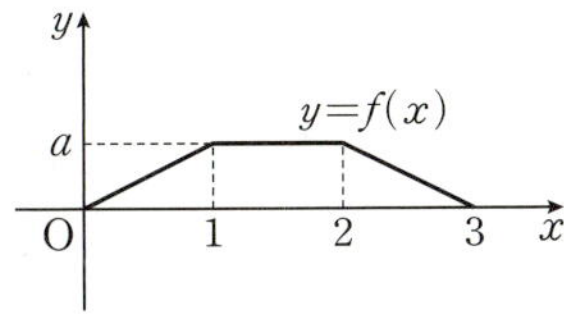

[풀이]

242

흰 공 3개와 검은 공 4개가 들어 있는 주머니에서 임의로 2개의 공을 동시에 꺼낼 때, 나오는 검은 공의 개수를 확률변수 X라 하자. 다음 물음에 답하시오.

(1) $\mathrm{P}(X=2)$를 구하시오.

[풀이]

(2) 확률변수 X의 확률분포를 표로 나타내시오.

[풀이]

(3) $\mathrm{E}(X)$를 구하시오.

[풀이]

243

어느 전자 제품에 사용되는 두 개의 핵심 부품 A, B가 있다. 두 부품 A, B의 불량률은 각각 $\dfrac{1}{10}$, $\dfrac{1}{6}$이고, 두 부품 A, B는 각각 1개씩 이 전자 제품에 사용된다. 이 전자 제품 800개 중 두 부품 A 또는 B로 인하여 불량인 제품의 개수를 확률변수 X라 할 때, $\mathrm{V}(X)$를 구하시오.

[풀이]

244

어느 고등학교의 '확률과 통계' 과목의 학기말 점수는 평균이 68점, 표준편차가 10점인 정규분포를 따른다고 한다. 이 고등학교에서 '확률과 통계' 과목을 수강한 학생 중에서 상위 10 % 이내의 학생이 내신 등급으로 1등급을 받는다고 한다. 1등급을 받을 수 있는 '확률과 통계' 과목 학기말 점수의 최저 점수를 m점이라 할 때, m의 값을 구하시오. (단, $\mathrm{P}(0 \leq Z \leq 1.28) = 0.4$로 계산한다.)

[풀이]

1등급 실력 완성

245

1개의 동전을 한 번 던져 뒷면이 나오면 1개의 주사위를 던지고, 앞면이 나오면 서로 다른 2개의 주사위를 동시에 던지기로 한다. 동전을 던지고 난 후 주사위를 던져 나온 눈의 수 중에서 짝수의 개수를 확률변수 X라 할 때, $\mathrm{P}(X^2-X=0)$은?

① $\dfrac{1}{8}$　　② $\dfrac{3}{8}$　　③ $\dfrac{1}{2}$

④ $\dfrac{5}{8}$　　⑤ $\dfrac{7}{8}$

246

연속확률변수 X가 갖는 값의 범위는 $0\leq X\leq 4$이고, $0\leq x\leq 4$인 모든 실수 x에 대하여
$$\mathrm{P}(0\leq X\leq x)=ax^2+bx$$
가 성립한다. $\mathrm{P}(1\leq X\leq 2)=\dfrac{7}{32}$일 때, $\dfrac{b}{a}$의 값을 구하시오. (단, a, b는 상수이다.)

247 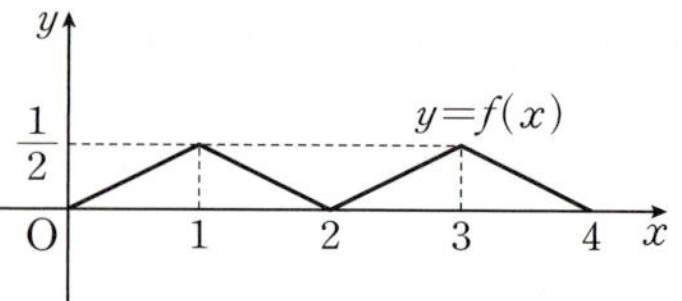

두 연속확률변수 X와 Y가 갖는 값의 범위는 $0\leq X\leq 4$, $0\leq Y\leq 4$이고, X와 Y의 확률밀도함수는 각각 $f(x)$, $g(x)$이다. 확률변수 X의 확률밀도함수 $f(x)$의 그래프는 그림과 같다.

확률변수 Y의 확률밀도함수 $g(x)$는 닫힌구간 $[0, 4]$에서 연속이고 $0\leq x\leq 4$인 모든 실수 x에 대하여
$$\{g(x)-f(x)\}\{g(x)-a\}=0\ (a\text{는 상수})$$
를 만족시킨다. 두 확률변수 X와 Y가 다음 조건을 만족시킨다.

(가) $\mathrm{P}(0\leq Y\leq 1)<\mathrm{P}(0\leq X\leq 1)$

(나) $\mathrm{P}(3\leq Y\leq 4)<\mathrm{P}(3\leq X\leq 4)$

$\mathrm{P}(0\leq Y\leq 5a)=p-q\sqrt{2}$일 때, $p\times q$의 값을 구하시오.

(단, p, q는 자연수이다.)

248

주머니 속에 흰 구슬과 검은 구슬을 모두 합하여 10개의 구슬이 들어 있다. 서로 다른 동전 2개를 동시에 던져 앞면이 나오는 개수만큼 주머니에서 구슬을 임의로 하나씩 꺼낼 때, 꺼낸 구슬 중에서 검은 구슬의 개수를 확률변수 X라 하자. $\mathrm{P}(X=2)=\dfrac{1}{60}$일 때, $\mathrm{V}(30X)$를 구하시오.

(단, 꺼낸 구슬은 다시 넣지 않는다.)

249

1부터 10까지의 자연수가 각각 하나씩 적힌 10개의 공이 들어 있는 주머니에서 임의로 한 개의 공을 꺼내어 공에 적힌 숫자를 확인하고 다시 넣는 시행을 20회 반복하였다. 소수가 적힌 공을 x번 꺼내면 16^x원을 상금으로 받는다고 할 때, 상금의 기댓값은?

① 2^{30}원   ② 5^{20}원   ③ 7^{20}원

④ 2^{60}원   ⑤ 7^{40}원

250

정규분포 $N(10, 4^2)$을 따르는 확률변수 X의 확률밀도함수를 $f(x)$, 정규분포 $N(m, 4^2)$을 따르는 확률변수 Y의 확률밀도함수를 $g(x)$라 하자.
$f(13)=g(27)$,
$P(Y\geq27)\geq0.5$일 때, 위의 표준정규분포표를 이용하여 $P(Y\leq24)$를 구하면?

z	$P(0\leq Z\leq z)$
0.5	0.1915
1.0	0.3413
1.5	0.4332
2.0	0.4772

① 0.0228   ② 0.0668   ③ 0.0896

④ 0.1587   ⑤ 0.2255

251

두 확률변수 X, Y가 각각 정규분포 $N(m, 4)$, $N(m', \sigma^2)$을 따를 때,
$$P(X\leq m)+P(Y\geq m^2+8m+10)=1,$$
$$P(X\leq 2m)=P(Y\geq 2)$$
를 만족시키는 두 자연수 m, σ에 대하여 $m+\sigma$의 최솟값을 구하시오.

252 수능 기출

양수 t에 대하여 확률변수 X가 정규분포 $N(1, t^2)$을 따른다.
$$P(X\leq 5t)\geq\frac{1}{2}$$
이 되도록 하는 모든 양수 t에 대하여
$P(t^2-t+1\leq X\leq t^2+t+1)$의 최댓값을 오른쪽 표준정규분포표를 이용하여 구한 값을 k라 하자. $1000\times k$의 값을 구하시오.

z	$P(0\leq Z\leq z)$
0.6	0.226
0.8	0.288
1.0	0.341
1.2	0.385
1.4	0.419

253 수능 기출

정규분포 $N(m_1, \sigma_1^2)$을 따르는 확률변수 X와 정규분포 $N(m_2, \sigma_2^2)$을 따르는 확률변수 Y가 다음 조건을 만족시킨다.

> 모든 실수 x에 대하여
> $P(X \leq x) = P(X \geq 40 - x)$이고
> $P(Y \leq x) = P(X \leq x + 10)$이다.

$P(15 \leq X \leq 20)$ $+ P(15 \leq Y \leq 20)$의 값을 오른쪽 표준정규분포표를 이용하여 구한 것이 0.4772일 때, $m_1 + \sigma_2$의 값을 구하시오.

（단, σ_1과 σ_2는 양수이다.）

z	$P(0 \leq Z \leq z)$
0.5	0.1915
1.0	0.3413
1.5	0.4332
2.0	0.4772

254

어느 양계장에서 판매하는 달걀 1개의 무게는 평균이 50 g, 표준편차가 5 g인 정규분포를 따르는데 무게가 60 g 이상인 달걀을 특란으로 판정한다. 이 달걀 중에서 2500개를 임의로 택할 때, 위의 표준정규분포표를 이용하여 특란의 개수가 57 이상일 확률을 구하시오.

z	$P(0 \leq Z \leq z)$
1.0	0.34
1.5	0.43
2.0	0.48

255

이항분포 $B(n, p)$를 따르는 확률변수 X의 분산은 $\dfrac{100}{9}$이다. $P(X = n - 1) = 16 P(X = n)$일 때, 오른쪽 표준정규분포표를 이용하여 $P(X \geq 60)$을 구하면?

z	$P(0 \leq Z \leq z)$
1.0	0.3413
1.5	0.4332
2.0	0.4772

① 0.0228 ② 0.1587 ③ 0.4987
④ 0.8413 ⑤ 0.9772

256

서로 다른 3개의 주사위를 동시에 던지는 시행에서 적어도 2개의 주사위의 눈의 수가 같은 사건을 A라 하고, 이 시행을 n번 반복할 때 사건 A가 일어난 횟수를 확률변수 X라 하자. $E(X) + V(X) \leq 280$일 때, 위의 표준정규분포표를 이용하여 $P\left(X \geq \dfrac{n}{3}\right) \geq 0.9772$를 만족시키는 자연수 n의 최댓값과 최솟값의 합을 구하시오. （단, $n \geq 50$）

z	$P(0 \leq Z \leq z)$
0.5	0.1915
1.0	0.3413
1.5	0.4332
2.0	0.4772

257

주머니 속에 숫자 2, 3, 5가 하나씩 적힌 흰 공이 3개, 숫자 1, 2, 4, 8이 하나씩 적힌 검은 공 4개가 들어 있다. 이 주머니에서 임의로 3개의 공을 동시에 꺼내어 세 공의 색이 모두 같으면 세 공에 적힌 수의 합을 3으로 나누었을 때의 나머지를 확률변수 X라 하고, 세 공의 색이 모두 같지는 않으면 세 공에 적힌 수의 최댓값을 확률변수 X라 하자. $E(X)=\dfrac{q}{p}$일 때, $p+q$의 값을 구하시오.

(단, p와 q는 서로소인 자연수이다.)

258

두 확률변수 X, Y가 각각 정규분포 $N(m, \sigma^2)$, $N(2m, 4\sigma^2)$을 따른다. 실수 t에 대하여 함수 $F(t)$와 $G(t)$를 각각

$$F(t)=P(X\geq m-\sigma t), \quad G(t)=P(Y\leq 2m+\sigma t)$$

라 할 때, 옳은 것만을 |보기|에서 있는 대로 고른 것은?

> |보기|
>
> ㄱ. $F(-1)+G(2)=1$
> ㄴ. $2t_1<t_2$인 실수 t_1, t_2에 대하여 $F(t_1)<G(t_2)$이다.
> ㄷ. $t>0$일 때, $2F(t)<G(4t)+0.5$이다.

① ㄱ ② ㄴ ③ ㄱ, ㄴ
④ ㄱ, ㄷ ⑤ ㄴ, ㄷ

259 교육청 기출

정규분포를 따르는 두 확률변수 X, Y와 X의 확률밀도함수 $f(x)$, Y의 확률밀도함수 $g(x)$가 다음 조건을 만족시킬 때, $P(X\geq 2.5)$의 값을 오른쪽 표준정규분포표를 이용하여 구한 것은?

z	$P(0\leq Z\leq z)$
0.5	0.1915
1.0	0.3413
1.5	0.4332
2.0	0.4772
2.5	0.4938

> ㈎ $V(X)=V(Y)=1$
> ㈏ 어떤 양수 k에 대하여 직선 $y=k$가 두 함수 $y=f(x)$, $y=g(x)$의 그래프와 만나는 모든 점의 x좌표의 집합은 $\{1, 2, 3, 4\}$이다.
> ㈐ $P(X\leq 2)-P(Y\leq 2)>0.5$

① 0.3085 ② 0.1587 ③ 0.0668
④ 0.0228 ⑤ 0.0062

06 통계적 추정

06-1 모집단과 표본

1 모집단과 전수조사

(1) 모집단: 통계 조사에서 조사 대상이 되는 집단 전체

(2) 전수조사: 모집단 전체를 조사하는 것

2 표본과 표본조사

(1) 표본: 모집단에서 뽑은 일부분

(2) 표본조사: 표본을 조사하는 것

(3) 표본의 크기: 표본에 포함되어 있는 대상의 개수

(4) 추출: 모집단에서 표본을 뽑는 것

3 임의추출:[1] 모집단에 속하는 각 대상이 같은 확률로 추출되도록 표본을 추출하는 방법

(1) 복원추출: 추출된 대상을 되돌려 놓은 후 다음 대상을 추출하는 것

(2) 비복원추출: 추출된 대상을 되돌리지 않고 다음 대상을 추출하는 것

[1] 자료의 개수가 n인 모집단에서 크기가 r인 표본을 임의추출하는 경우의 수는 다음과 같다.

(1) 복원추출인 경우

$$_n\Pi_r = n^r$$

(2) 비복원추출인 경우

① 한 개씩 추출하면 $_n\mathrm{P}_r$

② 동시에 추출하면 $_n\mathrm{C}_r$

06-2 모평균과 표본평균   [유형 1]

(1) 모집단에서 조사하고자 하는 특성을 나타내는 확률변수를 X라 할 때, X의 평균, 분산, 표준편차를 각각 **모평균**, **모분산**, **모표준편차**라 하며, 이것을 각각 기호로 m, σ^2, σ와 같이 나타낸다.

(2) 모집단에서 임의추출한 크기가 n인 표본을 X_1, X_2, $\cdots$, X_n이라 할 때, 이들의 평균, 분산, 표준편차를 각각 **표본평균**, **표본분산**, **표본표준편차**라 하며, 이것을 각각 기호로 $\overline{X}$, S^2, S와 같이 나타낸다. 이때 $\overline{X}$, S^2, S는 다음과 같이 구한다.

$$\overline{X} = \frac{1}{n}(X_1 + X_2 + \cdots + X_n)$$

$$S^2 = \frac{1}{n-1}\{(X_1 - \overline{X})^2 + (X_2 - \overline{X})^2 + \cdots + (X_n - \overline{X})^2\}$$

→ 편차의 제곱의 합을 $n-1$로 나눈 것이다.

$$S = \sqrt{S^2}$$

06-3 표본평균의 분포   [유형 1, 2]

(1) 모평균이 m이고 모표준편차가 σ인 모집단에서 임의추출한 크기가 n인 표본의 표본평균 $\overline{X}$에 대하여

$$\mathrm{E}(\overline{X}) = m, \quad V(\overline{X}) = \frac{\sigma^2}{n}, \quad \sigma(\overline{X}) = \frac{\sigma}{\sqrt{n}}$$

(2) 정규분포 $\mathrm{N}(m, \sigma^2)$을 따르는 모집단에서 임의추출한 크기가 n인 표본의 표본평균 $\overline{X}$는 정규분포 $\mathrm{N}\left(m, \dfrac{\sigma^2}{n}\right)$을 따른다.

> **참고** 모집단의 분포가 정규분포가 아닐 때도 n이 충분히 크면 $\overline{X}$는 근사적으로 정규분포 $\mathrm{N}\left(m, \dfrac{\sigma^2}{n}\right)$을 따른다.
> → $n \geq 30$일 때를 뜻한다.

1 **추정**: 표본으로부터 얻은 자료를 이용하여 모평균이나 모표준편차 등의 모집단의 특성을 추측하는 것

2 **모평균의 신뢰구간**[2]: 정규분포 $N(m, \sigma^2)$을 따르는 모집단에서 임의추출한 크기가 n인 표본의 표본평균 $\overline{X}$의 값이 $\overline{x}$이면 모평균 m에 대한 신뢰구간은 다음과 같다.

(1) 신뢰도 95 %의 신뢰구간: $\overline{x}-1.96\dfrac{\sigma}{\sqrt{n}}\leq m\leq\overline{x}+1.96\dfrac{\sigma}{\sqrt{n}}$

(2) 신뢰도 99 %의 신뢰구간: $\overline{x}-2.58\dfrac{\sigma}{\sqrt{n}}\leq m\leq\overline{x}+2.58\dfrac{\sigma}{\sqrt{n}}$

　참고　표본의 크기가 충분히 크면 모표준편차 σ 대신 표본표준편차의 값 S를 이용하여 신뢰구간을 구할 수 있다.

[2] $P(|Z|\leq k)=\dfrac{\alpha}{100}$일 때, 모평균 m에 대한 신뢰도 α %의 신뢰구간은
$$\overline{x}-k\dfrac{\sigma}{\sqrt{n}}\leq m\leq\overline{x}+k\dfrac{\sigma}{\sqrt{n}}$$
이므로 신뢰도 α %의 신뢰구간의 길이는
$$\left(\overline{x}+k\dfrac{\sigma}{\sqrt{n}}\right)-\left(\overline{x}-k\dfrac{\sigma}{\sqrt{n}}\right)=2k\dfrac{\sigma}{\sqrt{n}}$$

06-5 모비율과 표본비율　　　　　　　　　　　　　　　　　　　　　[유형 5]

(1) **모비율**: 모집단에서 어떤 특성을 갖는 대상의 비율을 **모비율**이라 하며, 이것을 기호로 p와 같이 나타낸다.

(2) **표본비율**: 모집단에서 임의추출한 표본에서 그 특성을 갖는 대상의 비율을 **표본비율**이라 하며, 이것을 기호로 $\hat{p}$와 같이 나타낸다.

(3) 일반적으로 크기가 n인 표본에서 어떤 특성을 갖는 대상이 추출된 횟수를 확률변수 X라 할 때, 표본비율 $\hat{p}$은 다음과 같다.

$$\hat{p}=\dfrac{X}{n}$$

06-6 표본비율의 분포　　　　　　　　　　　　　　　　　　　　　[유형 5, 6]

(1) 모비율이 p인 모집단에서 크기가 n인 표본을 임의추출할 때, 표본비율 $\hat{p}$에 대하여
$$E(\hat{p})=p,\ V(\hat{p})=\dfrac{pq}{n},\ \sigma(\hat{p})=\sqrt{\dfrac{pq}{n}}\ (\text{단},\ q=1-p)$$

(2) 모비율이 p이고 표본의 크기 n이 충분히 클 때, 표본비율 $\hat{p}$은 근사적으로 정규분포 $N\left(p, \dfrac{pq}{n}\right)$를 따르고, 확률변수 $Z=\dfrac{\hat{p}-p}{\sqrt{\dfrac{pq}{n}}}$는 근사적으로 표준정규분포 $N(0, 1)$을 따른다. (단, $q=1-p$)

→ $n\hat{p}\geq5$이고 $n\hat{q}\geq5$일 때를 뜻한다.

06-7 모비율의 추정[3]　　　　　　　　　　　　　　　　　　　　　[유형 7, 8]

모집단에서 임의추출한 크기가 n인 표본의 표본비율 $\hat{p}$에 대하여 표본의 크기 n이 충분히 크면 모비율 p에 대한 신뢰구간은 다음과 같다. (단, $\hat{q}=1-\hat{p}$)

(1) 신뢰도 95 %의 신뢰구간: $\hat{p}-1.96\sqrt{\dfrac{\hat{p}\hat{q}}{n}}\leq p\leq\hat{p}+1.96\sqrt{\dfrac{\hat{p}\hat{q}}{n}}$

(2) 신뢰도 99 %의 신뢰구간: $\hat{p}-2.58\sqrt{\dfrac{\hat{p}\hat{q}}{n}}\leq p\leq\hat{p}+2.58\sqrt{\dfrac{\hat{p}\hat{q}}{n}}$

[3] 모비율 p에 대한 신뢰구간이
$$\hat{p}-k\sqrt{\dfrac{\hat{p}\hat{q}}{n}}\leq p\leq\hat{p}+k\sqrt{\dfrac{\hat{p}\hat{q}}{n}}$$
일 때, 신뢰구간의 길이는
$$2k\sqrt{\dfrac{\hat{p}\hat{q}}{n}}$$

유형 1 표본평균의 평균, 분산, 표준편차 [개념 06-2, 3]

260 ⭐중요

정규분포 $N(20, 4^2)$을 따르는 모집단에서 크기가 16인 표본을 임의추출할 때, 표본평균 $\overline{X}$에 대하여 $\overline{X}^2$의 평균을 구하시오.

261

모표준편차가 2인 모집단에서 크기가 n인 표본을 임의추출할 때, 표본평균 $\overline{X}$의 표준편차가 $\dfrac{1}{5}$ 이하가 되도록 하는 n의 최솟값은?

① 25   ② 36   ③ 64

④ 100   ⑤ 144

262

모집단에서 임의추출한 크기가 n인 표본평균을 $\overline{X_1}$, 크기가 25인 표본평균을 $\overline{X_2}$라 하자.

$E(\overline{X_1}) - E(\overline{X_2}) = 2n - 30$일 때, $\dfrac{V(\overline{X_1})}{V(\overline{X_2})}$의 값은?

① 2   ② $\dfrac{5}{3}$ ③ $\dfrac{3}{2}$

④ $\dfrac{7}{5}$ ⑤ $\dfrac{4}{3}$

263

모집단의 확률변수 X의 확률질량함수가

$$P(X=x) = \frac{x}{15} \ (x=1, 2, 3, 4, 5)$$

이다. 이 모집단에서 크기가 25인 표본을 임의추출할 때, 표본평균 $\overline{X}$에 대하여 $\sigma(30\overline{X})$를 구하시오.

264

모집단의 확률변수 X의 확률분포를 표로 나타내면 다음과 같다. 이 모집단에서 크기가 n인 표본을 임의추출할 때, 표본평균 $\overline{X}$의 분산이 $\dfrac{1}{6}$이다. 이때 n의 값은?

X	-2	0	2	4	합계
$P(X=x)$	$\dfrac{1}{6}$	$\dfrac{1}{3}$	$\dfrac{1}{3}$	$\dfrac{1}{6}$	1

① 18   ② 20   ③ 22

④ 24   ⑤ 26

265

0, 1, 2, 3, 4의 숫자가 각각 하나씩 적힌 공이 3개, 4개, 6개, 4개, 3개씩 들어 있는 주머니에서 10개의 공을 임의추출할 때, 뽑은 10개의 공에 적힌 숫자의 평균을 $\overline{X}$라 하자. 이때 $\mathrm{E}(\overline{X})+\sigma(\overline{X})$의 값은?

① $\dfrac{12}{5}$ 　　② $\dfrac{14}{5}$ 　　③ $\dfrac{16}{5}$

④ $\dfrac{18}{5}$ 　　⑤ 4

266

오른쪽 그림과 같이 원판을 6등분하여 각 영역에 1, 1, 1, 2, 2, 3의 숫자를 각각 하나씩 써넣었다. 화살을 n번 쏘아서 맞힌 영역의 숫자의 평균을 $\overline{X}$라 할 때, $\overline{X}$의 분산이 $\dfrac{1}{9}$이 되도록 하는 n의 값은? (단, 화살은 원판을 벗어나지 않고, 경계선에 맞지 않는다.)

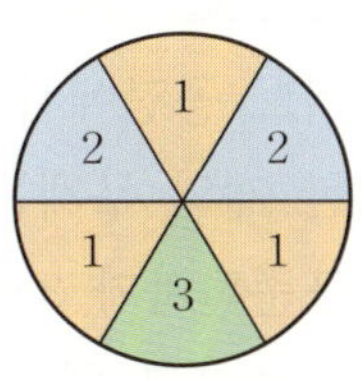

① 4 　　② 5 　　③ 6

④ 7 　　⑤ 8

267 ☆중요

정규분포 $\mathrm{N}(32,\ 12^2)$을 따르는 모집단에서 크기가 16인 표본을 임의추출할 때, 오른쪽 표준정규분포표를 이용하여 표본평균 $\overline{X}$가 29 이하일 확률을 구하시오.

z	$\mathrm{P}(0\leq Z\leq z)$
0.5	0.1915
1.0	0.3413
1.5	0.4332
2.0	0.4772

268

모집단의 확률변수 X가 정규분포 $\mathrm{N}(m,\ 40^2)$을 따를 때, 이 모집단에서 크기가 64인 표본을 임의추출하여 구한 평균을 $\overline{X}$라 하자. 오른쪽 표준정규분포표를 이용하여 $\mathrm{P}(|\overline{X}-m|\geq10)$을 구하시오.

z	$\mathrm{P}(0\leq Z\leq z)$
1.0	0.3413
1.5	0.4332
2.0	0.4772
2.5	0.4938

269 평가원 기출

정규분포 $N(m, 6^2)$을 따르는 모집단에서 크기가 9인 표본을 임의추출하여 구한 표본평균을 $\overline{X}$, 정규분포 $N(6, 2^2)$을 따르는 모집단에서 크기가 4인 표본을 임의추출하여 구한 표본평균을 $\overline{Y}$라 하자.
$P(\overline{X} \leq 12) + P(\overline{Y} \geq 8) = 1$이 되도록 하는 m의 값은?

① 5   ② $\dfrac{13}{2}$ ③ 8

④ $\dfrac{19}{2}$ ⑤ 11

270

정규분포 $N(m, 12^2)$을 따르는 모집단에서 크기가 n인 표본을 임의추출할 때, 모평균과 표본평균의 차가 2 이하일 확률이 0.6826 이상이다. 오른쪽 표준정규분포표를 이용하여 자연수 n의 최솟값을 구하면?

z	$P(0 \leq Z \leq z)$
1.0	0.3413
1.5	0.4332
2.0	0.4772
2.5	0.4938

① 34   ② 35   ③ 36

④ 37   ⑤ 38

271

어느 화장품 회사에서 생산하는 향수 1병의 용량은 평균이 80 mL, 표준편차가 20 mL인 정규분포를 따른다고 한다. 이 화장품 회사에서 생산한 향수 중에서 25병을 임의추출할 때, 표본평균 $\overline{X}$에 대하여 $P(\overline{X} \leq k) = 0.0668$이다. 위의 표준정규분포표를 이용하여 상수 k의 값을 구하면?

z	$P(0 \leq Z \leq z)$
0.5	0.1915
1.0	0.3413
1.5	0.4332
2.0	0.4772

① 72   ② 74   ③ 76

④ 78   ⑤ 80

272 실력 UP

어느 공장에서 생산하는 양초 한 개의 무게는 평균이 25 g, 표준편차가 3 g인 정규분포를 따른다고 한다. 이 공장에서 생산하는 양초 중에서 임의추출한 4개를 한 상자에 포장하여 판매한다고 한다. 이 공장에서 생산하는 양초 한 상자를 임의로 구입하였을 때, 위의 표준정규분포표를 이용하여 구입한 상자의 무게가 109 g 이상 115 g 이하일 확률을 구하면? (단, 빈 상자의 무게는 고려하지 않는다.)

z	$P(0 \leq Z \leq z)$
1.0	0.3413
1.5	0.4332
2.0	0.4772
2.5	0.4938

① 0.0606   ② 0.1525   ③ 0.4772

④ 0.7745   ⑤ 0.927

유형 3 모평균의 추정 [개념 06-4]

273 ⭐중요

어느 회사의 입사 시험 합격자의 점수는 정규분포를 따른다고 한다. 이 회사의 입사 시험 합격자 64명을 임의추출하여 입사 시험 점수를 조사했더니 평균이 75점, 표준편차가 4점이었다. 이 회사의 합격자의 입사 시험 점수의 모평균 m에 대한 신뢰도 95 %의 신뢰구간을 구하시오. (단, $P(|Z| \leq 1.96) = 0.95$로 계산한다.)

274

어느 고등학교 학생들의 팔굽혀펴기 횟수는 평균이 m, 표준편차가 5인 정규분포를 따른다고 한다. 이 학교 학생들 중에서 n명을 임의추출하여 팔굽혀펴기 횟수를 조사하였더니 평균이 11이었다. 이 학교 전체 학생들의 팔굽혀펴기 횟수의 모평균 m을 신뢰도 99 %로 추정한 신뢰구간이 $8.85 \leq m \leq 13.15$일 때, n의 값은? (단, n은 충분히 큰 수이고, $P(0 \leq Z \leq 2.58) = 0.495$로 계산한다.)

① 25 ② 36 ③ 49

④ 64 ⑤ 81

275

어느 도서관의 이용객들의 연간 도서 대여 권수는 정규분포를 따른다고 한다. 이 도서관의 이용객들 중에서 49명을 임의추출하여 조사한 연간 도서 대여 권수의 평균이 15.5권, 표준편차가 k권이었다. 이 도서관의 이용객들의 연간 도서 대여 권수의 모평균 m을 신뢰도 95 %로 추정한 신뢰구간이 $15.43 \leq m \leq 15.57$일 때, k의 값을 구하시오. (단, $P(|Z| \leq 1.96) = 0.95$로 계산한다.)

276 교육청 기출

어느 지역에서 수확하는 양파의 무게는 평균이 m, 표준편차가 16인 정규분포를 따른다고 한다. 이 지역에서 수확한 양파 64개를 임의추출하여 얻은 양파의 무게의 표본평균이 $\overline{x}$일 때, 모평균 m에 대한 신뢰도 95 %의 신뢰구간이 $240.12 \leq m \leq a$이다. $\overline{x} + a$의 값은? (단, 무게의 단위는 g이고, Z가 표준정규분포를 따르는 확률변수일 때, $P(|Z| \leq 1.96) = 0.95$로 계산한다.)

① 486 ② 489 ③ 492

④ 495 ⑤ 498

277

표준편차가 σ인 정규분포를 따르는 모집단에서 크기가 n인 표본을 임의추출하여 얻은 모평균 m에 대한 신뢰도 95 %의 신뢰구간이 $100.4 \leq m \leq 139.6$이다. 동일한 표본을 이용하여 모평균 m에 대한 신뢰도 99 %의 신뢰구간을 구하시오. (단, $P(0 \leq Z \leq 1.96) = 0.475$, $P(0 \leq Z \leq 2.58) = 0.495$로 계산한다.)

278   실력 UP

어느 베이커리에서 판매하는 크림빵 한 개의 열량은 평균이 m kcal, 표준편차가 12 kcal 인 정규분포를 따른다고 한다. 이 베이커리에서 판매하는 크

z	$P(0 \leq Z \leq z)$
1.64	0.45
1.75	0.46
1.88	0.47

림빵 중에서 임의추출한 36개의 열량의 평균이 160 kcal 이었을 때, 이 베이커리에서 판매하는 크림빵의 열량의 모평균 m을 신뢰도 α %로 추정한 신뢰구간은 $156.24 \leq m \leq 163.76$이다. 위의 표준정규분포표를 이용하여 α의 값을 구하면?

① 88   ② 90   ③ 92

④ 94   ⑤ 96

유형 **4** 모평균의 신뢰구간의 길이   [개념 06-4]

279   ★중요

어느 자판기에서 판매하는 음료수 한 캔의 용량은 정규분포 $N(m, 5^2)$을 따른다고 한다. 이 자판기에서 판매하는 음료수 중에서 49개를 임의추출하였을 때, 모평균 m에 대한 신뢰도 95 %의 신뢰구간의 길이를 구하시오.

(단, $P(|Z| \leq 1.96) = 0.95$로 계산한다.)

280

정규분포 $N(m, \sigma^2)$을 따르는 모집단에서 표본을 임의추출하여 모평균을 추정하려고 한다. 옳은 것만을 |보기|에서 있는 대로 고른 것은? (단, $P(|Z| \leq 1.96) = 0.95$, $P(|Z| \leq 2.58) = 0.99$로 계산한다.)

|보기|

ㄱ. 같은 표본을 사용할 때, 신뢰도 99 %의 신뢰구간은 신뢰도 95 %의 신뢰구간을 포함한다.

ㄴ. 신뢰도가 일정할 때, 표본의 크기가 작을수록 신뢰구간의 길이는 짧아진다.

ㄷ. 신뢰도를 낮추면서 표본의 크기를 크게 하면 신뢰구간의 길이는 짧아진다.

① ㄱ   ② ㄴ   ③ ㄱ, ㄴ

④ ㄱ, ㄷ   ⑤ ㄱ, ㄴ, ㄷ

281

정규분포 $N(m, \sigma^2)$을 따르는 모집단에서 크기가 n인 표본을 임의추출하여 조사할 때, 모평균 m에 대한 신뢰도 α %의 신뢰구간이 $a \leq m \leq b$이다. $n=196$이면 $b-a=4$일 때, $b-a=\dfrac{28}{3}$일 때의 n의 값을 구하시오.

282

표준편차가 10인 정규분포를 따르는 모집단에서 크기가 64인 표본을 임의추출하여 신뢰도 α %로 모평균을 추정했더니 신뢰구간의 길이가 4이었다. 오른쪽 표준정규분포표를 이용하여 α의 값을 구하면?

z	$P(0 \leq Z \leq z)$
1.3	0.40
1.4	0.42
1.5	0.43
1.6	0.45
1.7	0.46

① 80 ② 84 ③ 86
④ 90 ⑤ 92

283

정규분포 $N(m, 4^2)$을 따르는 모집단에서 크기가 25인 표본을 임의추출하여 신뢰도 α %로 추정한 모평균에 대한 신뢰구간의 길이를 a라 하고, 같은 모집단에서 크기가 64인 표본을 임의추출하여 신뢰도 α %로 추정한 모평균에 대한 신뢰구간의 길이를 b라 하자. $a+b=2.6$일 때, 같은 모집단에서 크기가 36인 표본을 임의추출하여 신뢰도 α %로 추정한 모평균에 대한 신뢰구간의 길이를 구하시오.

284

표준편차가 σ인 정규분포를 따르는 모집단의 평균에 대한 일정한 신뢰도의 신뢰구간을 표본평균을 이용하여 구하려고 한다. 신뢰구간의 길이를 l로 하려면 표본의 크기가 n이어야 할 때, 신뢰구간의 길이를 $\dfrac{l}{3}$로 하려면 표본의 크기를 얼마로 해야 하는가?

① n ② $2n$ ③ $3n$
④ $6n$ ⑤ $9n$

285

어느 공장에서 생산하는 제품의 무게는 표준편차가 9 g인 정규분포를 따른다고 한다. 이 공장에서 생산한 제품의 무게의 평균을 신뢰도 99 %로 추정할 때, 신뢰구간의 길이가 3 이하가 되도록 하기 위한 표본의 크기의 최솟값을 구하시오. (단, $P(|Z| \leq 2.58)=0.99$로 계산한다.)

유형 5 표본비율의 평균, 분산, 표준편차　[개념 06-5, 6]

286

어느 인터넷 쇼핑몰 이용 고객의 재구매율은 p라 한다. 이 쇼핑몰 이용 고객들 중에서 36명을 임의추출하여 구한 재구매율을 $\hat{p}$이라 하자. $\mathrm{E}(\hat{p})+12\mathrm{V}(\hat{p})=\dfrac{13}{16}$일 때, p의 값은? (단, $0<p<1$)

① $\dfrac{3}{8}$　　② $\dfrac{1}{2}$　　③ $\dfrac{5}{8}$

④ $\dfrac{3}{4}$　　⑤ $\dfrac{7}{8}$

287

어느 학교에서 진행하는 수학 체험 프로그램에 참여한 학생들의 만족도를 조사해 보니 $75\,\%$가 긍정적 평가를 하였다. 이 프로그램에 참여한 학생 n명을 임의추출하여 만족도를 조사했을 때, 프로그램에 긍정적 평가를 한 학생의 비율을 $\hat{p}$이라 하자. $\sigma(\hat{p})\leq 0.05$를 만족시키는 자연수 n의 최솟값을 구하시오.

유형 6 표본비율의 분포　[개념 06-6]

288

어느 고등학교 학생들 중에서 새로운 체육복 디자인 제작에 찬성한 비율이 $80\,\%$라 한다. 이 학교의 학생 중에서 64명을 임의추출할 때, 디자인 제작에 찬성한 학생이 48명 이상 56명 이하일 확률을 위의 표준정규분포표를 이용하여 구하시오.

z	$\mathrm{P}(0\leq Z\leq z)$
1.0	0.3413
1.5	0.4332
2.0	0.4772
2.5	0.4938

289

곡물 포대에 노란색 콩과 녹색 콩이 $9:1$의 비율로 들어 있다. 이 포대에서 400개의 콩을 임의추출할 때, 녹색 콩이 49개 이하일 확률을 오른쪽 표준정규분포표를 이용하여 구하면?

z	$\mathrm{P}(0\leq Z\leq z)$
1.0	0.3413
1.5	0.4332
2.0	0.4772
2.5	0.4938

① 0.7745　　② 0.8413　　③ 0.9332

④ 0.9772　　⑤ 0.9938

유형 7 모비율의 추정　　　　　[개념 06-7]

290

어느 도시에서 주민 600명을 임의추출하여 공업단지 조성에 대한 의견을 조사하였더니 360명이 찬성하였다. 이 도시 전체 주민 중 공업단지 조성에 찬성하는 주민의 비율 p에 대한 신뢰도 95 %의 신뢰구간을 구하시오.

（단, $\mathrm{P}(|Z|\leq1.96)=0.95$로 계산한다.）

291 ⭐중요

어느 지역의 고등학생 중에서 100명을 임의추출하여 조사한 결과 정기적으로 봉사 활동을 하는 학생이 10명이었다고 한다. 이 지역 전체 고등학생 중 정기적으로 봉사 활동을 하는 학생의 비율 p에 대한 신뢰도 99 %의 신뢰구간을 구하시오. （단, $\mathrm{P}(|Z|\leq3)=0.99$로 계산한다.）

292

어느 공장에서 생산하는 제품의 불량률을 알아보기 위하여 n개를 임의추출하여 검사하였더니 불량률이 16 %이었다. 이 공장에서 생산하는 제품 전체의 불량률 p에 대한 신뢰도 95 %의 신뢰구간이 $0.128\leq p\leq0.192$일 때, n의 값은? （단, n은 충분히 큰 수이고, $\mathrm{P}(|Z|\leq2)=0.95$로 계산한다.）

① 475　　　② 500　　　③ 525
④ 550　　　⑤ 575

유형 8 모비율의 신뢰구간의 길이　　　　　[개념 06-7]

293

어느 회사에서 온라인 플랫폼에서 활동한 경험이 있는 직원의 비율을 알아보기 위하여 이 회사의 직원 100명을 임의추출하여 조사한 결과 10 %가 활동한 경험이 있다고 답하였다. 이 결과를 이용하여 구한 이 회사 직원 전체의 온라인 플랫폼 활동 경험이 있는 직원의 비율 p에 대한 신뢰도 95 %의 신뢰구간의 길이를 구하시오.

（단, $\mathrm{P}(|Z|\leq1.96)=0.95$로 계산한다.）

294

어느 고등학교에서 자전거를 이용하여 등교하는 학생의 비율을 알아보기 위하여 이 고등학교 학생 n명을 임의추출하여 조사했더니 학생의 50 %가 자전거를 이용하는 것으로 나타났다. 이 고등학교 전체 학생 중에서 자전거를 이용하여 등교하는 학생의 비율 p에 대한 신뢰도 95 %의 신뢰구간의 길이가 0.14일 때, n의 값을 구하시오. （단, n은 충분히 큰 수이고, $\mathrm{P}(|Z|\leq1.96)=0.95$로 계산한다.）

295 실력 UP

어느 도시에서 주민 n명을 임의추출하여 독감 예방 접종률을 조사했더니 20 %가 접종한 것으로 나타났다. 이 도시 전체 주민의 독감 예방 접종률을 신뢰도 95 %로 추정할 때, 모비율과 표본비율의 차가 0.04 이하가 되도록 하는 n의 최솟값을 구하시오.

시험에서 출제율이 높은 서술형 문제를 엄선하여 수록하였습니다.

서술형

● 바른답·알찬풀이 64쪽

296

모집단의 확률변수 X의 확률질량함수가
$$P(X=x)=ax+b \ (x=1, 2, 3, 4)$$
이다. 이 모집단에서 크기가 4인 표본을 임의추출할 때, 표본평균 $\overline{X}$에 대하여 $E(\overline{X})=\dfrac{11}{4}$이다. 다음 물음에 답하시오.

⑴ 상수 a, b의 값을 구하시오.

[풀이]

⑵ $V(\overline{X})$를 구하시오.

[풀이]

297

어느 공장에서 생산하는 부품의 무게는 평균이 40 g, 분산이 0.1 g인 정규분포를 따른다고 한다. 이 부품은 10개씩 모아 한 상자로 포장하는데 한 상자의 무게가 399 g보다 적거나 402 g보다 많으면 불량으로 처리하고 재포장을 한다고 한다. 이 공장에서 생산한 부품 한 상자를 임의추출할 때, 재포장을 하지 않을 확률을 위의 표준정규분포표를 이용하여 구하시오.

[풀이]

z	$P(0 \leq Z \leq z)$
1.0	0.3413
1.5	0.4332
2.0	0.4772
2.5	0.4938

298

어느 회사에서 판매하는 건전지의 무게는 표준편차가 1 g인 정규분포를 따른다고 한다. 이 회사에서 판매하는 건전지 중에서 크기가 각각 m, n인 표본을 임의추출하여 전체 건전지의 무게를 신뢰도 95 %로 각각 추정하였더니 신뢰구간의 길이의 비가 1 : 3일 때, $\dfrac{m}{n}$의 값을 구하시오. (단, m, n은 충분히 큰 수이고, $P(|Z| \leq 1.96)=0.95$로 계산한다.)

[풀이]

299

흰 공 160개, 검은 공 40개가 들어 있는 상자에서 64개의 공을 임의추출할 때, 검은 공의 비율이 25 % 이하로 나올 확률을 오른쪽 표준정규분포표를 이용하여 구하시오.

[풀이]

z	$P(0 \leq Z \leq z)$
1.0	0.3413
1.5	0.4332
2.0	0.4772
2.5	0.4938

출제율이 높은 문제 중 1등급을 결정하는 고난도 문제를 수록하였습니다.

300

어떤 모집단의 확률변수 X의 확률분포를 표로 나타내면 다음과 같다.

X	2	4	6	8	합계
$P(X=x)$	a	$\dfrac{1}{3}-a$	$\dfrac{1}{2}$	$\dfrac{1}{6}$	1

이 모집단에서 크기가 2인 표본을 임의추출할 때, 표본평균 $\overline{X}$의 평균이 5이다. 이때 $\mathrm{E}(\overline{X}^2)+\mathrm{V}(2\overline{X}+1)$의 값을 구하시오. (단, a는 상수이다.)

301

어느 생수 공장에서 생산하는 생수 1병의 용량은 평균이 500 mL, 표준편차가 20 mL인 정규분포를 따른다고 한다. 이 공장에서 생산하는 생수 중에서 임의추출한 1병의 용량이 520 mL 이상일 확률을 p_1, 임의추출한 n병의 용량의 평균이 480 mL 이상일 확률을 p_2라 할 때, $p_2-p_1=0.8185$이다. 이때 n의 값을 구하시오. (단, $\mathrm{P}(0\leq Z\leq1)=0.3413$, $\mathrm{P}(0\leq Z\leq2)=0.4772$로 계산한다.)

302

어느 쿠키 공장에서 만드는 쿠키 한 개의 무게는 평균이 60 g이고 표준편차가 3 g인 정규분포를 따른다고 한다. 이 쿠키 공장에서는 쿠키를 임의추출하여 9개씩 한 상자에 담아서 판매하는데, 9개의 쿠키를 담은 상자의 무게가 528.48 g 이하이면 불량품으로 판정된다고 한다. 이 쿠키 공장에서 생산한 쿠키 상자 900개 중에서 불량품인 상자가 72개 이하일 확률을 구하시오. (단, 빈 상자의 무게는 고려하지 않고, $\mathrm{P}(0\leq Z\leq1.28)=0.40$, $\mathrm{P}(0\leq Z\leq2)=0.48$로 계산한다.)

303 평가원 기출

지역 A에 살고 있는 성인들의 1인 하루 물 사용량을 확률변수 X, 지역 B에 살고 있는 성인들의 1인 하루 물 사용량을 확률변수 Y라 하자. 두 확률변수 X, Y는 정규분포를 따르고 다음 조건을 만족시킨다.

> ㈎ 두 확률변수 X, Y의 평균은 각각 220과 240이다.
> ㈏ 확률변수 Y의 표준편차는 확률변수 X의 표준편차의 1.5배이다.

지역 A에 살고 있는 성인 중 임의추출한 n명의 1인 하루 물 사용량의 표본평균을 $\overline{X}$, 지역 B에 살고 있는 성인 중 임의추출한 $9n$명의 1인 하루 물 사용량의 표본평균을 $\overline{Y}$라 하자.

z	$\mathrm{P}(0\leq Z\leq z)$
0.5	0.1915
1.0	0.3413
1.5	0.4332
2.0	0.4772

$\mathrm{P}(\overline{X}\leq215)=0.1587$일 때, $\mathrm{P}(\overline{Y}\geq235)$의 값을 위의 표준정규분포표를 이용하여 구한 것은?

(단, 물 사용량의 단위는 L이다.)

① 0.6915 ② 0.7745 ③ 0.8185
④ 0.8413 ⑤ 0.9772

304

어떤 모집단의 확률변수 X가 정규분포 $\mathrm{N}(m, 12^2)$을 따를 때, X의 확률밀도함수 $f(x)$의 그래프와 구간별 확률은 다음 그림과 같다.

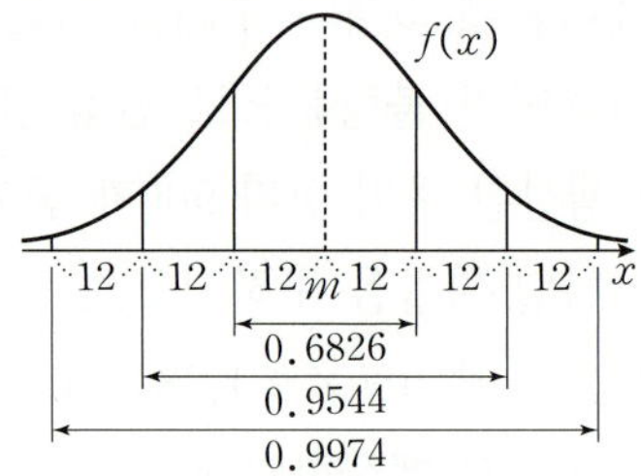

X의 확률밀도함수 $f(x)$가 모든 실수 x에 대하여 $f(x)=f(64-x)$를 만족시킨다. 이 모집단에서 크기가 36인 표본을 임의추출할 때, 표본평균 $\overline{X}$에 대하여 $\mathrm{P}(26\leq\overline{X}\leq30)$을 구하시오.

305

두 지역 A, B의 고등학교 학생들 중에서 표본을 임의추출하여 일년 동안 공용 자전거의 이용 횟수를 조사하였더니 다음과 같은 결과를 얻었다.

지역	표본의 크기	평균	표준편차	신뢰도 (%)	모평균 m의 추정
A	n_1	36	4	α	$35\leq m\leq37$
B	n_2	42	9	α	$39\leq m\leq45$

각 지역의 학생들의 공용 자전거의 이용 횟수는 정규분포를 따른다고 할 때, 옳은 것만을 │ 보기 │에서 있는 대로 고르시오.

│ 보기 │
ㄱ. A 지역의 분포가 B 지역의 분포보다 더 고르다.

ㄴ. A 지역의 표본의 크기가 B 지역의 표본의 크기보다 더 작다.

ㄷ. 신뢰도를 $\alpha\,\%$보다 크게 하면 신뢰구간의 길이는 길어진다.

306

어느 골프장에서 사용하는 골프공의 무게는 표준편차가 $2\,\mathrm{g}$인 정규분포를 따른다고 한다. 이 골프장에서 사용한 골프공 100개를 임의추출하여 모평균에 대한 신뢰도 90 %로 추정한 신뢰구간의 길이가 l이었다. 이 표본으로 모평균에 대한 신뢰도 $k\,\%$로 추정한 신뢰구간의 길이가 $\dfrac{l}{2}$일 때, 위의 표준정규분포표를 이용하여 k의 값을 구하시오.

z	$\mathrm{P}(0\leq Z\leq z)$
0.64	0.24
0.82	0.29
1.28	0.40
1.64	0.45

307

모비율이 0.9인 모집단에서 크기가 81인 표본을 임의추출하여 구한 표본비율을 $\hat{p}_1$, 모비율이 0.5인 모집단에서 크기가 n인 표본을 임의추출하여 구한 표본비율을 $\hat{p}_2$이라 하자.

$\mathrm{P}(\hat{p}_1\leq0.95)=\mathrm{P}(\hat{p}_2\geq0.425)$일 때, $\mathrm{P}(\hat{p}_2\leq0.55)$를 위의 표준정규분포표를 이용하여 구하시오.

（단, n은 충분히 큰 수이다.）

z	$\mathrm{P}(0\leq Z\leq z)$
1.0	0.3413
1.5	0.4332
2.0	0.4772
2.5	0.4938

도전 1등급 최고난도

1등급을 결정하는 문제 중 최고난도 문제를 수록하였습니다.

308 평가원 기출

주머니 A에는 숫자 1, 2, 3이 하나씩 적힌 3개의 공이 들어 있고, 주머니 B에는 숫자 1, 2, 3, 4가 하나씩 적힌 4개의 공이 들어 있다. 두 주머니 A, B와 한 개의 주사위를 사용하여 다음 시행을 한다.

> 주사위를 한 번 던져 나온 눈의 수가 3의 배수이면 주머니 A에서 임의로 2개의 공을 동시에 꺼내고, 나온 눈의 수가 3의 배수가 아니면 주머니 B에서 임의로 2개의 공을 동시에 꺼낸다. 꺼낸 2개의 공에 적혀 있는 수의 차를 기록한 후, 공을 꺼낸 주머니에 이 2개의 공을 다시 넣는다.

이 시행을 2번 반복하여 기록한 두 개의 수의 평균을 $\overline{X}$라 할 때, $P(\overline{X}=2)$의 값은?

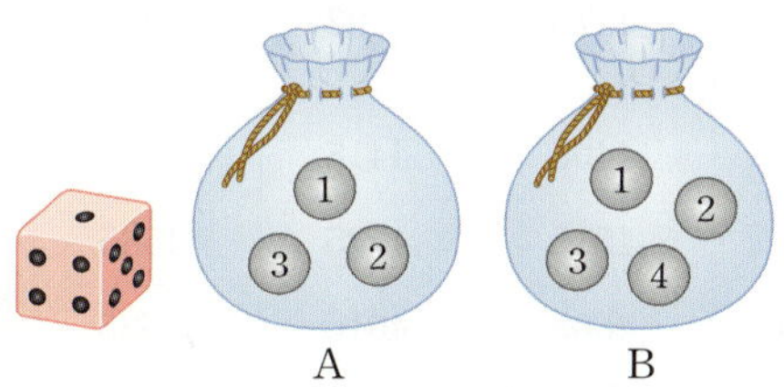

① $\dfrac{11}{81}$ ② $\dfrac{13}{81}$ ③ $\dfrac{5}{27}$

④ $\dfrac{17}{81}$ ⑤ $\dfrac{19}{81}$

309

정규분포 $N(m, \sigma^2)$을 따르는 모집단에서 크기가 4인 표본을 임의추출할 때, 표본평균 $\overline{X}$에 대하여 함수 $f(t)$를
$$f(t)=P(t-1\leq \overline{X}\leq t+3)$$
이라 하자. 옳은 것만을 |보기|에서 있는 대로 고른 것은?

> **|보기|**
> ㄱ. $f(m-1)=P(|X-m|\leq 4)$
> ㄴ. $t=m$일 때, 함수 $f(t)$는 최댓값을 갖는다.
> ㄷ. 임의의 실수 k에 대하여
> $$f(m+k-1)=f(m-k-1)$$

① ㄱ ② ㄴ ③ ㄱ, ㄷ
④ ㄴ, ㄷ ⑤ ㄱ, ㄴ, ㄷ

310

어느 호텔에서 고객 서비스 만족도를 알아보기 위하여 작년에 이 호텔을 이용했던 고객 중에서 n명을 임의추출한 다음 만족도를 조사하여 일정 만족도 이상의 고객의 비율에 대한 신뢰도 95 %의 신뢰구간을 구하려고 한다. 작년 만족도 조사를 토대로 일정 만족도 이상의 고객의 비율이 80 % 이상이라 가정할 때, 신뢰구간의 길이가 0.056 이하가 되도록 하는 n의 최솟값을 구하시오.
(단, n은 충분히 큰 수이고, $P(|Z|\leq 1.96)=0.95$로 계산한다.)

표준정규분포표

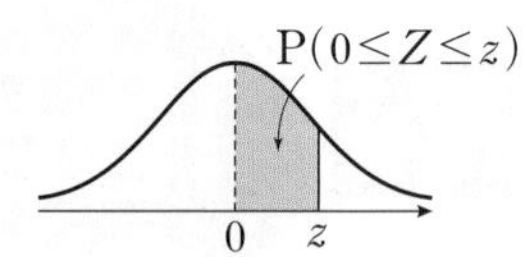

z	0.00	0.01	0.02	0.03	0.04	0.05	0.06	0.07	0.08	0.09
0.0	.0000	.0040	.0080	.0120	.0160	.0199	.0239	.0279	.0319	.0359
0.1	.0398	.0438	.0478	.0517	.0557	.0596	.0636	.0675	.0714	.0753
0.2	.0793	.0832	.0871	.0910	.0948	.0987	.1026	.1064	.1103	.1141
0.3	.1179	.1217	.1255	.1293	.1331	.1368	.1406	.1443	.1480	.1517
0.4	.1554	.1591	.1628	.1664	.1700	.1736	.1772	.1808	.1844	.1879
0.5	.1915	.1950	.1985	.2019	.2054	.2088	.2123	.2157	.2190	.2224
0.6	.2257	.2291	.2324	.2357	.2389	.2422	.2454	.2486	.2517	.2549
0.7	.2580	.2611	.2642	.2673	.2704	.2734	.2764	.2794	.2823	.2852
0.8	.2881	.2910	.2939	.2967	.2995	.3023	.3051	.3078	.3106	.3133
0.9	.3159	.3186	.3212	.3238	.3264	.3289	.3315	.3340	.3365	.3389
1.0	.3413	.3438	.3461	.3485	.3508	.3531	.3554	.3577	.3599	.3621
1.1	.3643	.3665	.3686	.3708	.3729	.3749	.3770	.3790	.3810	.3830
1.2	.3849	.3869	.3888	.3907	.3925	.3944	.3962	.3980	.3997	.4015
1.3	.4032	.4049	.4066	.4082	.4099	.4115	.4131	.4147	.4162	.4177
1.4	.4192	.4207	.4222	.4236	.4251	.4265	.4279	.4292	.4306	.4319
1.5	.4332	.4345	.4357	.4370	.4382	.4394	.4406	.4418	.4429	.4441
1.6	.4452	.4463	.4474	.4484	.4495	.4505	.4515	.4525	.4535	.4545
1.7	.4554	.4564	.4573	.4582	.4591	.4599	.4608	.4616	.4625	.4633
1.8	.4641	.4649	.4656	.4664	.4671	.4678	.4686	.4693	.4699	.4706
1.9	.4713	.4719	.4726	.4732	.4738	.4744	.4750	.4756	.4761	.4767
2.0	.4772	.4778	.4783	.4788	.4793	.4798	.4803	.4808	.4812	.4817
2.1	.4821	.4826	.4830	.4834	.4838	.4842	.4846	.4850	.4854	.4857
2.2	.4861	.4864	.4868	.4871	.4875	.4878	.4881	.4884	.4887	.4890
2.3	.4893	.4896	.4898	.4901	.4904	.4906	.4909	.4911	.4913	.4916
2.4	.4918	.4920	.4922	.4925	.4927	.4929	.4931	.4932	.4934	.4936
2.5	.4938	.4940	.4941	.4943	.4945	.4946	.4948	.4949	.4951	.4952
2.6	.4953	.4955	.4956	.4957	.4959	.4960	.4961	.4962	.4963	.4964
2.7	.4965	.4966	.4967	.4968	.4969	.4970	.4971	.4972	.4973	.4974
2.8	.4974	.4975	.4976	.4977	.4977	.4978	.4979	.4979	.4980	.4981
2.9	.4981	.4982	.4982	.4983	.4984	.4984	.4985	.4985	.4986	.4986
3.0	.4987	.4987	.4987	.4988	.4988	.4989	.4989	.4989	.4990	.4990
3.1	.4990	.4991	.4991	.4991	.4992	.4992	.4992	.4992	.4993	.4993
3.2	.4993	.4993	.4994	.4994	.4994	.4994	.4994	.4995	.4995	.4995
3.3	.4995	.4995	.4995	.4996	.4996	.4996	.4996	.4996	.4996	.4997

빠른답 체크 후 틀린 문제는
바른답·알찬풀이에서 꼭 확인하세요.

빠른답 체크

Speed Check

확률과 통계 310제

빠른답 체크 후 틀린 문제는
바른답 · 알찬풀이에서 꼭 확인하세요.

수학이 단순하다는 것을
믿지 않는 사람은
오로지 삶이 얼마나 복잡한지를
깨닫지 못하기 때문이다.

-존 폰 노이만-

고등 도서 안내

문학 입문서

손쉬운

작품 이해에서 문제 해결까지
손쉬운 비법을 담은 문학 입문서

현대 문학, 고전 문학

비주얼 개념서

룩 LOOK

이미지 연상으로 필수 개념을 쉽게 익히는
비주얼 개념서

국어   문법
영어   분석독해

수학 개념 기본서

수학중심

개념과 유형을 한 번에 잡는 강력한
개념 기본서

수학Ⅰ, 수학Ⅱ, 확률과 통계, 미적분, 기하

수학 문제 기본서

유형중심

체계적인 유형별 학습으로 실전에서 강력한
문제 기본서

수학Ⅰ, 수학Ⅱ, 확률과 통계, 미적분

사회·과학 필수 기본서

개념 학습과 유형 학습으로 내신과 수능을 잡는
필수 기본서

[2022 개정]
사회   통합사회1, 통합사회2, 한국사1, 한국사2
과학   통합과학1, 통합과학2, 물리학, 화학, 생명과학,
         지구과학

[2015 개정]
사회   한국지리, 사회·문화, 생활과 윤리, 윤리와 사상
과학   물리학Ⅰ, 화학Ⅰ, 생명과학Ⅰ, 지구과학Ⅰ

기출 분석 문제집

완벽한 기출 문제 분석으로 시험에 대비하는 1등급 문제집

[2022 개정]
수학   공통수학1, 공통수학2, 대수, 확률과 통계, 미적분Ⅰ
사회   통합사회1, 통합사회2, 한국사1, 한국사2,
         세계시민과 지리, 사회와 문화, 세계사, 현대사회와 윤리
과학   통합과학1, 통합과학2

[2015 개정]
국어   문학, 독서
수학   수학Ⅰ, 수학Ⅱ, 확률과 통계, 미적분, 기하
사회   한국지리, 세계지리, 생활과 윤리, 윤리와 사상,
         사회·문화, 정치와 법, 경제, 세계사, 동아시아사
과학   물리학Ⅰ, 화학Ⅰ, 생명과학Ⅰ, 지구과학Ⅰ,
         물리학Ⅱ, 화학Ⅱ, 생명과학Ⅱ, 지구과학Ⅱ

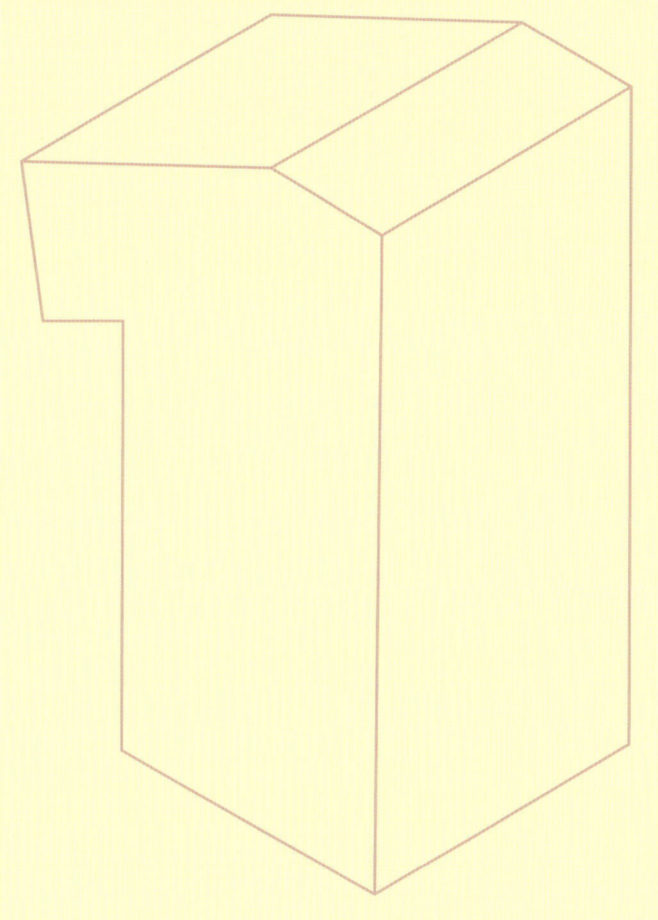

1등급 만들기

확률과 통계
310제

바른답 · 알찬풀이

Mirae N 에듀

바른답•
알찬풀이

1등급 만들기

확률과 통계 310제

바른답·알찬풀이

I 경우의 수

 순열과 조합

001 ⑤	**002** ⑤	**003** ③	**004** 127	**005** 1600
006 ③	**007** 363	**008** ②	**009** ③	**010** 510
011 24	**012** 500	**013** ④	**014** ②	**015** ①
016 ③	**017** 30	**018** ②	**019** ④	**020** ④
021 9	**022** ①	**023** 120	**024** 30	**025** 56
026 ④	**027** ②	**028** ①	**029** ①	**030** 35
031 45	**032** ④	**033** ②	**034** ①	**035** ③
036 ③	**037** 196	**038** ⑤	**039** ③	**040** 270
041 26				

001

구하는 날씨의 종류의 개수는 서로 다른 4개의 그림에서 5개를 택하는 중복순열의 수와 같으므로

$_4\Pi_5 = 4^5 = 1024$

002

천의 자리, 백의 자리, 십의 자리를 정하는 경우의 수는 숫자 1, 2, 3 중에서 3개를 택하는 중복순열의 수와 같으므로

$_3\Pi_3 = 3^3 = 27$

일의 자리를 정하는 경우의 수는 1, 3 중에서 1개를 택하는 경우의 수와 같으므로 2

따라서 구하는 홀수의 개수는

$27 \times 2 = 54$

003

마지막 자리의 숫자가 될 수 있는 것은
1, 3, 5의 3개
첫 번째 자리, 두 번째 자리, 세 번째 자리의 숫자를 택하는 방법의 수는 1, 2, 3, 4, 5, 6의 6개에서 3개를 택하는 중복순열의 수와 같으므로

$_6\Pi_3 = 6^3 = 216$

따라서 구하는 비밀번호의 개수는

$3 \times 216 = 648$

004

각 전구마다 켜거나 끄는 2가지의 방법이 있으므로 전구 7개로 만들 수 있는 신호의 개수는 서로 다른 2개에서 7개를 택하는 중복순열의 수와 같다.

$\therefore {}_2\Pi_7 = 2^7 = 128$

이때 전구가 모두 꺼진 경우는 제외하므로 구하는 신호의 개수는

$128 - 1 = 127$

005

남학생 2명이 고등학교에 배정되는 경우의 수는 서로 다른 5개의 고등학교에서 2개를 택하는 중복순열의 수와 같으므로

$_5\Pi_2 = 5^2 = 25$

여학생 3명이 고등학교에 배정되는 경우의 수는 서로 다른 4개의 고등학교에서 3개를 택하는 중복순열의 수와 같으므로

$_4\Pi_3 = 4^3 = 64$

따라서 구하는 경우의 수는

$25 \times 64 = 1600$

006

5개의 숫자에서 4개를 택하는 중복순열의 수는

$_5\Pi_4 = 5^4 = 625$

2를 제외한 나머지 4개의 숫자에서 4개를 택하는 중복순열의 수는

$_4\Pi_4 = 4^4 = 256$

따라서 구하는 자연수의 개수는

$625 - 256 = 369$

007

특수 문자를 1개 사용하여 만들 수 있는 암호의 개수는 서로 다른 3개의 문자에서 1개를 택하는 중복순열의 수와 같으므로

$_3\Pi_1 = 3$

특수 문자를 2개 사용하여 만들 수 있는 암호의 개수는 서로 다른 3개의 문자에서 2개를 택하는 중복순열의 수와 같으므로

$_3\Pi_2 = 3^2 = 9$

같은 방법으로 특수 문자를 3개, 4개, 5개 사용하여 만들 수 있는 암호의 개수는 각각

$_3\Pi_3 = 3^3 = 27,$

$_3\Pi_4 = 3^4 = 81,$

$_3\Pi_5 = 3^5 = 243$

따라서 구하는 암호의 개수는

$3 + 9 + 27 + 81 + 243 = 363$

008

(i) 한 자리 자연수의 개수는
  1, 2, 3의 3
(ii) 두 자리 자연수의 개수는
  $3 \times {}_4\Pi_1 = 3 \times 4 = 12$

(iii) 세 자리 자연수의 개수는
$$3\times {}_4\Pi_2=3\times 4^2=48$$
(iv) $1\square\square\square$ 꼴의 네 자리 자연수의 개수는
$${}_4\Pi_3=4^3=64$$
이상에서 2000보다 작은 자연수의 개수는
$$3+12+48+64=127$$
이므로 2000은 128번째 수이다.

009

조건 (가)에서 양 끝 모두에 대문자가 나오는 경우의 수는 대문자 X, Y 중에서 2개를 택하는 중복순열의 수와 같으므로
$${}_2\Pi_2=2^2=4$$
조건 (나)에서 a는 양 끝을 제외한 네 자리 중 한 자리에만 나와야 하므로 a의 자리를 정하는 경우의 수는
$${}_4C_1=4$$
나머지 세 자리에 문자를 나열하는 경우의 수는 세 문자 b, X, Y 중에서 3개를 택하는 중복순열의 수와 같으므로
$${}_3\Pi_3=3^3=27$$
따라서 구하는 경우의 수는
$$4\times 4\times 27=432$$

010

서로 다른 사탕 6개를 3명의 학생에게 나누어 주는 경우의 수는 서로 다른 3개에서 6개를 택하는 중복순열의 수와 같으므로
$${}_3\Pi_6=3^6=729$$
(i) 한 학생이 사탕을 4개 받는 경우의 수는
$${}_3C_1\times {}_6C_4\times 4={}_3C_1\times {}_6C_2\times 4$$
$$=3\times \frac{6\times 5}{2\times 1}\times 4=180$$
→ 나머지 2명의 학생이 나머지 2개의 사탕을 받는 경우의 수
(ii) 한 학생이 사탕을 5개 받는 경우의 수는
$${}_3C_1\times {}_6C_5\times 2={}_3C_1\times {}_6C_1\times 2$$
$$=3\times 6\times 2=36$$
(iii) 한 학생이 사탕을 6개 받는 경우의 수는
$${}_3C_1=3$$
이상에서 구하는 경우의 수는
$$729-(180+36+3)=510$$

011

X에서 Y로의 함수는 집합 Y의 원소 -1, 1에서 중복을 허용하여 4개를 뽑아 집합 X의 원소 1, 3, 5, 7에 대응시키면 된다.
따라서 모든 함수의 개수는 서로 다른 2개에서 4개를 택하는 중복순열의 수와 같으므로
$$a={}_2\Pi_4=2^4=16$$
$f(1)\neq 1$이면 집합 X의 원소 1에 대응할 수 있는 집합 Y의 원소는 -1뿐이다.
또, $f(3)$, $f(5)$, $f(7)$의 값을 정하는 방법의 수는 -1, 1의 2개에서 3개를 택하는 중복순열의 수와 같으므로
$${}_2\Pi_3=2^3=8$$
따라서 $f(1)\neq 1$인 함수의 개수는
$$b=1\times 8=8$$
$$\therefore a+b=24$$

012

$f(1)+f(4)=7$을 만족시키는 $f(1)$, $f(4)$의 값을 순서쌍 $(f(1), f(4))$로 나타내면
$$(2, 5), (3, 4), (4, 3), (5, 2)의 4가지$$
$f(2)$, $f(3)$, $f(5)$의 값을 정하는 방법의 수는 1, 2, 3, 4, 5의 5개에서 3개를 택하는 중복순열의 수와 같으므로
$${}_5\Pi_3=5^3=125$$
따라서 구하는 함수의 개수는
$$4\times 125=500$$

013

(i) x가 홀수인 경우

조건 (가)에서 $x+f(x)$가 짝수가 되려면 $f(x)$가 홀수이어야 한다.

조건 (가)를 만족시키면서 $f(1)$, $f(3)$, $f(5)$의 값을 정하는 방법의 수는 3개의 홀수 1, 3, 5 중에서 3개를 택하는 중복순열의 수와 같으므로
$${}_3\Pi_3=3^3=27$$
이때 1을 제외한 2개의 홀수 3, 5 중에서 3개를 택하는 중복순열의 수는
$${}_2\Pi_3=2^3=8$$
따라서 조건을 만족시키는 함수의 개수는
$$27-8=19$$
(ii) x가 짝수인 경우

조건 (가)에서 $x+f(x)$가 짝수가 되려면 $f(x)$가 짝수이어야 한다.

조건 (가)를 만족시키면서 $f(2)$, $f(4)$의 값을 정하는 방법의 수는 2개의 짝수 2, 4 중에서 2개를 택하는 중복순열의 수와 같으므로
$${}_2\Pi_2=2^2=4$$
(i), (ii)에서 구하는 함수의 개수는
$$19\times 4=76$$

014

양 끝에 2개의 a를 나열한 후 그 사이에 나머지 5개의 문자 s, u, s, g, e를 일렬로 나열하면 된다.
따라서 구하는 방법의 수는

$$\frac{5!}{2!}=60$$

015

3, 4, 5의 순서가 정해져 있으므로 3, 4, 5를 모두 X로 생각하여 1, 1, 1, 2, X, X, X를 일렬로 나열한 후 첫 번째 X는 3, 두 번째 X는 4, 세 번째 X는 5로 바꾸면 된다.
따라서 구하는 방법의 수는

$$\frac{7!}{3!\times3!}=140$$

1등급 비법

> 서로 다른 n개를 일렬로 나열할 때, 특정한 $r\,(0<r\leq n)$개를 미리 정해진 순서대로 나열하는 방법의 수는 순서가 정해진 r개를 같은 것으로 생각하여 같은 것이 r개 포함된 n개를 일렬로 나열하는 방법의 수와 같다. 즉,
> $$\frac{n!}{r!}$$

016

a와 d, c와 e의 순서가 각각 정해져 있으므로 a, d를 모두 X로, c, e를 모두 Y로 생각하여 6개의 문자 X, b, Y, X, Y, f를 일렬로 나열한 후 첫 번째 X는 a, 두 번째 X는 d, 첫 번째 Y는 c, 두 번째 Y는 e로 바꾸면 된다.
따라서 구하는 방법의 수는

$$\frac{6!}{2!\times2!}=180$$

017

5개의 숫자 1, 2, 2, 3, 3에서 4개를 택하는 경우는
1, 2, 2, 3 또는 1, 2, 3, 3 또는 2, 2, 3, 3
(ⅰ) 4개의 숫자 1, 2, 2, 3으로 만들 수 있는 네 자리 자연수의 개수는

$$\frac{4!}{2!}=12$$

(ⅱ) 4개의 숫자 1, 2, 3, 3으로 만들 수 있는 네 자리 자연수의 개수는

$$\frac{4!}{2!}=12$$

(ⅲ) 4개의 숫자 2, 2, 3, 3으로 만들 수 있는 네 자리 자연수의 개수는

$$\frac{4!}{2!\times2!}=6$$

이상에서 구하는 자연수의 개수는
$12+12+6=30$

018

A 지점에서 B 지점까지 최단 거리로 가는 방법의 수는

$$\frac{10!}{6!\times4!}=210$$

A 지점에서 $\overline{PQ}$를 거쳐 B 지점까지 최단 거리로 가는 방법의 수는

$$\underset{\text{← A 지점에서 P 지점까지 최단 거리로 가는 방법의 수}}{\frac{6!}{4!\times2!}\times1\times\frac{3!}{2!}=45}$$

따라서 구하는 방법의 수는 → Q 지점에서 B 지점까지 최단 거리로 가는 방법의 수
$210-45=165$

다른 풀이 오른쪽 그림과 같이 네 지점 X, Y, Z, W를 정하면 A 지점에서 $\overline{PQ}$를 거치지 않고 B 지점까지 최단 거리로 가는 방법은

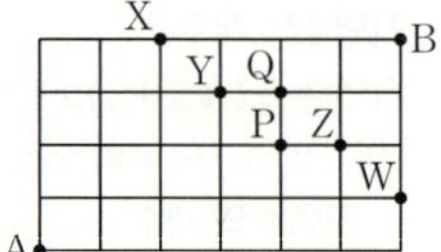

A $\longrightarrow$ X $\longrightarrow$ B, A $\longrightarrow$ Y $\longrightarrow$ B
A $\longrightarrow$ Z $\longrightarrow$ B, A $\longrightarrow$ W $\longrightarrow$ B
중 하나이다.
(ⅰ) A $\longrightarrow$ X $\longrightarrow$ B로 가는 방법의 수는

$$\frac{6!}{2!\times4!}\times1=15$$

(ⅱ) A $\longrightarrow$ Y $\longrightarrow$ B로 가는 방법의 수는

$$\frac{6!}{3!\times3!}\times\frac{4!}{3!}=80$$

(ⅲ) A $\longrightarrow$ Z $\longrightarrow$ B로 가는 방법의 수는

$$\frac{7!}{5!\times2!}\times\frac{3!}{2!}=63$$

(ⅳ) A $\longrightarrow$ W $\longrightarrow$ B로 가는 방법의 수는

$$\frac{7!}{6!}\times1=7$$

이상에서 구하는 방법의 수는
$15+80+63+7=165$

019

m과 w를 제외한 6개의 문자 t, o, o, r, r, o를 일렬로 나열하는 방법의 수는

$$\frac{6!}{3!\times2!}=60$$

6개의 문자 사이사이와 양 끝을 포함한 7개의 자리 중 2개를 택하여 m과 w를 나열하는 방법의 수는

$$_7P_2=42$$

따라서 구하는 방법의 수는
$60\times42=2520$

다른 풀이 8개의 문자 t, o, m, o, r, r, o, w를 일렬로 나열하는 방법의 수는

$$\frac{8!}{3!\times2!}=3360$$

m과 w를 한 문자 X로 생각하여 7개의 문자 t, o, o, r, r, o, X를 일렬로 나열하는 방법의 수는

$$\frac{7!}{3!\times2!}=420$$

이때 m과 w의 자리를 바꾸는 방법의 수는 $2!=2$

즉, m과 w가 이웃하도록 나열하는 방법의 수는

$420 \times 2 = 840$

따라서 구하는 방법의 수는

$3360 - 840 = 2520$

020

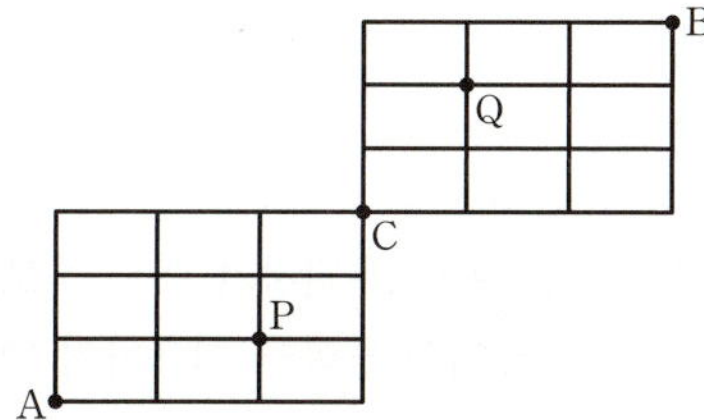

위의 그림과 같이 C 지점을 정하고 오른쪽으로 한 칸 가는 것을 a, 위쪽으로 한 칸 가는 것을 b라 하자.

(i) A 지점에서 P 지점까지 최단 거리로 가는 경우의 수는 2개의 a와 1개의 b를 일렬로 나열하는 경우의 수와 같으므로

$$\frac{3!}{2!} = 3$$

마찬가지 방법으로 P 지점에서 C 지점까지 최단 거리로 가는 경우의 수는

$$\frac{3!}{2!} = 3$$

즉, A 지점에서 P 지점을 지나 C 지점까지 최단 거리로 가는 경우의 수는

$3 \times 3 = 9$

(ii) C 지점에서 B 지점까지 최단 거리로 가는 경우의 수는

$$\frac{6!}{3! \times 3!} = 20$$

C 지점에서 Q 지점을 지나 B 지점까지 최단 거리로 가는 경우의 수는 A 지점에서 P 지점을 지나 C 지점까지 최단 거리로 가는 경우의 수와 같으므로 9

즉, C 지점에서 B 지점까지 Q 지점을 지나지 않고 최단 거리로 가는 경우의 수는

$20 - 9 = 11$

(i), (ii)에서 구하는 경우의 수는

$9 \times 11 = 99$

아래 그림과 같은 도로망에서 A 지점에서 B 지점까지 최단 거리로 가는 경우의 수는 다음과 같다.

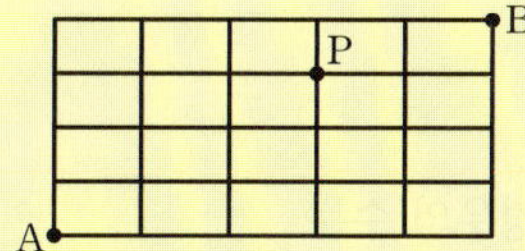

(i) P 지점을 지나는 경우

 (A 지점에서 P 지점까지 최단 거리로 가는 경우의 수)

   × (P 지점에서 B 지점까지 최단 거리로 가는 경우의 수)

(ii) P 지점을 지나지 않는 경우

 (A 지점에서 B 지점까지 최단 거리로 가는 경우의 수)

  − (A 지점에서 P 지점을 지나 B 지점까지 최단 거리로 가는 경우의 수)

021

$36 = 2^2 \times 3^2$이고 a, b, c 중 2개가 같아야 하므로

$36 = 2 \times 2 \times 9 = 3 \times 3 \times 4 = 6 \times 6 \times 1$

각각에 대하여 순서쌍 (a, b, c)의 개수는 곱해진 3개의 수를 일렬로 나열하는 경우의 수와 같으므로

$$\frac{3!}{2!} = 3$$

따라서 구하는 순서쌍 (a, b, c)의 개수는

$3 \times 3 = 9$

022

(i) 일의 자리 숫자가 0인 경우

 1, 1, 2, 2, 2를 일렬로 나열하는 경우의 수는

$$\frac{5!}{2! \times 3!} = 10$$

(ii) 일의 자리 숫자가 2인 경우

 0, 1, 1, 2, 2를 일렬로 나열하는 경우의 수는

$$\frac{5!}{2! \times 2!} = 30$$

 맨 앞자리에 0이 오는 경우의 수는

$$\frac{4!}{2! \times 2!} = 6$$

 즉, 일의 자리 숫자가 2인 짝수의 개수는

$30 - 6 = 24$

(i), (ii)에서 구하는 짝수의 개수는

$10 + 24 = 34$

 (i) 맨 앞자리의 숫자가 1인 경우

 0, 1, 2, 2, 2를 일렬로 나열하는 경우의 수는

$$\frac{5!}{3!} = 20$$

 일의 자리 숫자가 1인 경우의 수는

$$\frac{4!}{3!} = 4$$

→ 0, 2, 2, 2를 일렬로 나열하는 경우의 수

 즉, 맨 앞자리의 숫자가 1인 짝수의 개수는

$20 - 4 = 16$

(ii) 맨 앞자리의 숫자가 2인 경우

 0, 1, 1, 2, 2를 일렬로 나열하는 경우의 수는

$$\frac{5!}{2! \times 2!} = 30$$

 일의 자리 숫자가 1인 경우의 수는

$$\frac{4!}{2!} = 12$$

→ 0, 1, 2, 2를 일렬로 나열하는 경우의 수

 즉, 맨 앞자리의 숫자가 2인 짝수의 개수는

$30 - 12 = 18$

(i), (ii)에서 구하는 짝수의 개수는 $16 + 18 = 34$

023

조건 (개)를 만족시키도록 택한 6개의 숫자를 각각

1, 2, 3, a, b, c (a, b, c는 3 이하의 자연수)

라 하자.

조건 (나)에서 $1+2+3+a+b+c=12$이므로
$a+b+c=6$
(i) 1, 2, 3을 제외한 3개의 숫자가 1, 2, 3인 경우
  6개의 숫자 1, 1, 2, 2, 3, 3을 일렬로 나열하는 경우의 수는
  $$\frac{6!}{2! \times 2! \times 2!}=90$$
(ii) 1, 2, 3을 제외한 3개의 숫자가 2, 2, 2인 경우
  6개의 숫자 1, 2, 2, 2, 2, 3을 일렬로 나열하는 경우의 수는
  $$\frac{6!}{4!}=30$$
(i), (ii)에서 구하는 경우의 수는
$90+30=120$

024

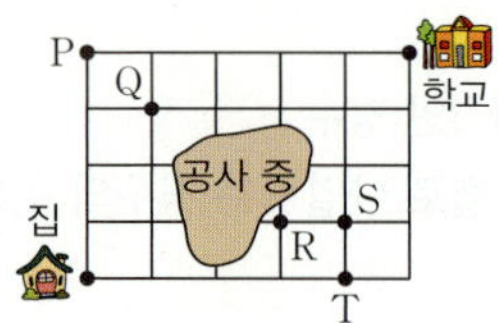

위의 그림과 같이 다섯 지점 P, Q, R, S, T를 정하자.
이때 집에서 학교까지 최단 거리로 가는 방법은
집 $\longrightarrow$ P $\longrightarrow$ 학교,
집 $\longrightarrow$ Q $\longrightarrow$ 학교,
집 $\longrightarrow$ R $\longrightarrow$ S $\longrightarrow$ 학교,
집 $\longrightarrow$ T $\longrightarrow$ 학교
중 하나이다.
(i) 집 $\longrightarrow$ P $\longrightarrow$ 학교로 가는 방법의 수는
  $1 \times 1=1$
(ii) 집 $\longrightarrow$ Q $\longrightarrow$ 학교로 가는 방법의 수는
  $$\frac{4!}{3!} \times \frac{5!}{4!}=4 \times 5=20$$
(iii) 집 $\longrightarrow$ R $\longrightarrow$ S $\longrightarrow$ 학교로 가는 방법의 수는
  $$1 \times 1 \times \frac{4!}{3!}=4$$
(iv) 집 $\longrightarrow$ T $\longrightarrow$ 학교로 가는 방법의 수는
  $$1 \times \frac{5!}{4!}=5$$
이상에서 구하는 방법의 수는
$1+20+4+5=30$

도로망에서 최단 거리로 가는 방법의 수를 바로 구할 수 없을 때는 반드시 거쳐야 하는 지점을 잡아 최단 거리로 가는 방법의 수를 구한다.

025

구하는 서로 다른 항의 개수는 4개의 문자 a, b, c, d에서 5개를 택하는 중복조합의 수와 같으므로
$${}_4H_5={}_{4+5-1}C_5={}_8C_5={}_8C_3$$
$$=\frac{8 \times 7 \times 6}{3 \times 2 \times 1}=56$$

026

무기명으로 투표하는 경우의 수는 서로 다른 2개에서 10개를 택하는 중복조합의 수와 같으므로
$${}_2H_{10}={}_{2+10-1}C_{10}={}_{11}C_{10}={}_{11}C_1=11$$
$\therefore a=11$
또, 기명으로 투표하는 경우의 수는 서로 다른 2개에서 10개를 택하는 중복순열의 수와 같으므로
$${}_2\Pi_{10}=2^{10}=1024$$
$\therefore b=1024$
$\therefore a+b=1035$

 무기명 투표는 어느 유권자가 어느 후보자를 뽑았는지 알 수 없으므로 후보자 중에서 중복을 허용하여 택하는 중복조합으로 생각할 수 있다.

027

1부터 9까지 9개의 자연수 중에서 중복을 허용하여 3개를 택해 작거나 같은 수부터 차례대로 x, y, z의 값으로 정하면 되므로 서로 다른 9개에서 3개를 택하는 중복조합의 수와 같다.
$$\therefore {}_9H_3={}_{9+3-1}C_3={}_{11}C_3$$
$$=\frac{11 \times 10 \times 9}{3 \times 2 \times 1}=165$$

028

세 상자 A, B, C에 담는 인형의 수를 각각 a, b, c라 하자.
$a+b+c=5$이고 $a \geq 1$, $b \geq 1$, $c \geq 1$이므로
$a=a'+1$, $b=b'+1$, $c=c'+1$ (a', b', c'은 음이 아닌 정수)
로 놓으면
$(a'+1)+(b'+1)+(c'+1)=5$
$\therefore a'+b'+c'=2$
따라서 구하는 경우의 수는
$${}_3H_2={}_{3+2-1}C_2={}_4C_2$$
$$=\frac{4 \times 3}{2 \times 1}=6$$

 (i) 세 상자 A, B, C에 인형 5개를 1개, 1개, 3개씩 각각 나누어 담는 경우의 수는
  $$\frac{3!}{2!}=3$$
(ii) 세 상자 A, B, C에 인형 5개를 1개, 2개, 2개씩 각각 나누어 담는 경우의 수는
  $$\frac{3!}{2!}=3$$
(i), (ii)에서 구하는 경우의 수는
$3+3=6$

n명에게 같은 물건 r개를 나누어 줄 때, 한 명에게 적어도 한 개를 나누어 주는 방법의 수는
  $${}_nH_{r-n} \text{ (단, } n \leq r)$$

029

먼저 장미 꽃 5송이, 목화 꽃 3송이를 사고 나머지 7송이의 꽃을
더 사면 된다.
따라서 구하는 경우의 수는 서로 다른 4개에서 7개를 택하는 중복
조합의 수와 같으므로

$$_4H_7={}_{4+7-1}C_7={}_{10}C_7={}_{10}C_3=\frac{10\times9\times8}{3\times2\times1}=120$$

030

$x+y+z+w\le3$에서 x, y, z, w가 모두 음이 아닌 정수이므로
$x+y+z+w=0$ 또는 $x+y+z+w=1$ 또는
$x+y+z+w=2$ 또는 $x+y+z+w=3$

(ⅰ) $x+y+z+w=0$일 때,
　　음이 아닌 정수인 해의 개수는
　　$_4H_0={}_{4+0-1}C_0={}_3C_0=1$

(ⅱ) $x+y+z+w=1$일 때,
　　음이 아닌 정수인 해의 개수는
　　$_4H_1={}_{4+1-1}C_1={}_4C_1=4$

(ⅲ) $x+y+z+w=2$일 때,
　　음이 아닌 정수인 해의 개수는
　　$_4H_2={}_{4+2-1}C_2={}_5C_2=\frac{5\times4}{2\times1}=10$

(ⅳ) $x+y+z+w=3$일 때,
　　음이 아닌 정수인 해의 개수는
　　$_4H_3={}_{4+3-1}C_3={}_6C_3=\frac{6\times5\times4}{3\times2\times1}=20$

이상에서 구하는 해의 개수는
$1+4+10+20=35$

다른 풀이 $x+y+z+w$의 값이 0, 1, 2, 3일 때의 모든 경우의 수는
음이 아닌 정수 k에 대하여 방정식 $x+y+z+w+k=3$에서 k의
값이 0, 1, 2, 3일 때의 모든 경우의 수와 같다.
따라서 서로 다른 5개에서 3개를 택하는 중복조합의 수와 같으므로

$$_5H_3={}_{5+3-1}C_3={}_7C_3=\frac{7\times6\times5}{3\times2\times1}=35$$

031

x, y, z가 홀수인 자연수이므로
$x=2X+1$, $y=2Y+1$, $z=2Z+1$ (X, Y, Z는 음이 아닌 정수)
로 놓으면
$x+y+z=19$에서
$(2X+1)+(2Y+1)+(2Z+1)=19$
$2X+2Y+2Z=16$
$\therefore X+Y+Z=8$
따라서 방정식 $x+y+z=19$를 만족시키는 홀수인 자연수 x, y, z
의 순서쌍 (x, y, z)의 개수는 방정식 $X+Y+Z=8$을 만족시키
는 음이 아닌 정수 X, Y, Z의 순서쌍 (X, Y, Z)의 개수와 같으
므로

$$_3H_8={}_{3+8-1}C_8={}_{10}C_8={}_{10}C_2=\frac{10\times9}{2\times1}=45$$

032

x, y, z는 $x\ge0$, $y\ge1$, $z\ge2$인 정수이므로
$x=X$, $y=Y+1$, $z=Z+2$ (X, Y, Z는 음이 아닌 정수)
로 놓으면 $x+y+z=k$에서
$X+(Y+1)+(Z+2)=k$
$\therefore X+Y+Z=k-3$
즉, 방정식 $x+y+z=k$를 만족시키는 $x\ge0$, $y\ge1$, $z\ge2$인 정수
인 해의 개수는 방정식 $X+Y+Z=k-3$을 만족시키는 음이 아
닌 정수 X, Y, Z의 순서쌍 (X, Y, Z)의 개수와 같으므로

$$\begin{aligned}_3H_{k-3}&={}_{3+(k-3)-1}C_{k-3}\\&={}_{k-1}C_{k-3}={}_{k-1}C_2\end{aligned}$$

이때 순서쌍 (X, Y, Z)의 개수는 순서쌍 (x, y, z)의 개수와 같
으므로

$$\frac{(k-1)(k-2)}{2\times1}=21$$

$k^2-3k+2=42$, $k^2-3k-40=0$
$(k+5)(k-8)=0$
$\therefore k=8$ ($\because k$는 자연수)

033

(ⅰ) $d=1$인 경우
　　$a+b+c+4=12$
　　$\therefore a+b+c=8$
　　a, b, c는 자연수이므로
　　$a=A+1$, $b=B+1$, $c=C+1$ (A, B, C는 음이 아닌 정수)
　　로 놓으면
　　$(A+1)+(B+1)+(C+1)=8$
　　$\therefore A+B+C=5$
　　즉, 방정식 $a+b+c=8$을 만족시키는 자연수 a, b, c의 순서쌍
　　(a, b, c)의 개수는 방정식 $A+B+C=5$를 만족시키는 음이
　　아닌 정수 A, B, C의 순서쌍 (A, B, C)의 개수와 같으므로
　　$_3H_5={}_{3+5-1}C_5={}_7C_5={}_7C_2$
　　　　$=\frac{7\times6}{2\times1}=21$

(ⅱ) $d=2$인 경우
　　$a+b+c+8=12$
　　$\therefore a+b+c=4$
　　a, b, c는 자연수이므로
　　$a=A+1$, $b=B+1$, $c=C+1$ (A, B, C는 음이 아닌 정수)
　　로 놓으면
　　$(A+1)+(B+1)+(C+1)=4$
　　$\therefore A+B+C=1$
　　즉, 방정식 $a+b+c=4$를 만족시키는 자연수 a, b, c의 순서쌍
　　(a, b, c)의 개수는 방정식 $A+B+C=1$을 만족시키는 음이
　　아닌 정수 A, B, C의 순서쌍 (A, B, C)의 개수와 같으므로
　　$_3H_1={}_{3+1-1}C_1={}_3C_1=3$

(ⅰ), (ⅱ)에서 구하는 순서쌍 (a, b, c, d)의 개수는
$21+3=24$

034

조건 (나)에서 $|a^2-b^2|=5$이므로

$a^2-b^2=5$ 또는 $a^2-b^2=-5$

$\therefore (a+b)(a-b)=5$ 또는 $(b+a)(b-a)=5$

이때 a, b는 자연수이므로

(i) $(a+b)(a-b)=5$에서

$\quad a+b=5,\ a-b=1$

$\quad\quad \therefore a=3,\ b=2$

(ii) $(b+a)(b-a)=5$에서

$\quad b+a=5,\ b-a=1$

$\quad\quad \therefore a=2,\ b=3$

(i), (ii)에서 조건 (나)를 만족시키는 자연수 a, b의 값을 정하는 경우의 수는 2이다.

$a+b=5$이므로 조건 (가)의 방정식 $a+b+c+d+e=12$를 만족시키는 순서쌍 (a, b, c, d, e)의 개수는 방정식 $c+d+e=7$을 만족시키는 자연수 c, d, e의 순서쌍 (c, d, e)의 개수와 같다.

이때 $c=c'+1$, $d=d'+1$, $e=e'+1$ (c', d', e'은 음이 아닌 정수)로 놓으면

$c+d+e=7$에서

$(c'+1)+(d'+1)+(e'+1)=7$

$\therefore c'+d'+e'=4$

즉, 조건 (가)를 만족시키는 순서쌍 (a, b, c, d, e)의 개수는 방정식 $c'+d'+e'=4$를 만족시키는 음이 아닌 정수 c', d', e'의 순서쌍 (c', d', e')의 개수와 같으므로

$${}_3H_4={}_{3+4-1}C_4={}_6C_4={}_6C_2=\frac{6\times5}{2\times1}=15$$

따라서 구하는 순서쌍 (a, b, c, d, e)의 개수는

$2\times15=30$

035

노란색 카드가 1장이므로 3가지 색의 카드를 각각 한 장 이상 받는 학생은 1명뿐이다.

노란색 카드 1장을 받을 학생을 택하는 경우의 수는

$\quad {}_3C_1=3$

노란색 카드를 받은 학생에게 파란색 카드 1장을 먼저 나누어 준 후 남은 파란색 카드 1장을 3명에게 나누어 주는 경우의 수는

$\quad {}_3C_1=3$

노란색 카드를 받은 학생에게 빨간색 카드 1장을 먼저 나누어 준 후 남은 빨간색 카드 3장을 3명에게 남김없이 나누어 주는 경우의 수는 서로 다른 3개에서 3개를 택하는 중복조합의 수와 같으므로

$${}_3H_3={}_{3+3-1}C_3={}_5C_3={}_5C_2=\frac{5\times4}{2\times1}=10$$

따라서 구하는 경우의 수는

$3\times3\times10=90$

036

7개의 공을 3개의 바구니에 남김없이 나누어 담는 경우의 수는 서로 다른 3개에서 7개를 택하는 중복조합의 수와 같으므로

$${}_3H_7={}_{3+7-1}C_7={}_9C_7={}_9C_2=\frac{9\times8}{2\times1}=36$$

첫 번째 바구니에 5개 이상의 공을 담는 경우의 수는 먼저 첫 번째 바구니에 5개의 공을 담고 남은 2개의 공을 3개의 바구니에 남김없이 나누어 담는 경우의 수와 같다.

즉, 서로 다른 3개에서 2개를 택하는 중복조합의 수와 같으므로

$${}_3H_2={}_{3+2-1}C_2={}_4C_2=\frac{4\times3}{2\times1}=6$$

마찬가지 방법으로 두 번째 바구니에 5개 이상의 공을 담는 경우의 수도 6이다.

따라서 구하는 경우의 수는

$36-(6+6)=24$

037

$a\le c\le d$이고 $b\le c\le d$이므로 $a\le b\le c\le d$ 또는 $b\le a\le c\le d$인 경우의 수에서 $a=b\le c\le d$인 경우의 수를 빼서 구한다.

(i) $a\le b\le c\le d$인 경우

$\quad a\le b\le c\le d$인 6 이하의 자연수의 순서쌍 (a, b, c, d)의 개수는 서로 다른 6개에서 4개를 택하는 중복조합의 수와 같으므로

$$\quad {}_6H_4={}_{6+4-1}C_4={}_9C_4=\frac{9\times8\times7\times6}{4\times3\times2\times1}=126$$

(ii) $b\le a\le c\le d$인 경우

$\quad b\le a\le c\le d$인 6 이하의 자연수의 순서쌍 (a, b, c, d)의 개수는 서로 다른 6개에서 4개를 택하는 중복조합의 수와 같으므로

$$\quad {}_6H_4={}_{6+4-1}C_4={}_9C_4=\frac{9\times8\times7\times6}{4\times3\times2\times1}=126$$

(iii) $a=b\le c\le d$인 경우

$\quad a=b\le c\le d$인 6 이하의 자연수의 순서쌍 (a, b, c, d)의 개수는 서로 다른 6개에서 3개를 택하는 중복조합의 수와 같으므로

$$\quad {}_6H_3={}_{6+3-1}C_3={}_8C_3=\frac{8\times7\times6}{3\times2\times1}=56$$

이상에서 구하는 순서쌍 (a, b, c, d)의 개수는

$126+126-56=196$

038

집합 X의 4개의 원소 중에서 중복을 허용하여 3개를 택한 후 작거나 같은 수부터 차례대로 집합 X의 원소 2, 3, 4에 대응시키면 된다. 따라서 주어진 조건을 만족시키는 함수의 개수는 서로 다른 4개에서 3개를 택하는 중복조합의 수에 $f(1)$이 가질 수 있는 값의 개수를 곱하면 되므로

$${}_4H_3\times4={}_{4+3-1}C_3\times4={}_6C_3\times4$$
$$=\frac{6\times5\times4}{3\times2\times1}\times4=80$$

039

$f(2)=7$이므로

$f(1)\le7\le f(3)\le f(4)\le f(5)$

$f(1)\le7$이므로 $f(1)$의 값이 될 수 있는 수는 6, 7의 2개

또, $7 \leq f(3) \leq f(4) \leq f(5)$를 만족시키는 $f(3)$, $f(4)$, $f(5)$의 값을 정하는 방법은 집합 Y의 4개의 원소 7, 8, 9, 10 중에서 중복을 허용하여 3개를 택하여 작거나 같은 수부터 차례대로 집합 X의 원소 3, 4, 5에 대응시키면 된다.

이때 이 방법의 수는 서로 다른 4개에서 3개를 택하는 중복조합의 수와 같으므로

$$_4H_3 = _{4+3-1}C_3 = _6C_3 = \frac{6 \times 5 \times 4}{3 \times 2 \times 1} = 20$$

따라서 구하는 함수의 개수는

$$2 \times 20 = 40$$

040

조건 ㈎에서 $f(1) \times f(5) = 6$이고

조건 ㈏에서 $2f(1) \leq 2f(5)$, 즉 $f(1) \leq f(5)$

(i) $f(1) = 1$, $f(5) = 6$인 경우

조건 ㈏에서 $2 \leq f(2) \leq f(3) \leq f(4) \leq 12$

$f(2)$, $f(3)$, $f(4)$의 값을 정하는 방법의 수는 2, 3, 4, 5, 6 중에서 3개를 택하는 중복조합의 수와 같으므로

$$_5H_3 = _{5+3-1}C_3 = _7C_3 = \frac{7 \times 6 \times 5}{3 \times 2 \times 1} = 35$$

$f(6)$의 값을 정하는 방법의 수는 6

즉, 조건을 만족시키는 함수 f의 개수는

$$35 \times 6 = 210$$

(ii) $f(1) = 2$, $f(5) = 3$인 경우

조건 ㈏에서 $4 \leq f(2) \leq f(3) \leq f(4) \leq 6$

$f(2)$, $f(3)$, $f(4)$의 값을 정하는 방법의 수는 4, 5, 6 중에서 3개를 택하는 중복조합의 수와 같으므로

$$_3H_3 = _{3+3-1}C_3 = _5C_3 = _5C_2 = \frac{5 \times 4}{2 \times 1} = 10$$

$f(6)$의 값을 정하는 방법의 수는 6

즉, 조건을 만족시키는 함수 f의 개수는

$$10 \times 6 = 60$$

(i), (ii)에서 구하는 함수 f의 개수는

$$210 + 60 = 270$$

041

(i) 조건 ㈎에서 $f(1) \leq f(2) \leq f(3) \leq f(4)$

이를 만족시키는 함수 f의 개수는 1, 2, 3, 4 중에서 4개를 택하는 중복조합의 수와 같으므로

$$_4H_4 = _{4+4-1}C_4 = _7C_4 = _7C_3 = \frac{7 \times 6 \times 5}{3 \times 2 \times 1} = 35$$

(ii) $f(2) = 3$이면 $f(1) \leq 3 \leq f(3) \leq f(4)$

$f(1)$의 값을 정하는 방법의 수는 1, 2, 3 중에서 1개를 택하는 경우의 수와 같으므로 3

$f(3)$, $f(4)$의 값을 정하는 방법의 수는 3, 4 중에서 2개를 택하는 중복조합의 수와 같으므로

$$_2H_2 = _{2+2-1}C_2 = _3C_2 = _3C_1 = 3$$

따라서 $f(2) = 3$인 함수 f의 개수는

$$3 \times 3 = 9$$

(i), (ii)에서 구하는 함수 f의 개수는

$$35 - 9 = 26$$

● 17쪽

042 17 **043** 30 **044** 10
045 (1) 120 (2) 20 (3) 56

042

(i) 2개 이하의 숫자 중 중복을 허용하여 3개를 택해 일렬로 나열하는 경우

  ㉠ 숫자 1, 2 중 중복을 허용하여 3개를 택해 일렬로 나열하는 경우의 수는 숫자 1, 2 중에서 3개를 택하는 중복순열의 수와 같으므로

  $$_2\Pi_3 = 2^3 = 8$$

  ㉡ 숫자 2, 3 중 중복을 허용하여 3개를 택해 일렬로 나열하는 경우의 수는 숫자 2, 3 중에서 3개를 택하는 중복순열의 수와 같으므로

  $$_2\Pi_3 = 2^3 = 8$$

  ㉢ 숫자 1, 3 중 중복을 허용하여 3개를 택한 후 일렬로 나열하는 경우는 이웃한 두 수의 차가 1 이하가 되지 않으므로 조건을 만족시키지 않는다.

  ㉠, ㉡에서 숫자 2를 3개 택해 일렬로 나열하는 경우가 중복되었으므로 이 경우의 수는

  $$8 + 8 - 1 = 15 \qquad \cdots\cdots ㉮$$

(ii) 숫자 1, 2, 3을 모두 택해 일렬로 나열하는 경우

  1과 3이 이웃하지 않아야 하므로 1, 2, 3 또는 3, 2, 1의 2가지이다. $\qquad \cdots\cdots ㉯$

(i), (ii)에서 구하는 경우의 수는

$$15 + 2 = 17 \qquad \cdots\cdots ㉰$$

채점 기준	배점 비율
㉮ 2개 이하의 숫자 중 중복을 허용하여 3개를 택해 조건에 맞게 일렬로 나열하는 경우의 수 구하기	50 %
㉯ 숫자 1, 2, 3을 모두 택해 조건에 맞게 일렬로 나열하는 경우의 수 구하기	30 %
㉰ 이웃한 두 수의 차가 모두 1 이하가 되도록 나열하는 경우의 수 구하기	20 %

043

일의 자리, 십의 자리, 백의 자리에 소수 3, 7, 7을 나열하는 경우의 수는

$$\frac{3!}{2!} = 3 \qquad \cdots\cdots ㉮$$

나머지 자리에 4, 4, 6, 6, 6을 나열하는 경우의 수는

$$\frac{5!}{2! \, 3!} = 10 \qquad \cdots\cdots ㉯$$

따라서 구하는 경우의 수는
$3 \times 10 = 30$ …… ㉰

채점 기준	배점 비율
㉮ 일, 십, 백의 자리에 소수를 나열하는 경우의 수 구하기	40 %
㉯ 일, 십, 백의 자리를 제외한 자리에 소수가 아닌 수를 나열하는 경우의 수 구하기	40 %
㉰ 일, 십, 백의 자리 숫자가 모두 소수인 경우의 수 구하기	20 %

044

고구마 피자, 새우 피자, 불고기 피자, 치즈 피자 중에서 m개를 주문하는 경우의 수는 서로 다른 4개에서 m개를 택하는 중복조합의 수와 같으므로
$$_4\mathrm{H}_m = {}_{4+m-1}\mathrm{C}_m = {}_{m+3}\mathrm{C}_m = {}_{m+3}\mathrm{C}_3$$
$$= \frac{(m+3)(m+2)(m+1)}{3 \times 2 \times 1} = 84$$
$(m+3)(m+2)(m+1) = 504 = 9 \times 8 \times 7$
$\therefore m = 6$ …… ㉮

고구마 피자, 새우 피자, 불고기 피자, 치즈 피자를 적어도 하나씩 포함하여 6개를 주문하려면 4종류의 피자를 1개씩 주문하고 나머지 2개의 피자를 더 주문하면 된다.
따라서 구하는 경우의 수는 서로 다른 4개에서 2개를 택하는 중복조합의 수와 같으므로
$$_4\mathrm{H}_2 = {}_{4+2-1}\mathrm{C}_2 = {}_5\mathrm{C}_2 = \frac{5 \times 4}{2 \times 1} = 10$$ …… ㉯

채점 기준	배점 비율
㉮ m의 값 구하기	50 %
㉯ 각 종류의 피자를 적어도 하나씩 포함하여 m개를 주문하는 경우의 수 구하기	50 %

045

(1) $f(1)$, $f(2)$, $f(3)$의 값을 정하는 방법은 집합 Y의 6개의 원소 1, 2, 3, 4, 5, 6 중에서 서로 다른 3개를 택하여 집합 X의 원소 1, 2, 3에 대응시키면 된다.
이때 이 방법의 수는 서로 다른 6개에서 3개를 택하는 순열의 수와 같으므로
$$_6\mathrm{P}_3 = 6 \times 5 \times 4 = 120$$ …… ㉮

(2) $f(1) < f(2) < f(3)$을 만족시키는 $f(1)$, $f(2)$, $f(3)$의 값을 정하는 방법은 집합 Y의 6개의 원소 1, 2, 3, 4, 5, 6 중에서 서로 다른 3개를 택하여 작은 수부터 차례대로 집합 X의 원소 1, 2, 3에 대응시키면 된다.
이때 이 방법의 수는 서로 다른 6개에서 3개를 택하는 조합의 수와 같으므로
$$_6\mathrm{C}_3 = \frac{6 \times 5 \times 4}{3 \times 2 \times 1} = 20$$ …… ㉯

(3) $f(1) \leq f(2) \leq f(3)$을 만족시키는 $f(1)$, $f(2)$, $f(3)$의 값을 정하는 방법은 집합 Y의 6개의 원소 1, 2, 3, 4, 5, 6 중에서 중복을 허용하여 3개를 택하여 작거나 같은 수부터 차례대로 집합 X의 원소 1, 2, 3에 대응시키면 된다.

이때 이 방법의 수는 서로 다른 6개에서 3개를 택하는 중복조합의 수와 같으므로
$$_6\mathrm{H}_3 = {}_{6+3-1}\mathrm{C}_3 = {}_8\mathrm{C}_3$$
$$= \frac{8 \times 7 \times 6}{3 \times 2 \times 1} = 56$$ …… ㉰

	채점 기준	배점 비율
(1)	㉮ 일대일함수의 개수 구하기	30 %
(2)	㉯ $f(1)<f(2)<f(3)$을 만족시키는 함수의 개수 구하기	30 %
(3)	㉰ $f(1) \leq f(2) \leq f(3)$을 만족시키는 함수의 개수 구하기	40 %

1등급 비법

집합 $X = \{1, 2, 3, \cdots, r\}$에서 집합 $Y = \{1, 2, 3, \cdots, n\}$ $(r, n$은 자연수$)$로의 함수 f에 대하여 $x_1 \in X$, $x_2 \in X$일 때,
(1) 일대일함수 f의 개수
　⇨ 서로 다른 n개에서 r개를 택하는 순열의 수
　⇨ $_n\mathrm{P}_r$ (단, $n \geq r$)
(2) $x_1 < x_2$이면 $f(x_1) < f(x_2)$를 만족시키는 함수 f의 개수
　⇨ 서로 다른 n개에서 r개를 택하는 조합의 수
　⇨ $_n\mathrm{C}_r$ (단, $n \geq r$)
(3) $x_1 < x_2$이면 $f(x_1) \leq f(x_2)$를 만족시키는 함수 f의 개수
　⇨ 서로 다른 n개에서 r개를 택하는 중복조합의 수
　⇨ $_n\mathrm{H}_r$

1등급 실력 완성   ● 18쪽 ~ 19쪽

046 7	**047** ①	**048** 540	**049** 32	**050** ①
051 ④	**052** ③	**053** ②	**054** 198	

046

중복순열

전략 깃발을 1번, 2번, $\cdots$, n번 들어 올려서 만들 수 있는 신호의 개수를 각각 구해 본다.

풀이 깃발을 1번 들어 올려서 만들 수 있는 신호의 개수는
$$_2\Pi_1 = 2$$
깃발을 2번 들어 올려서 만들 수 있는 신호의 개수는
$$_2\Pi_2 = 2^2$$
같은 방법으로 깃발을 3번, 4번, $\cdots$, n번 들어 올려서 만들 수 있는 신호의 개수는 각각
$$_2\Pi_3 = 2^3, \quad _2\Pi_4 = 2^4, \quad \cdots, \quad _2\Pi_n = 2^n$$
이므로 n번 이하로 들어 올려서 만들 수 있는 신호의 개수는
$$2 + 2^2 + 2^3 + \cdots + 2^n$$
$n = 6$일 때,
$$2 + 2^2 + 2^3 + 2^4 + 2^5 + 2^6 = 126 < 200$$
$n = 7$일 때,
$$2 + 2^2 + 2^3 + 2^4 + 2^5 + 2^6 + 2^7 = 254 > 200$$
따라서 n의 최솟값은 7이다.

047

중복순열

(전략) 전체 경우에서 두 개 이하의 층에서 모두 내리는 경우를 제외한다.

(풀이) (i) 5명이 1층, 2층, 3층에서 모두 내리는 경우의 수는 1층, 2층, 3층 중 5개를 택하는 중복순열의 수와 같으므로

$$_3\Pi_5 = 3^5 = 243$$

(ii) 5명이 한 개의 층에서 모두 내리는 경우의 수는 3

(iii) 5명이 두 개의 층에서 모두 내리고, 두 개의 각 층에서 적어도 한 명 이상 내리는 경우

1층, 2층, 3층 중 두 개의 층을 택하는 경우의 수는

$$_3C_2 = {}_3C_1 = 3$$

5명이 두 개의 층에서 모두 내리는 경우의 수는 두 개의 층 중 5개를 택하는 중복순열의 수와 같으므로

$$_2\Pi_5 = 2^5 = 32$$

5명이 두 개의 층 중 한 개의 층에서 모두 내리는 경우의 수는 2

따라서 이 경우의 수는

$$3 \times (32 - 2) = 90$$

이상에서 구하는 경우의 수는

$$243 - (3 + 90) = 150$$

(다른 풀이) 각 층에서 적어도 한 명씩은 내리는 경우는 다음과 같다.

(i) 1명, 1명, 3명이 내리는 경우

5명을 1명, 1명, 3명으로 모둠을 나누는 경우의 수는

$$_5C_1 \times {}_4C_1 \times {}_3C_3 \times \frac{1}{2} = 5 \times 4 \times 1 \times \frac{1}{2}$$
$$= 10$$

세 모둠이 1층, 2층, 3층에 나누어 내리는 경우의 수는

$$3! = 6$$

즉, 이 경우의 수는

$$10 \times 6 = 60$$

(ii) 2명, 2명, 1명이 내리는 경우

5명을 2명, 2명, 1명으로 모둠을 나누는 경우의 수는

$$_5C_2 \times {}_3C_2 \times {}_1C_1 \times \frac{1}{2} = \frac{5 \times 4}{2 \times 1} \times 3 \times 1 \times \frac{1}{2}$$
$$= 15$$

세 모둠이 1층, 2층, 3층에 나누어 내리는 경우의 수는

$$3! = 6$$

즉, 이 경우의 수는

$$15 \times 6 = 90$$

(i), (ii)에서 구하는 경우의 수는

$$60 + 90 = 150$$

048

중복순열: 함수의 개수

(전략) 치역과 공역이 같은 경우는 집합 X의 원소가 집합 Y의 원소 a, b, c에 모두 대응하는 경우임을 이용한다.

(풀이) X에서 Y로의 함수는 집합 Y의 원소 a, b, c에서 중복을 허용하여 6개를 뽑아 집합 X의 원소 1, 2, 3, 4, 5, 6에 대응시키면 된다.

따라서 X에서 Y로의 함수 f의 개수는 서로 다른 3개에서 6개를 택하는 중복순열의 수와 같으므로

$$_3\Pi_6 = 3^6 = 729$$

(i) 치역의 원소가 2개인 경우

치역이 $\{a, b\}$인 함수의 개수는 치역의 원소 a, b의 2개에서 6개를 택하는 중복순열의 수에서 치역이 $\{a\}$ 또는 $\{b\}$인 함수의 개수를 뺀 것과 같으므로

$$_2\Pi_6 - 2 = 2^6 - 2 = 62$$

치역이 $\{b, c\}$, $\{a, c\}$인 함수의 개수도 각각 62이므로 치역의 원소가 2개인 함수의 개수는

$$62 \times 3 = 186$$

(ii) 치역의 원소가 1개인 경우

치역이 $\{a\}$ 또는 $\{b\}$ 또는 $\{c\}$인 함수의 개수는 3

(i), (ii)에서 구하는 함수의 개수는

$$729 - (186 + 3) = 540$$

(참고) 치역과 공역이 같다는 것은 집합 Y의 각 원소마다 대응되는 집합 X의 원소가 반드시 있다는 뜻이다.

049

중복순열: 함수의 개수

(전략) $x = 1$, 2일 때의 순서쌍 $(f(x), f(-x))$를 구한다.

(풀이) 조건 (가)에서

$$|f(x) + f(-x)| = 2 \qquad \cdots\cdots \ \bigcirc$$

$\bigcirc$에 $x = 0$을 대입하면

$$|f(0)| = 1$$

즉, $f(0) = 1$ 또는 $f(0) = -1$의 2가지

$\bigcirc$에 $x = 1$, 2를 각각 대입하면

$$|f(1) + f(-1)| = 2, \ |f(2) + f(-2)| = 2$$

조건 (나)에서 $f(1) \geq 0$, $f(2) \geq 0$이므로 순서쌍 $(f(1), f(-1))$, $(f(2), f(-2))$는 $(0, -2)$, $(0, 2)$, $(1, 1)$, $(2, 0)$ 중 하나이다.

따라서 $f(-2)$, $f(-1)$, $f(1)$, $f(2)$의 값을 정하는 방법의 수는 4개의 순서쌍 $(0, -2)$, $(0, 2)$, $(1, 1)$, $(2, 0)$ 중에서 2개를 택하는 중복순열의 수와 같으므로

$$_4\Pi_2 = 4^2 = 16$$

따라서 구하는 함수 f의 개수는

$$2 \times 16 = 32$$

050

같은 것이 있는 순열

(전략) ★ 모양의 스티커의 장수를 기준으로 4장의 스티커를 고르는 경우를 파악해 본다.

(풀이) ★ 모양의 스티커가 3장, ♥ 모양의 스티커가 1장, ♣ 모양의 스티커가 2장이므로

(i) ★, ★, ★, ♥를 골라 배열하는 경우의 수는

$$\frac{4!}{3!} = 4$$

(ii) ★, ★, ★, ♣를 골라 배열하는 경우의 수는

$$\frac{4!}{3!}=4$$

(iii) ★, ★, ♥, ♣를 골라 배열하는 경우의 수는

$$\frac{4!}{2!}=12$$

(iv) ★, ★, ♣, ♣를 골라 배열하는 경우의 수는

$$\frac{4!}{2!\times2!}=6$$

(v) ★, ♥, ♣, ♣를 골라 배열하는 경우의 수는

$$\frac{4!}{2!}=12$$

이상에서 구하는 모든 배열의 수는

$$4+4+12+6+12=38$$

051

같은 것이 있는 순열

(전략) 점 P가 상($\uparrow$), 하($\downarrow$), 좌($\leftarrow$), 우($\rightarrow$)로 움직이는 횟수를 각각 a, b, c, d로 놓고 관계식을 구한다.

(풀이) 점 P가 상($\uparrow$), 하($\downarrow$), 좌($\leftarrow$), 우($\rightarrow$)로 움직이는 횟수를 각각 a, b, c, d (a, b, c, d는 음이 아닌 정수)로 놓으면

$$a+b+c+d=7,$$
$$a-b=1,$$
$$-c+d=-2$$

위의 세 식에서 b, c, d를 각각 a에 대한 식으로 나타내면

$$b=a-1,\ c=5-a,\ d=3-a \qquad \cdots\cdots ㉠$$

(i) $a=1$인 경우

㉠을 만족시키는 b, c, d의 값은 $b=0$, $c=4$, $d=2$이므로
$\uparrow$, $\leftarrow$, $\leftarrow$, $\leftarrow$, $\leftarrow$, $\rightarrow$, $\rightarrow$로 이동하는 경우의 수는

$$\frac{7!}{4!\times2!}=105$$

(ii) $a=2$인 경우

㉠을 만족시키는 b, c, d의 값은 $b=1$, $c=3$, $d=1$이므로
$\uparrow$, $\uparrow$, $\downarrow$, $\leftarrow$, $\leftarrow$, $\leftarrow$, $\rightarrow$로 이동하는 경우의 수는

$$\frac{7!}{2!\times3!}=420$$

(iii) $a=3$인 경우

㉠을 만족시키는 b, c, d의 값은 $b=2$, $c=2$, $d=0$이므로
$\uparrow$, $\uparrow$, $\uparrow$, $\downarrow$, $\downarrow$, $\leftarrow$, $\leftarrow$로 이동하는 경우의 수는

$$\frac{7!}{3!\times2!\times2!}=210$$

이상에서 구하는 경우의 수는

$$105+420+210=735$$

(참고) $a-b=1$에서 $b=a-1$

$b=a-1$을 $a+b+c+d=7$에 대입하면

$$a+(a-1)+c+d=7$$
$$\therefore c+d=8-2a$$

$c+d=8-2a$와 $-c+d=-2$를 연립하여 c, d를 각각 a에 대한 식으로 나타내면

$$c=5-a,\ d=3-a$$

052

중복조합

(전략) 조건 (개), (내를 만족시키는 경우에서 a, b, c, d, e가 모두 홀수인 경우를 제외한다.

(풀이) 구하는 순서쌍 (a, b, c, d, e)의 개수는 조건 (개), (내를 만족시키는 순서쌍 (a, b, c, d, e)에서 a, b, c, d, e가 모두 홀수인 순서쌍 (a, b, c, d, e)를 제외한 것의 개수와 같다.

(i) $a+b+c+d+e=9$이고 $a+b$는 짝수인 경우

$c=c'+1$, $d=d'+1$, $e=e'+1$ (c', d', e'은 음이 아닌 정수)로 놓으면

$$a+b+(c'+1)+(d'+1)+(e'+1)=9$$
$$\therefore a+b+c'+d'+e'=6$$

㉠ $a+b=2$인 경우

이를 만족시키는 순서쌍 (a, b)는 $(1, 1)$의 1가지이고,
$c'+d'+e'=4$인 순서쌍 (c', d', e')의 개수는

$$_3H_4={}_{3+4-1}C_4={}_6C_4={}_6C_2$$
$$=\frac{6\times5}{2\times1}=15$$

즉, 이 경우의 수는

$$1\times15=15$$

㉡ $a+b=4$인 경우

이를 만족시키는 순서쌍 (a, b)는 $(1, 3)$, $(2, 2)$, $(3, 1)$의 3가지이고,
$c'+d'+e'=2$인 순서쌍 (c', d', e')의 개수는

$$_3H_2={}_{3+2-1}C_2={}_4C_2$$
$$=\frac{4\times3}{2\times1}=6$$

즉, 이 경우의 수는

$$3\times6=18$$

㉢ $a+b=6$인 경우

이를 만족시키는 순서쌍 (a, b)는 $(1, 5)$, $(2, 4)$, $(3, 3)$, $(4, 2)$, $(5, 1)$의 5가지이고,
$c'+d'+e'=0$인 순서쌍 (c', d', e')의 개수는 1이다.

즉, 이 경우의 수는

$$5\times1=5$$

이상에서 조건 (개), (내를 만족시키는 순서쌍 (a, b, c, d, e)의 개수는

$$15+18+5=38$$

(ii) $a+b+c+d+e=9$이고 a, b, c, d, e가 모두 홀수인 경우

$a=2a'+1$, $b=2b'+1$, $c=2c'+1$, $d=2d'+1$, $e=2e'+1$
(a', b', c', d', e'은 음이 아닌 정수)로 놓으면

$$(2a'+1)+(2b'+1)+(2c'+1)+(2d'+1)+(2e'+1)=9$$
$$\therefore a'+b'+c'+d'+e'=2$$

이를 만족시키는 순서쌍 (a', b', c', d', e')의 개수는

$$_5H_2={}_{5+2-1}C_2={}_6C_2$$
$$=\frac{6\times5}{2\times1}=15$$

(i), (ii)에서 구하는 순서쌍 (a, b, c, d, e)의 개수는

$$38-15=23$$

참고 (ii)에서 a, b, c, d, e가 모두 홀수이면 $a+b$는 항상 짝수이므로 조건 (나)가 성립하는지는 확인하지 않아도 된다.

053

중복조합

전략 $a_1 \leq a_2 \leq a_3 \leq a_4 \leq a_5$인 경우에서 $a_1 = a_2 \leq a_3 \leq a_4 \leq a_5$ 또는 $a_1 \leq a_2 \leq a_3 = a_4 \leq a_5$인 경우를 제외한다.

풀이 (i) $a_1 \leq a_2 \leq a_3 \leq a_4 \leq a_5$를 만족시키는 경우

1, 2, 3, 4, 5, 6 중에서 중복을 허용하여 5개를 택해 작거나 같은 수부터 차례대로 a_1, a_2, a_3, a_4, a_5의 값으로 정하면 되므로 그 경우의 수는

$$_6H_5 = {_{6+5-1}C_5} = {_{10}C_5}$$
$$= \frac{10 \times 9 \times 8 \times 7 \times 6}{5 \times 4 \times 3 \times 2 \times 1} = 252$$

(ii) $a_1 = a_2 \leq a_3 \leq a_4 \leq a_5$를 만족시키는 경우

1, 2, 3, 4, 5, 6 중에서 중복을 허용하여 4개를 택해 작거나 같은 수부터 차례대로 a_1, a_3, a_4, a_5의 값으로 정하면 되므로 그 경우의 수는

$$_6H_4 = {_{6+4-1}C_4} = {_9C_4}$$
$$= \frac{9 \times 8 \times 7 \times 6}{4 \times 3 \times 2 \times 1} = 126$$

(iii) $a_1 \leq a_2 \leq a_3 = a_4 \leq a_5$를 만족시키는 경우

(ii)와 마찬가지 방법으로 경우의 수는 126

(iv) $a_1 = a_2 \leq a_3 = a_4 \leq a_5$를 만족시키는 경우

1, 2, 3, 4, 5, 6 중에서 중복을 허용하여 3개를 택해 작거나 같은 수부터 차례대로 a_1, a_3, a_5의 값으로 정하면 되므로 그 경우의 수는

$$_6H_3 = {_{6+3-1}C_3} = {_8C_3}$$
$$= \frac{8 \times 7 \times 6}{3 \times 2 \times 1} = 56$$

이상에서 구하는 경우의 수는

$$252 - (126 + 126 - 56) = 56$$

054

중복조합: 함수의 개수

전략 $f(2) - f(1)$의 값을 기준으로 경우를 나누어 함수 f의 개수를 구한다.

풀이 조건 (가)의 각 변에서 $f(1)$을 빼면

$$0 \leq f(2) - f(1) \leq f(3) \leq f(4)$$

조건 (나)에서 $f(1) + f(2)$가 짝수이므로 $f(1)$과 $f(2)$는 모두 홀수이거나 모두 짝수이다.

즉, $f(2) - f(1)$은 0 또는 2 또는 4이다.

(i) $f(2) - f(1) = 0$인 경우

순서쌍 $(f(1), f(2))$는 $(1, 1)$, $(2, 2)$, $(3, 3)$, $(4, 4)$, $(5, 5)$, $(6, 6)$ 중 하나이고,

$0 \leq f(3) \leq f(4)$이므로 순서쌍 $(f(3), f(4))$의 개수는

$$_6H_2 = {_{6+2-1}C_2} = {_7C_2}$$
$$= \frac{7 \times 6}{2 \times 1} = 21$$

즉, 함수 f의 개수는

$$6 \times 21 = 126$$

(ii) $f(2) - f(1) = 2$인 경우

순서쌍 $(f(1), f(2))$는 $(1, 3)$, $(2, 4)$, $(3, 5)$, $(4, 6)$ 중 하나이고,

$2 \leq f(3) \leq f(4)$이므로 순서쌍 $(f(3), f(4))$의 개수는

$$_5H_2 = {_{5+2-1}C_2} = {_6C_2}$$
$$= \frac{6 \times 5}{2 \times 1} = 15$$

즉, 함수 f의 개수는

$$4 \times 15 = 60$$

(iii) $f(2) - f(1) = 4$인 경우

순서쌍 $(f(1), f(2))$는 $(1, 5)$, $(2, 6)$ 중 하나이고,

$4 \leq f(3) \leq f(4)$이므로 순서쌍 $(f(3), f(4))$의 개수는

$$_3H_2 = {_{3+2-1}C_2} = {_4C_2}$$
$$= \frac{4 \times 3}{2 \times 1} = 6$$

즉, 함수 f의 개수는

$$2 \times 6 = 12$$

이상에서 구하는 함수 f의 개수는

$$126 + 60 + 12 = 198$$

● 20쪽

055 345　　**056** ①　　**057** 90

055

중복순열

1단계 꽃과 초콜릿을 3명의 학생에게 남김없이 나누어 주는 경우의 수를 구한다.

(i) 꽃과 초콜릿을 3명의 학생에게 남김없이 나누어 주는 경우

㉠ 같은 종류의 초콜릿 2개를 3명에게 남김없이 나누어 주는 경우

같은 종류의 초콜릿 2개를 1명에게 남김없이 나누어 주는 경우의 수는 3

같은 종류의 초콜릿 2개를 2명에게 한 개씩 나누어 주는 경우의 수는

$$_3C_2 = {_3C_1} = 3$$

즉, 이 경우의 수는

$$3 + 3 = 6$$

㉡ 서로 다른 종류의 꽃 4송이를 3명에게 남김없이 나누어 주는 경우

서로 다른 3개에서 4개를 택하는 중복순열의 수와 같으므로

$$_3\Pi_4 = 3^4 = 81$$

㉠, ㉡에서 꽃과 초콜릿을 3명의 학생에게 남김없이 나누어 주는 경우의 수는
$$6 \times 81 = 486$$

(2단계) 꽃과 초콜릿을 2명 이하의 학생에게 남김없이 나누어 주는 경우의 수를 구한다.

(ii) 꽃과 초콜릿을 1명의 학생에게 남김없이 나누어 주는 경우의 수는 3

(iii) 꽃과 초콜릿을 2명의 학생에게 남김없이 나누어 주는 경우
3명 중 꽃과 초콜릿을 받는 2명을 택하는 경우의 수는
$$_3C_2 = {_3C_1} = 3$$
같은 종류의 초콜릿 2개를 2명에게 남김없이 나누어 주는 경우의 수는 2명에게 1개씩 나누어 주거나 1명에게 모두 주어야 하므로
$$1 + {_2C_1} = 1 + 2 = 3$$
서로 다른 종류의 꽃 4송이를 2명에게 남김없이 나누어 주는 경우의 수는 서로 다른 2개에서 4개를 택하는 중복순열의 수와 같으므로
$$_2\Pi_4 = 2^4 = 16$$
2명 중 1명에게 꽃과 초콜릿을 모두 주는 경우의 수는 2
즉, 이 경우의 수는
$$3 \times (3 \times 16 - 2) = 138$$

(3단계) 주어진 조건을 만족시키는 경우의 수를 구한다.
이상에서 구하는 경우의 수는
$$486 - (3 + 138) = 345$$

056

중복조합

(1단계) [그림 2]와 같은 타블로에서 열을 채우는 경우의 수를 구한다.
[그림 2]와 같은 타블로에서 아래로 가면 숫자가 커지도록 하나의 열을 채우는 경우는 다음 그림과 같이 4가지가 있다.

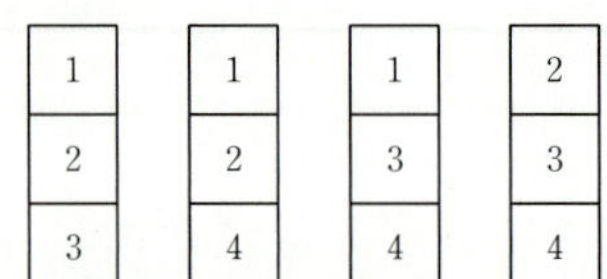

(2단계) 만들 수 있는 모든 타블로의 개수를 구한다.
오른쪽으로 가면 숫자가 커지거나 같으므로 이 4가지 열 중에서 중복을 허용하여 3개를 택한 후 순서대로 배열하면 타블로가 완성된다.
따라서 구하는 타블로의 개수는
$$_4H_3 = {_{4+3-1}C_3} = {_6C_3}$$
$$= \frac{6 \times 5 \times 4}{3 \times 2 \times 1} = 20$$

057

중복조합: 함수의 개수

(1단계) 조건 (나), (다)를 만족시키는 순서쌍 (a, b)를 구한다.
조건 (다)를 만족시키는 a, b에 대하여 $a < b$라 하자.
$a \in \{1, 2, 3\}$, $b \in \{1, 2, 3\}$이면 $f(a) > f(b)$이므로 조건 (가)를 만족시키지 않는다.

즉, 가능한 순서쌍 (a, b)는
$$(1, 4), (1, 5), (2, 4), (2, 5), (3, 4), (3, 5), (4, 5)$$
이 중 조건 (나)를 만족시키는 순서쌍은
$$(2, 5), (3, 4), (3, 5), (4, 5)$$

(2단계) 각 경우에 대한 함수 f의 개수를 구한다.

(i) $f(2) = 5$, $f(5) = 2$인 경우
조건 (가)를 만족시키도록 $f(1)$, $f(3)$의 값을 정하는 방법의 수는
$$_5C_1 \times {_1C_1} = 5 \times 1 = 5$$
조건 (나)를 만족시키도록 $f(4)$의 값을 정하는 방법의 수는
$$_3C_1 = 3$$
즉, 함수 f의 개수는
$$5 \times 3 = 15$$

(ii) $f(3) = 4$, $f(4) = 3$인 경우
조건 (가)를 만족시키도록 $f(1)$, $f(2)$의 값을 정하는 방법의 수는
$$_4H_2 = {_{4+2-1}C_2} = {_5C_2}$$
$$= \frac{5 \times 4}{2 \times 1}$$
$$= 10$$
조건 (나)에서
$$f(5) = 2$$
즉, 함수 f의 개수는
$$10 \times 1 = 10$$

이때 $f(2) = 5$, $f(5) = 2$이고 $f(3) = 4$, $f(4) = 3$이면 조건 (가)를 만족시키지 않으므로 (i)과 (ii)의 경우에서 중복되는 경우는 없다.

(iii) $f(3) = 5$, $f(5) = 3$인 경우
조건 (가)를 만족시키도록 $f(1)$, $f(2)$의 값을 정하는 방법의 수는
$$_5H_2 = {_{5+2-1}C_2} = {_6C_2}$$
$$= \frac{6 \times 5}{2 \times 1} = 15$$
조건 (나)를 만족시키도록 $f(4)$의 값을 정하는 방법의 수는
$$_2C_1 = 2$$
즉, 함수 f의 개수는
$$15 \times 2 = 30$$

(iv) $f(4) = 5$, $f(5) = 4$인 경우
조건 (가)를 만족시키도록 $f(1)$, $f(2)$, $f(3)$의 값을 정하는 방법의 수는
$$_5H_3 = {_{5+3-1}C_3} = {_7C_3}$$
$$= \frac{7 \times 6 \times 5}{3 \times 2 \times 1} = 35$$

(3단계) 주어진 조건을 만족시키는 함수 f의 개수를 구한다.
이상에서 구하는 함수 f의 개수는
$$15 + 10 + 30 + 35 = 90$$

유형 분석 기출 ● 22쪽 ~ 23쪽

058 ④	**059** 6	**060** ②	**061** ②	**062** ③
063 ③	**064** 2	**065** ②	**066** 20	**067** ②
068 ③	**069** ③			

058

$(x-3y)^5$의 전개식의 일반항은

$_5\mathrm{C}_r\,x^{5-r}(-3y)^r=\,_5\mathrm{C}_r(-3)^r x^{5-r}y^r$

x^3y^2항은 $r=2$일 때이므로 x^3y^2의 계수는

$_5\mathrm{C}_2\times(-3)^2=10\times9=90$

059

$(1+x^2)^n$의 전개식의 일반항은

$_n\mathrm{C}_r(x^2)^r=\,_n\mathrm{C}_r\,x^{2r}$

x^4항은 $2r=4$일 때이므로

$r=2$

이때 x^4의 계수가 15이므로

$_n\mathrm{C}_2=15$

$\dfrac{n(n-1)}{2}=15$

$n^2-n-30=0$

$(n+5)(n-6)=0$

$\therefore n=6\ (\because n$은 자연수$)$

060

$(x+2)^n$의 전개식의 일반항은

$_n\mathrm{C}_r\,2^{n-r}x^r$

x^2항은 $r=2$일 때이므로

$_n\mathrm{C}_2\,2^{n-2}x^2$

x^3항은 $r=3$일 때이므로

$_n\mathrm{C}_3\,2^{n-3}x^3$

x^2의 계수와 x^3의 계수가 같으므로

$_n\mathrm{C}_2\,2^{n-2}=\,_n\mathrm{C}_3\,2^{n-3}$

$2\,_n\mathrm{C}_2=\,_n\mathrm{C}_3$

$2\times\dfrac{n(n-1)}{2}=\dfrac{n(n-1)(n-2)}{3\times2\times1}$

양변을 $n(n-1)$로 나누면

$1=\dfrac{n-2}{6}$

$\therefore n=8$

061

$\left(x+\dfrac{1}{x}\right)^4$의 전개식의 일반항은

$_4\mathrm{C}_r\,x^{4-r}\left(\dfrac{1}{x}\right)^r=\,_4\mathrm{C}_r\,\dfrac{x^{4-r}}{x^r}$ ...... ㉠

이때

$(x^2+2x-3)\left(x+\dfrac{1}{x}\right)^4$

$=x^2\left(x+\dfrac{1}{x}\right)^4+2x\left(x+\dfrac{1}{x}\right)^4-3\left(x+\dfrac{1}{x}\right)^4$

이므로 이 전개식에서 상수항은 x^2과 ㉠의 $\dfrac{1}{x^2}$항, $2x$와 ㉠의 $\dfrac{1}{x}$항, -3과 ㉠의 상수항이 곱해질 때 나타난다.

(i) ㉠에서 $\dfrac{1}{x^2}$항은 $r-(4-r)=2$일 때이므로

$r=3$

따라서 ㉠의 $\dfrac{1}{x^2}$항은

$_4\mathrm{C}_3\times\dfrac{1}{x^2}=\dfrac{4}{x^2}$

(ii) ㉠에서 $\dfrac{1}{x}$항은 $r-(4-r)=1$일 때이므로

$r=\dfrac{5}{2}$

그런데 r은 $0\le r\le4$인 정수이므로 ㉠의 $\dfrac{1}{x}$항은 존재하지 않는다.

(iii) ㉠에서 상수항은 $4-r=r$일 때이므로

$r=2$

따라서 ㉠의 상수항은

$_4\mathrm{C}_2=6$

이상에서 구하는 상수항은

$x^2\times\dfrac{4}{x^2}+(-3)\times6=-14$

062

$(1-x)^7$의 전개식의 일반항은

$_7\mathrm{C}_r(-x)^r=\,_7\mathrm{C}_r(-1)^r x^r$

$(a+x)^3$의 전개식의 일반항은

$_3\mathrm{C}_s\,a^{3-s}x^s$

따라서 $(1-x)^7(a+x)^3$의 전개식의 일반항은

$_7\mathrm{C}_r(-1)^r x^r\times\,_3\mathrm{C}_s\,a^{3-s}x^s=\,_7\mathrm{C}_r\times\,_3\mathrm{C}_s(-1)^r a^{3-s}x^{r+s}$

이때 x^2항은

$r+s=2\ (r,\,s$는 $0\le r\le7,\ 0\le s\le3$인 정수$)$

일 때이므로 이를 만족시키는 $r,\,s$의 순서쌍 $(r,\,s)$는

$(0,\,2),\,(1,\,1),\,(2,\,0)$

즉, x^2의 계수는

$_7\mathrm{C}_0\times\,_3\mathrm{C}_2(-1)^0 a^1+\,_7\mathrm{C}_1\times\,_3\mathrm{C}_1(-1)^1 a^2+\,_7\mathrm{C}_2\times\,_3\mathrm{C}_0(-1)^2 a^3$

$=3a-21a^2+21a^3$

이때 x^2의 계수가 3이므로

$3a-21a^2+21a^3=3$

$3(a-1)(7a^2+1)=0$

$\therefore a=1\ (\because a$는 실수$)$

참고 이차방정식 $7a^2+1=0$의 판별식을 D라 하면

$D=0^2-4\times7\times1=-28<0$

이므로 이 이차방정식은 서로 다른 두 허근을 갖는다.

063

$_nC_0+_nC_1+_nC_2+\cdots+_nC_n=2^n$이므로
$_nC_1+_nC_2+_nC_3+\cdots+_nC_n=2^n-_nC_0$
$\qquad\qquad\qquad\qquad\qquad=2^n-1$
따라서 주어진 부등식에서
$500<2^n-1<1000$
$\therefore 501<2^n<1001$
이때 $2^8=256,\ 2^9=512,\ 2^{10}=1024$이므로
$n=9$

064

$_{20}C_0-_{20}C_1+_{20}C_2-_{20}C_3+\cdots-_{20}C_{19}+_{20}C_{20}=0$이므로
$_{20}C_0-(_{20}C_1-_{20}C_2+_{20}C_3-\cdots+_{20}C_{19})+_{20}C_{20}=0$
$\therefore {}_{20}C_1-_{20}C_2+_{20}C_3-\cdots+_{20}C_{19}=_{20}C_0+_{20}C_{20}$
$\qquad\qquad\qquad\qquad\qquad\qquad\qquad\quad=1+1=2$

다른 풀이 $_{20}C_1-_{20}C_2+_{20}C_3-\cdots+_{20}C_{19}$
$=(_{20}C_1+_{20}C_3+\cdots+_{20}C_{19})-(_{20}C_2+_{20}C_4+\cdots+_{20}C_{18})$
$=(_{20}C_1+_{20}C_3+\cdots+_{20}C_{19})$
$\qquad\qquad-(_{20}C_0+_{20}C_2+\cdots+_{20}C_{20})+(_{20}C_0+_{20}C_{20})$
$=2^{20-1}-2^{20-1}+(1+1)$
$=2$

065

원소의 개수가
2인 부분집합의 개수는 $_{10}C_2$
4인 부분집합의 개수는 $_{10}C_4$
6인 부분집합의 개수는 $_{10}C_6$
8인 부분집합의 개수는 $_{10}C_8$
10인 부분집합의 개수는 $_{10}C_{10}$
이때 $_{10}C_0+_{10}C_2+_{10}C_4+_{10}C_6+_{10}C_8+_{10}C_{10}=2^{10-1}=2^9$이므로 구하는 부분집합의 개수는
$_{10}C_2+_{10}C_4+_{10}C_6+_{10}C_8+_{10}C_{10}=2^9-_{10}C_0$
$\qquad\qquad\qquad\qquad\qquad\qquad=512-1=511$

066

$_nC_0+_nC_1+_nC_2+_nC_3+\cdots+_nC_n=2^n$이므로
$_nC_1+_nC_2+_nC_3+\cdots+_nC_n=2^n-1$
$\therefore f(n)=\dfrac{_nC_1+_nC_2+_nC_3+\cdots+_nC_n}{3}$
$\qquad\quad=\dfrac{2^n-1}{3}$
$f(n)$이 자연수가 되려면 2^n-1이 3의 배수이어야 하므로 가능한 한 자리 자연수 n의 값은
2, 4, 6, 8
따라서 구하는 모든 한 자리 자연수 n의 값의 합은
$2+4+6+8=20$

067

$_2C_0+_3C_1+_4C_2+\cdots+_{10}C_8$
$=_3C_0+_3C_1+_4C_2+\cdots+_{10}C_8\ (\because {}_2C_0=_3C_0=1)$
$=_4C_1+_4C_2+_5C_3+\cdots+_{10}C_8$
$=_5C_2+_5C_3+\cdots+_{10}C_8$
$\qquad\qquad\vdots$
$=_{10}C_7+_{10}C_8$
$=_{11}C_8=_{11}C_3=165$

1등급 비법

파스칼의 삼각형에서 각 단계의 첫 번째 또는 마지막 수인 1에서 시작하여 대각선 방향으로 배열된 n개의 수를 더한 값은 그 다음 단계의 n번째 수와 같다.
이를 파스칼의 삼각형에 표시하면 다음 그림과 같이 하키 스틱처럼 보인다고 하여 '하키 스틱 패턴'이라 한다.

068

$_5C_0+_6C_1+_7C_2+\cdots+_{25}C_{20}$
$=_6C_0+_6C_1+_7C_2+\cdots+_{25}C_{20}\ (\because {}_5C_0=_6C_0=1)$
$=_7C_1+_7C_2+\cdots+_{25}C_{20}$
$\qquad\qquad\vdots$
$=_{25}C_{19}+_{25}C_{20}=_{26}C_{20}$
$\therefore n=26$

069

다항식 $(x+1)^2+(x+1)^3+(x+1)^4+\cdots+(x+1)^{10}$의 전개식에서 x^2의 계수는
$_2C_2+_3C_2+_4C_2+\cdots+_{10}C_2$
$=_3C_3+_3C_2+_4C_2+\cdots+_{10}C_2\ (\because {}_2C_2=_3C_3=1)$
$=_4C_3+_4C_2+_5C_2+\cdots+_{10}C_2$
$=_5C_3+_5C_2+\cdots+_{10}C_2$
$\qquad\qquad\vdots$
$=_{10}C_3+_{10}C_2=_{11}C_3$

내신 적중 서술형   ● 24쪽

070 540　　**071** (1) 2　(2) 60　　**072** 21
073 $n=20,\ r=10$

070

$(x+3)^5$의 전개식의 일반항은

$$_5\mathrm{C}_r\,3^{5-r}x^r \qquad\qquad \cdots\cdots \text{㉮}$$

x항은 $r=1$일 때이므로

$$_5\mathrm{C}_1\,3^4x=405x$$

x^2항은 $r=2$일 때이므로

$$_5\mathrm{C}_2\,3^3x^2=270x^2 \qquad\qquad \cdots\cdots \text{㉯}$$

따라서 다항식 $(2x-1)(x+3)^5$의 전개식에서 x^2의 계수는

$$2\times405+(-1)\times270=540 \qquad\qquad \cdots\cdots \text{㉰}$$

채점 기준	배점 비율
㉮ $(x+3)^5$의 전개식의 일반항 구하기	30 %
㉯ $(x+3)^5$의 전개식에서 x항과 x^2항 구하기	40 %
㉰ $(2x-1)(x+3)^5$의 전개식에서 x^2의 계수 구하기	30 %

071

(1) $\left(ax-\dfrac{1}{x}\right)^6$의 전개식의 일반항은

$$_6\mathrm{C}_r(ax)^{6-r}\left(-\frac{1}{x}\right)^r={}_6\mathrm{C}_r(-1)^r a^{6-r}\frac{x^{6-r}}{x^r} \qquad \cdots\cdots \text{㉮}$$

상수항은 $6-r=r$일 때이므로 $r=3$

즉, 상수항은 $_6\mathrm{C}_3(-1)^3a^3=-20a^3$

이때 상수항이 -160이므로

$$-20a^3=-160$$
$$20(a-2)(a^2+2a+4)=0$$
$$\therefore a=2\ (\because a\text{는 실수}) \qquad\qquad \cdots\cdots \text{㉯}$$

(2) $\left(2x-\dfrac{1}{x}\right)^6$의 전개식에서 $\dfrac{1}{x^2}$항은 $r-(6-r)=2$일 때이므로

$$r=4$$

따라서 구하는 $\dfrac{1}{x^2}$의 계수는

$$_6\mathrm{C}_4\times(-1)^4\times2^2=15\times1\times4=60 \qquad \cdots\cdots \text{㉰}$$

	채점 기준	배점 비율
(1)	㉮ $\left(ax-\dfrac{1}{x}\right)^6$의 전개식의 일반항 구하기	30 %
	㉯ a의 값 구하기	40 %
(2)	㉰ $\dfrac{1}{x^2}$의 계수 구하기	30 %

참고　이차방정식 $a^2+2a+4=0$의 판별식을 D라 하면

$$\frac{D}{4}=1^2-1\times4=-3<0$$

이므로 이 이차방정식은 서로 다른 두 허근을 갖는다.

072

$$_{10}\mathrm{C}_1+3\times{}_{10}\mathrm{C}_2+3^2\times{}_{10}\mathrm{C}_3+\cdots+3^9\times{}_{10}\mathrm{C}_{10}$$
$$=\frac{1}{3}(3\times{}_{10}\mathrm{C}_1+3^2\times{}_{10}\mathrm{C}_2+3^3\times{}_{10}\mathrm{C}_3+\cdots+3^{10}\times{}_{10}\mathrm{C}_{10})$$
$$=\frac{1}{3}\{(1+3)^{10}-1\}$$
$$=\frac{2^{20}-1}{3} \qquad\qquad \cdots\cdots \text{㉮}$$

따라서 $a=20$, $b=1$이므로

$$a+b=21 \qquad\qquad \cdots\cdots \text{㉯}$$

채점 기준	배점 비율
㉮ 주어진 식을 간단히 하기	70 %
㉯ $a+b$의 값 구하기	30 %

참고　$(1+x)^n={}_n\mathrm{C}_0+{}_n\mathrm{C}_1x+{}_n\mathrm{C}_2x^2+\cdots+{}_n\mathrm{C}_nx^n$이므로

$$_n\mathrm{C}_1x+{}_n\mathrm{C}_2x^2+\cdots+{}_n\mathrm{C}_nx^n=(1+x)^n-{}_n\mathrm{C}_0$$
$$=(1+x)^n-1$$

073

$(1+x)^{10}(1+x)^{10}$의 전개식에서 x^{10}의 계수는

$$_{10}\mathrm{C}_0\times{}_{10}\mathrm{C}_{10}+{}_{10}\mathrm{C}_1\times{}_{10}\mathrm{C}_9+{}_{10}\mathrm{C}_2\times{}_{10}\mathrm{C}_8+\cdots$$
$$+{}_{10}\mathrm{C}_9\times{}_{10}\mathrm{C}_1+{}_{10}\mathrm{C}_{10}\times{}_{10}\mathrm{C}_0$$
$$=({}_{10}\mathrm{C}_0)^2+({}_{10}\mathrm{C}_1)^2+({}_{10}\mathrm{C}_2)^2+\cdots+({}_{10}\mathrm{C}_{10})^2 \qquad \cdots\cdots \text{㉮}$$

$(1+x)^{10}(1+x)^{10}=(1+x)^{20}$이고

$(1+x)^{20}$의 전개식에서 x^{10}의 계수는 $_{20}\mathrm{C}_{10}$이므로

$$({}_{10}\mathrm{C}_0)^2+({}_{10}\mathrm{C}_1)^2+({}_{10}\mathrm{C}_2)^2+\cdots+({}_{10}\mathrm{C}_{10})^2={}_{20}\mathrm{C}_{10}$$
$$\therefore n=20,\ r=10 \qquad\qquad \cdots\cdots \text{㉯}$$

채점 기준	배점 비율
㉮ $(1+x)^{10}(1+x)^{10}$의 전개식에서 x^{10}의 계수 구하기	60 %
㉯ 두 자연수 n, r의 값 구하기	40 %

1등급 비법

$(1+x)^{2n}$의 전개식에서 x^n의 계수

$(1+x)^{2n}=(1+x)^n(1+x)^n$이므로 $(1+x)^{2n}$의 전개식에서 x^n의 계수는

$$_n\mathrm{C}_0\times{}_n\mathrm{C}_n+{}_n\mathrm{C}_1\times{}_n\mathrm{C}_{n-1}+{}_n\mathrm{C}_2\times{}_n\mathrm{C}_{n-2}+\cdots+{}_n\mathrm{C}_n\times{}_n\mathrm{C}_0$$

이때 $_n\mathrm{C}_r={}_n\mathrm{C}_{n-r}$이므로

$$_n\mathrm{C}_0\times{}_n\mathrm{C}_n+{}_n\mathrm{C}_1\times{}_n\mathrm{C}_{n-1}+{}_n\mathrm{C}_2\times{}_n\mathrm{C}_{n-2}+\cdots+{}_n\mathrm{C}_n\times{}_n\mathrm{C}_0$$
$$={}_n\mathrm{C}_0\times{}_n\mathrm{C}_0+{}_n\mathrm{C}_1\times{}_n\mathrm{C}_1+{}_n\mathrm{C}_2\times{}_n\mathrm{C}_2+\cdots+{}_n\mathrm{C}_n\times{}_n\mathrm{C}_n$$
$$=({}_n\mathrm{C}_0)^2+({}_n\mathrm{C}_1)^2+({}_n\mathrm{C}_2)^2+\cdots+({}_n\mathrm{C}_n)^2$$

1등급 실력 완성 ● 25쪽

074 ②　　**075** ①　　**076** 221　　**077** ④　　**078** 71

074

이항정리

전략　$1+x+x^2+x^3$을 인수분해 하여 주어진 식의 전개식의 일반항을 구한다.

풀이　$1+x+x^2+x^3=(1+x)+x^2(1+x)$
$$=(1+x)(1+x^2)$$

그러므로
$$(1+x+x^2+x^3)^5=\{(1+x)(1+x^2)\}^5$$
$$=(1+x)^5(1+x^2)^5$$
$(1+x)^5$의 전개식의 일반항은
$${}_5C_r x^r$$
$(1+x^2)^5$의 전개식의 일반항은
$${}_5C_s (x^2)^s={}_5C_s x^{2s}$$
따라서 $(1+x)^5(1+x^2)^5$의 전개식의 일반항은
$${}_5C_r x^r \times {}_5C_s x^{2s}={}_5C_r \times {}_5C_s x^{r+2s}$$
x^6항은 $r+2s=6$ (r, s는 $0\le r\le5$, $0\le s\le5$인 정수)일 때이므로
이를 만족시키는 r, s의 순서쌍 (r, s)는
$$(0, 3), (2, 2), (4, 1)$$
따라서 $(1+x+x^2+x^3)^5$의 전개식에서 x^6의 계수는
$${}_5C_0 \times {}_5C_3 + {}_5C_2 \times {}_5C_2 + {}_5C_4 \times {}_5C_1 = 10+100+25$$
$$=135$$

075

이항정리

(전략) 주어진 식의 전개식에서 x^8항이 나오는 경우를 찾아 n의 값을 먼저 구한다.

(풀이) $(x^2+1)^4$의 전개식의 일반항은
$${}_4C_r (x^2)^r={}_4C_r x^{2r}$$
$(x^3+1)^n$의 전개식의 일반항은
$${}_nC_s (x^3)^s={}_nC_s x^{3s}$$
따라서 $(x^2+1)^4(x^3+1)^n$의 전개식의 일반항은
$${}_4C_r x^{2r} \times {}_nC_s x^{3s}={}_4C_r \times {}_nC_s x^{2r+3s}$$
x^8항은 $2r+3s=8$ (r, s는 $0\le r\le4$, $0\le s\le n$인 정수)일 때이므로 이를 만족시키는 r, s의 순서쌍 (r, s)는
$$(1, 2), (4, 0)$$
이때 x^8의 계수가 41이므로
$${}_4C_1 \times {}_nC_2 + {}_4C_4 \times {}_nC_0 = 41$$에서
$$4 \times \frac{n(n-1)}{2} + 1 = 41$$
$$n^2-n-20=0$$
$$(n+4)(n-5)=0$$
$$\therefore n=5 \ (\because n\text{은 자연수})$$
${}_4C_r \times {}_5C_s x^{2r+3s}$에서 x^3항은 $2r+3s=3$일 때이므로 이를 만족시키는 r, s의 순서쌍 (r, s)는
$$(0, 1)$$
따라서 구하는 x^3의 계수는
$${}_4C_0 \times {}_5C_1 = 5$$

076

이항계수의 성질

(전략) $21^{11}=(1+20)^{11}$임을 이용한다.

(풀이) $21=1+20$이므로
$(1+x)^n={}_nC_0+{}_nC_1 x+{}_nC_2 x^2+ \cdots +{}_nC_n x^n$의 양변에 $x=20$, $n=11$을 대입하면

$$(1+20)^{11}$$
$$={}_{11}C_0+{}_{11}C_1\times20+{}_{11}C_2\times20^2+ \cdots +{}_{11}C_{11}\times20^{11}$$
$$={}_{11}C_0+{}_{11}C_1\times20+20^2({}_{11}C_2+{}_{11}C_3\times20+ \cdots +{}_{11}C_{11}\times20^9)$$
$$=1+11\times20+400({}_{11}C_2+{}_{11}C_3\times20+ \cdots +{}_{11}C_{11}\times20^9)$$
$$=221+400({}_{11}C_2+{}_{11}C_3\times20+ \cdots +{}_{11}C_{11}\times20^9)$$
이때 $400({}_{11}C_2+{}_{11}C_3\times20+ \cdots +{}_{11}C_{11}\times20^9)$은 400의 배수이므로 21^{11}을 400으로 나누었을 때의 나머지는 221을 400으로 나누었을 때의 나머지와 같다.
따라서 구하는 나머지는 221이다.

077

이항계수의 성질

(전략) $(1+x)^n={}_nC_0+{}_nC_1 x+{}_nC_2 x^2+ \cdots +{}_nC_n x^n$임을 이용한다.

(풀이) $(1+32)^7={}_7C_0+{}_7C_1\times32+{}_7C_2\times32^2+ \cdots +{}_7C_7\times32^7$에서 ${}_7C_0$, ${}_7C_7\times32^7$을 제외한 나머지 항은 모두 7의 배수이다.
이때
$${}_7C_0+{}_7C_7\times32^7=32^7+1$$
이고 오늘부터 32^7째 되는 날이 수요일이므로 $(1+32)^7$째 되는 날은 수요일의 다음 날인 목요일이다.

078

이항계수의 합

(전략) $(1+3x)^n$의 전개식의 일반항을 이용하여 x^4의 계수를 구한 후 이항계수의 성질을 이용한다.

(풀이) $(1+3x)^n$의 전개식의 일반항은
$${}_nC_r (3x)^r={}_nC_r 3^r x^r$$
이때 $4\le n\le9$인 경우에만 x^4항이 나오므로
$(1+3x)^4$의 전개식에서 x^4의 계수는
$${}_4C_4 \times 3^4$$
$(1+3x)^5$의 전개식에서 x^4의 계수는
$${}_5C_4 \times 3^4$$
$(1+3x)^6$의 전개식에서 x^4의 계수는
$${}_6C_4 \times 3^4$$
$$\vdots$$
$(1+3x)^9$의 전개식에서 x^4의 계수는
$${}_9C_4 \times 3^4$$
따라서 x^4의 계수는
$${}_4C_4\times3^4+{}_5C_4\times3^4+{}_6C_4\times3^4+{}_7C_4\times3^4+{}_8C_4\times3^4+{}_9C_4\times3^4$$
$$=3^4({}_5C_5+{}_5C_4+{}_6C_4+{}_7C_4+{}_8C_4+{}_9C_4) \ (\because {}_4C_4={}_5C_5=1)$$
$$=3^4({}_6C_5+{}_6C_4+{}_7C_4+{}_8C_4+{}_9C_4)$$
$$=3^4({}_7C_5+{}_7C_4+{}_8C_4+{}_9C_4)$$
$$=3^4({}_8C_5+{}_8C_4+{}_9C_4)$$
$$=3^4({}_9C_5+{}_9C_4)$$
$$=3^4\times{}_{10}C_5$$
이므로
$$k=3^4=81, \ n=10$$
$$\therefore k-n=71$$

079

이항정리

[1단계] $x+1$을 한 문자로 보고 $(x^3+x+1)^{10}$을 전개한다.

$(x^3+x+1)^{10}$
$=\{x^3+(x+1)\}^{10}$
$={}_{10}C_0(x+1)^{10}+{}_{10}C_1(x+1)^9 x^3+{}_{10}C_2(x+1)^8(x^3)^2+\cdots$
$\qquad\qquad\qquad\qquad\qquad\qquad\qquad\qquad +{}_{10}C_{10}(x^3)^{10}$

[2단계] x^4항이 나오는 경우를 생각해 본다.

이때
${}_{10}C_2(x+1)^8(x^3)^2+{}_{10}C_3(x+1)^7(x^3)^3+{}_{10}C_4(x+1)^6(x^3)^4+\cdots$
$\qquad\qquad\qquad\qquad\qquad\qquad\qquad\qquad +{}_{10}C_{10}(x^3)^{10}$

은 6차 이상의 항만 나오므로 x^4항은
${}_{10}C_0(x+1)^{10}+{}_{10}C_1(x+1)^9 x^3$의 전개식에서 구할 수 있다.

[3단계] x^4의 계수를 구한다.

$(x+1)^9 x^3$의 전개식의 일반항은
${}_9C_r x^r \times x^3={}_9C_r x^{r+3}$
x^4항은 $r+3=4$일 때이므로
$r=1$
따라서 ${}_{10}C_0(x+1)^{10}+{}_{10}C_1(x+1)^9 x^3$의 전개식에서 x^4의 계수는
${}_{10}C_0 \times {}_{10}C_4+{}_{10}C_1 \times {}_9C_1=210+90$
$\qquad\qquad\qquad\qquad\qquad\qquad =300$

다른 풀이 $(x^3+x+1)^{10}$
$\qquad\quad =(x^3+x+1)(x^3+x+1)(x^3+x+1)\times\cdots$
$\qquad\qquad\qquad\qquad\qquad\qquad\qquad\qquad \times(x^3+x+1)$

의 전개식에서 x^4이 만들어지는 경우는 10개의 다항식 x^3+x+1
중에서 x^3항을 1개, x항을 1개, 1을 8개 택하는 경우와 x^3항을 0개,
x항을 4개, 1을 6개 택하는 경우이다.
따라서 구하는 x^4의 계수는
${}_{10}C_1 \times {}_9C_1 \times {}_8C_8+{}_{10}C_0 \times {}_{10}C_4 \times {}_6C_6=90+210$
$\qquad\qquad\qquad\qquad\qquad\qquad\qquad\qquad =300$

080

이항계수의 성질

[1단계] 구하는 부분집합의 개수를 조합의 수를 이용하여 나타낸다.

집합 $A=\{1, 2, 3, \cdots, 24\}$의 부분집합 중에서 원소의 개수가 4의
배수인 집합의 개수는
${}_{24}C_4+{}_{24}C_8+{}_{24}C_{12}+\cdots+{}_{24}C_{24}$

[2단계] $(1+i)^{24}$의 전개식을 이용하여 ${}_{24}C_0-{}_{24}C_2+{}_{24}C_4-{}_{24}C_6+\cdots+{}_{24}C_{24}$
의 값을 구한다.

$(1+i)^{24}$
$={}_{24}C_0+{}_{24}C_1 i+{}_{24}C_2 i^2+{}_{24}C_3 i^3+\cdots+{}_{24}C_{24} i^{24}$
$=({}_{24}C_0-{}_{24}C_2+{}_{24}C_4-{}_{24}C_6+\cdots+{}_{24}C_{24})$
$\qquad\qquad +({}_{24}C_1-{}_{24}C_3+{}_{24}C_5-{}_{24}C_7+\cdots-{}_{24}C_{23})i$

이때 $(1+i)^4=\{(1+i)^2\}^2=(2i)^2=-4$이므로
$(1+i)^{24}=\{(1+i)^4\}^6=(-4)^6=2^{12}$
$\therefore {}_{24}C_0-{}_{24}C_2+{}_{24}C_4-{}_{24}C_6+\cdots+{}_{24}C_{24}=2^{12}$　　……㉠

[3단계] 원소의 개수가 4의 배수인 집합의 개수를 구한다.

${}_{24}C_0+{}_{24}C_2+{}_{24}C_4+{}_{24}C_6+\cdots+{}_{24}C_{24}=2^{23}$　　……㉡

㉠+㉡을 하면
$2({}_{24}C_0+{}_{24}C_4+{}_{24}C_8+{}_{24}C_{12}+\cdots+{}_{24}C_{24})=2^{23}+2^{12}$
$\therefore {}_{24}C_0+{}_{24}C_4+{}_{24}C_8+{}_{24}C_{12}+\cdots+{}_{24}C_{24}=2^{22}+2^{11}$
따라서 구하는 집합의 개수는
${}_{24}C_4+{}_{24}C_8+{}_{24}C_{12}+\cdots+{}_{24}C_{24}=2^{22}+2^{11}-1$

081

이항계수의 합 ⊕ 중복조합

[1단계] 구하는 방법의 수를 중복조합의 수를 이용하여 나타낸다.

빨간색, 파란색, 노란색, 초록색 펜의 개수를 각각 a, b, c, d라 하
면 구하는 방법의 수는
$a+b+c+d\le 10$
을 만족시키는 자연수 a, b, c, d의 순서쌍 (a, b, c, d)의 개수와
같다.
이때
$a=a'+1, b=b'+1, c=c'+1, d=d'+1$
$\qquad\qquad\qquad ($ a', b', c', d'은 음이 아닌 정수$)$
로 놓으면
$(a'+1)+(b'+1)+(c'+1)+(d'+1)\le 10$
$\therefore a'+b'+c'+d'\le 6$
즉, 구하는 방법의 수는 $a'+b'+c'+d'\le 6$을 만족시키는 음이 아
닌 정수 a', b', c', d'의 순서쌍 (a', b', c', d')의 개수와 같으므로
${}_4H_0+{}_4H_1+{}_4H_2+\cdots+{}_4H_6$

[2단계] 조건을 만족시키는 방법의 수를 구한다.

따라서 구하는 방법의 수는
${}_4H_0+{}_4H_1+{}_4H_2+\cdots+{}_4H_6$
$={}_3C_0+{}_4C_1+{}_5C_2+\cdots+{}_9C_6$
$={}_4C_0+{}_4C_1+{}_5C_2+\cdots+{}_9C_6 \ (\because {}_3C_0={}_4C_0=1)$
$={}_5C_1+{}_5C_2+\cdots+{}_9C_6$
$\qquad\qquad\vdots$
$={}_9C_5+{}_9C_6$
$={}_{10}C_6={}_{10}C_4$
$=210$

Ⅱ 확률

03 확률의 개념과 활용

유형 분석 기출 ●30쪽 ~ 37쪽

082 ③	**083** ㄴ	**084** ②	**085** ①	**086** 60
087 ②	**088** $\dfrac{13}{18}$	**089** ③	**090** ②	**091** ⑤
092 ②	**093** ③	**094** ⑤	**095** $\dfrac{1}{5}$	**096** ④
097 $\dfrac{5}{16}$	**098** ①	**099** $\dfrac{4}{7}$	**100** ④	**101** ①
102 ③	**103** ②	**104** C	**105** $\dfrac{1}{3}$	**106** ④
107 $\dfrac{7}{12}$	**108** ⑤	**109** ④	**110** ①, ②	**111** ③
112 ①	**113** ③	**114** 0.7	**115** ⑤	**116** ①
117 ④	**118** ③	**119** ③	**120** 8	**121** ④
122 ①	**123** ⑤			

082

표본공간을 S라 하면 $S=\{1, 2, 3, \cdots, 9\}$이고

$A=\{5, 7, 9\}$, $B=\{3, 6, 9\}$

② $A \cup B=\{3, 5, 6, 7, 9\}$

④ $A^C=\{1, 2, 3, 4, 6, 8\}$이므로

$\quad n(A^C)=6$

⑤ $A \cap B^C=\{5, 7\}$이므로

$\quad n(A \cap B^C)=2$

따라서 옳은 것은 ③이다.

다른 풀이 ④ $n(A)=3$이므로 $n(A^C)=9-3=6$

083

표본공간을 S라 하면 $S=\{1, 2, 3, 4, 5, 6\}$이고

$A=\{2, 4, 6\}$, $B=\{2, 3, 5\}$, $C=\{1, 5\}$

$\therefore A \cap B=\{2\}$, $A \cap C=\varnothing$, $B \cap C=\{5\}$

따라서 사건 A와 사건 C는 서로 배반사건이므로 서로 배반사건인 것은 ㄴ뿐이다.

084

사건 A와 배반인 사건은 사건 A^C의 부분집합이고, 사건 B^C와 배반인 사건은 사건 B의 부분집합이므로 두 사건 A, B^C와 모두 배반인 사건은 $A^C \cap B$의 부분집합이다.

따라서 $A^C \cap B=B-A=\{1, 13\}$이므로 사건 C의 개수는

$2^2=4$

085

1부터 n까지의 자연수가 각각 하나씩 적힌 정n면체 3개를 던지는 시행에서 나오는 모든 경우의 수는 n^3이고, 동전 1개를 던지는 시행에서 나오는 모든 경우의 수는 2이다.

이때 표본공간의 원소의 개수가 128이므로

$2n^3=128$

$n^3=64$ $\quad \therefore n=4$ ($\because n$은 자연수)

086

표본공간을 S라 하면 $S=\{2, 3, 4, \cdots, 20\}$이고

$B=\{2, 3, 5, 7, 11, 13, 17, 19\}$,

$C=\{2, 3, 4, 5, 6, 7, 8, 9, 10\}$이므로

$B \cap C=\{2, 3, 5, 7\}$

사건 A_n과 사건 $B \cap C$가 서로 배반사건이 되려면 n은 2, 3, 5, 7의 배수가 모두 아니어야 하므로 n의 값은 11, 13, 17, 19이다.

따라서 구하는 모든 n의 값의 합은

$11+13+17+19=60$

087

$720=2^4 \times 3^2 \times 5$이므로 720의 양의 약수의 개수는

$(4+1) \times (2+1) \times (1+1)=30$

이때 720의 양의 약수 중에서 140의 약수는 720과 140의 양의 공약수와 같다.

$140=2^2 \times 5 \times 7$이므로 720과 140의 최대공약수는

$2^2 \times 5$

즉, 720과 140의 양의 공약수의 개수는

$(2+1) \times (1+1)=6$

따라서 구하는 확률은

$\dfrac{6}{30}=\dfrac{1}{5}$

088

한 개의 주사위를 두 번 던질 때, 나오는 모든 경우의 수는

$6 \times 6=36$

이차방정식 $ax^2-8x+b=0$의 판별식을 D라 할 때, 이 이차방정식이 실근을 가지려면

$\dfrac{D}{4}=(-4)^2-ab \geq 0$ $\quad \therefore ab \leq 16$

주사위의 눈의 수 a, b가 $ab \leq 16$을 만족시키는 경우를 순서쌍 (a, b)로 나타내면

$(1, 1)$, $(1, 2)$, $(1, 3)$, $(1, 4)$, $(1, 5)$, $(1, 6)$,

$(2, 1)$, $(2, 2)$, $(2, 3)$, $(2, 4)$, $(2, 5)$, $(2, 6)$,

$(3, 1), (3, 2), (3, 3), (3, 4), (3, 5),$
$(4, 1), (4, 2), (4, 3), (4, 4),$
$(5, 1), (5, 2), (5, 3),$
$(6, 1), (6, 2)$
의 26가지이다.
따라서 구하는 확률은
$$\frac{26}{36} = \frac{13}{18}$$
다른 풀이 주사위의 눈의 수 a, b가 $ab > 16$을 만족시키는 경우를 순서쌍 (a, b)로 나타내면
$(6, 6), (6, 5), (6, 4), (6, 3), (5, 6), (5, 5), (5, 4),$
$(4, 6), (4, 5), (3, 6)$
의 10가지이므로 그 확률은
$$\frac{10}{36} = \frac{5}{18}$$
따라서 구하는 확률은
$$1 - \frac{5}{18} = \frac{13}{18}$$

089

두 개의 주사위 A, B를 동시에 던질 때, 나오는 모든 경우의 수는
$6 \times 6 = 36$
원 $(x-a)^2 + y^2 = b^2$의 중심의 좌표는 $(a, 0)$이고 반지름의 길이는 b이므로 원과 직선 $x = -2$가 만나려면
$b \geq a + 2$
주사위의 눈의 수 a, b가 위의 부등식을 만족시키는 경우를 순서쌍 (a, b)로 나타내면
$(1, 3), (1, 4), (1, 5), (1, 6),$
$(2, 4), (2, 5), (2, 6),$
$(3, 5), (3, 6),$
$(4, 6)$
의 10가지이다.
따라서 구하는 확률은
$$\frac{10}{36} = \frac{5}{18}$$

090

6권의 책을 일렬로 꽂는 경우의 수는
$6! = 720$
소설책 4권을 한 권으로 생각하여 총 3권을 일렬로 꽂는 경우의 수는
$3! = 6$
이고, 소설책 4권의 자리를 바꾸는 경우의 수는
$4! = 24$
이므로 소설책끼리 이웃하여 꽂는 경우의 수는
$6 \times 24 = 144$
따라서 구하는 확률은
$$\frac{144}{720} = \frac{1}{5}$$

091

7명 중에서 3명의 대표를 뽑는 경우의 수는
$_7C_3 = 35$
경아는 대표로 뽑히고 예솔이는 대표로 뽑히지 않는 경우의 수는 경아와 예솔이를 제외한 나머지 5명 중에서 2명의 대표를 뽑고 경아를 포함시키는 경우의 수와 같으므로
$_5C_2 = 10$
따라서 구하는 확률은
$$\frac{10}{35} = \frac{2}{7}$$

1등급 비법

서로 다른 n개에서 특정한 k개를 포함하여 r개를 뽑는 방법의 수는 $(n-k)$개에서 $(r-k)$개를 뽑는 방법의 수와 같으므로 $_{n-k}C_{r-k}$이다.

092

만들 수 있는 세 자리 자연수의 개수는
$_4\Pi_3 = 4^3 = 64$
세 자리 자연수가 짝수가 되려면 일의 자리의 숫자가 2이어야 하므로 짝수인 세 자리 자연수의 개수는
$_4\Pi_2 = 4^2 = 16$
따라서 구하는 확률은
$$\frac{16}{64} = \frac{1}{4}$$

093

3명의 학생이 5개의 방과후 체육 활동 중 한 가지를 택하는 경우의 수는
$_5\Pi_3 = 5^3 = 125$
3명의 학생이 서로 다른 방과후 체육 활동을 택하는 경우의 수는
$_5P_3 = 60$
따라서 구하는 확률은
$$\frac{60}{125} = \frac{12}{25}$$

094

상자에 들어 있는 당첨 제비의 개수를 n이라 하면
$$\frac{_nC_2}{_{15}C_2} = \frac{4}{15}$$
$$\frac{n(n-1)}{15 \times 14} = \frac{4}{15}$$
$$n(n-1) = 56 = 8 \times 7$$
$$\therefore n = 8$$
따라서 상자에 들어 있는 당첨 제비의 개수는 8이다.

095

5명의 학생을 일렬로 세우는 경우의 수는
$5! = 120$

여학생끼리는 이웃하고 1학년 남학생과 3학년 남학생은 이웃하지 않는 경우의 수는 여학생 2명을 한 명으로 생각하고 이 묶음과 2학년 남학생을 배열한 후 1학년 남학생과 3학년 남학생이 이웃하지 않도록 여학생 묶음과 2학년 남학생 사이, 그리고 양 끝의 3곳에 각각 배열하는 경우의 수와 같으므로

$2! \times 2! \times {}_3P_2 = 24$

따라서 구하는 확률은

$$\frac{24}{120} = \frac{1}{5}$$

096

$(n+3)$개의 탁구공 중에서 2개의 탁구공을 꺼내는 경우의 수는

${}_{n+3}C_2$

꺼낸 탁구공이 모두 흰색일 확률은

$$\frac{{}_nC_2}{{}_{n+3}C_2} = \frac{n(n-1)}{(n+3)(n+2)}$$

꺼낸 탁구공이 모두 주황색일 확률은

$$\frac{{}_3C_2}{{}_{n+3}C_2} = \frac{6}{(n+3)(n+2)}$$

이때 $\dfrac{n(n-1)}{(n+3)(n+2)} = 2 \times \dfrac{6}{(n+3)(n+2)}$ 이므로

$$\frac{n(n-1)}{(n+3)(n+2)} = \frac{12}{(n+3)(n+2)}$$

$n(n-1) = 12 = 4 \times 3$

$\therefore n = 4$

097

집합 X에서 집합 Y로의 함수 f의 개수는

${}_4\Pi_3 = 4^3 = 64$

조건을 만족시키는 함수는 집합 Y의 원소 4개 중에서 중복을 허용하여 3개를 택한 후, 작거나 같은 수부터 차례대로 집합 X의 원소 1, 2, 3에 대응시키면 되므로 그 개수는

${}_4H_3 = {}_{4+3-1}C_3 = {}_6C_3 = 20$

따라서 구하는 확률은

$$\frac{20}{64} = \frac{5}{16}$$

098

초코 우유, 딸기 우유, 바나나 우유, 커피 우유 중에서 9개를 택하는 방법의 수는

${}_4H_9 = {}_{4+9-1}C_9 = {}_{12}C_9 = {}_{12}C_3 = 220$

바나나 우유를 하나도 택하지 않는 방법의 수는 초코 우유, 딸기 우유, 커피 우유 중에서 9개를 택하는 방법의 수와 같으므로

${}_3H_9 = {}_{3+9-1}C_9 = {}_{11}C_9 = {}_{11}C_2 = 55$

따라서 구하는 확률은

$$\frac{55}{220} = \frac{1}{4}$$

099

정육면체의 8개의 꼭짓점 중에서 서로 다른 두 꼭짓점을 택하는 경우의 수는

${}_8C_2 = 28$

이 중에서 선분의 길이가 $\sqrt{2}$ 이상인 경우는 선분의 길이가 $\sqrt{2}$ 또는 $\sqrt{3}$ 이다.

(i) 선분의 길이가 $\sqrt{2}$인 경우의 수는 각 면의 대각선의 개수의 총합과 같으므로

$2 \times 6 = 12$

(ii) 선분의 길이가 $\sqrt{3}$인 경우의 수는 정육면체의 대각선의 개수와 같으므로 4

(i), (ii)에서 선분의 길이가 $\sqrt{2}$ 이상인 경우의 수는

$12 + 4 = 16$

따라서 구하는 확률은

$$\frac{16}{28} = \frac{4}{7}$$

100

10개의 공 중에서 6개의 공을 꺼내는 경우의 수는

${}_{10}C_6 = {}_{10}C_4 = 210$

꺼낸 6개의 공에 적힌 수의 합이 홀수가 되는 경우는 홀수가 적힌 공을 홀수 개 뽑는 경우이다.

(i) 홀수가 적힌 공 1개, 짝수가 적힌 공 5개를 뽑는 경우의 수는

${}_5C_1 \times {}_5C_5 = 5$

(ii) 홀수가 적힌 공 3개, 짝수가 적힌 공 3개를 뽑는 경우의 수는

${}_5C_3 \times {}_5C_3 = {}_5C_2 \times {}_5C_2 = 100$

(iii) 홀수가 적힌 공 5개, 짝수가 적힌 공 1개를 뽑는 경우의 수는

${}_5C_5 \times {}_5C_1 = 5$

이상에서 꺼낸 6개의 공에 적힌 수의 합이 홀수가 되는 경우의 수는

$5 + 100 + 5 = 110$

따라서 구하는 확률은

$$\frac{110}{210} = \frac{11}{21}$$

101

서로 다른 세 개의 주사위를 동시에 던질 때, 나오는 모든 경우의 수는

$6 \times 6 \times 6 = 216$

한 개의 주사위의 눈의 수가 다른 두 개의 주사위의 눈의 수의 곱이 되는 경우를 순서쌍으로 나타내면

$(1, 1, 1), (1, 2, 2), (1, 3, 3), (1, 4, 4), (1, 5, 5), (1, 6, 6),$
$(2, 2, 4), (2, 3, 6)$

(i) $(1, 1, 1)$인 경우의 수는 1

(ii) $(1, 2, 2), (1, 3, 3), (1, 4, 4), (1, 5, 5), (1, 6, 6), (2, 2, 4)$인

경우의 수는 $\dfrac{3!}{2!} \times 6 = 18$

(iii) $(2, 3, 6)$인 경우의 수는 $3! = 6$

이상에서 한 개의 주사위의 눈의 수가 다른 두 개의 주사위의 눈의
수의 곱이 되는 경우의 수는

$1+18+6=25$

따라서 구하는 확률은 $\dfrac{25}{216}$

102

빨간 구슬이 나올 확률은 $\dfrac{1}{6}$이므로

$$\dfrac{3}{3+5+n}=\dfrac{1}{6}$$

$n+8=18$ $\therefore n=10$

103

3단계까지 통과한 사람은 65520명이고 5단계까지 통과한 사람은
15600명이므로

$$p=\dfrac{15600}{65520}=\dfrac{5}{21}$$

$\therefore 42p=42\times\dfrac{5}{21}=10$

104

A, B, C, D, E가 각각 윷을 한 번씩 던질 때, 걸이 나올 확률은 다
음과 같다.

A: $\dfrac{43}{100}$, B: $\dfrac{21}{50}$, C: $\dfrac{12}{25}$, D: $\dfrac{87}{200}$, E: $\dfrac{45}{100}$

$\dfrac{21}{50}<\dfrac{43}{100}<\dfrac{87}{200}<\dfrac{45}{100}<\dfrac{12}{25}$이므로 걸이 나올 확률이 가장 큰
학생은 C이다.

105

과녁 전체의 넓이는 반지름의 길이가 3인 원의 넓이와 같으므로
$\pi\times 3^2=9\pi$

색칠한 부분의 넓이는
$\pi\times 2^2-\pi\times 1^2=3\pi$

따라서 구하는 확률은

$\dfrac{3\pi}{9\pi}=\dfrac{1}{3}$

106

점 P가 $\overline{\mathrm{AB}}$를 지름으로 하는 반원 위에 있
을 때 $\triangle\mathrm{PAB}$는 직각삼각형이 되므로 오른
쪽 그림의 색칠한 부분에 점 P를 잡으면
$\triangle\mathrm{PAB}$는 둔각삼각형이 된다.
따라서 구하는 확률은

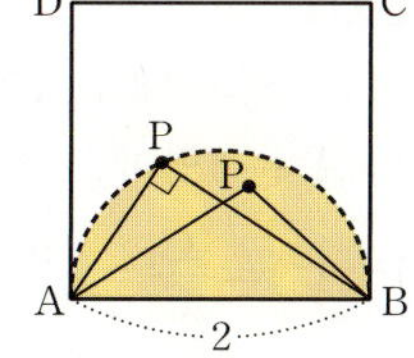

$$\dfrac{(색칠한\ 부분의\ 넓이)}{(\square\mathrm{ABCD}의\ 넓이)}=\dfrac{\pi\times 1^2\times\dfrac{1}{2}}{2^2}=\dfrac{\pi}{8}$$

반원에 대한 원주각의 크기는 $90°$이므로 원의 지름
의 양 끝 점과 원 위의 다른 한 점을 택하면 직각삼
각형을 만들 수 있다.

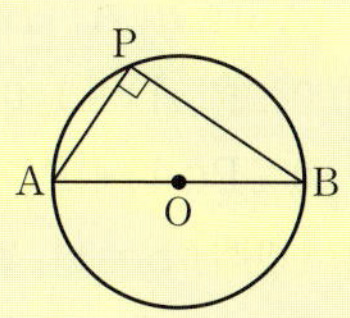

107

이차방정식 $x^2-4kx+5k=0$의 판별식을 D라 할 때, 이 이차방정
식이 실근을 가지려면

$$\dfrac{D}{4}=(-2k)^2-5k\geq 0$$

$4k^2-5k\geq 0,\ k(4k-5)\geq 0$

$\therefore k\leq 0$ 또는 $k\geq\dfrac{5}{4}$ $\cdots\cdots$ ㉠

이때 주어진 조건 $-1\leq k\leq 2$와 ㉠의
공통 범위를 수직선 위에 나타내면 오
른쪽 그림과 같으므로

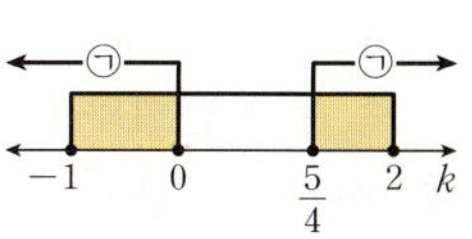

$-1\leq k\leq 0$ 또는 $\dfrac{5}{4}\leq k\leq 2$ $\cdots\cdots$ ㉡

따라서 구하는 확률은

$$\dfrac{(㉡의\ 구간의\ 길이)}{(전체\ 구간의\ 길이)}=\dfrac{\{0-(-1)\}+\left(2-\dfrac{5}{4}\right)}{2-(-1)}=\dfrac{7}{12}$$

이차방정식 $ax^2+bx+c=0$ $(a,b,c$는 실수$)$의 판별식을 D라 할 때,
① $D>0 \iff$ 서로 다른 두 실근을 갖는다.
② $D=0 \iff$ 중근을 갖는다.
③ $D<0 \iff$ 서로 다른 두 허근을 갖는다.

108

표본공간 $S=\{2,\ 4,\ 6,\ 8,\ 10\}$의 원소 중에서 홀수는 존재하지 않
으므로 $\mathrm{P}(A)=0$
또, 표본공간 S의 모든 원소는 2의 배수이므로 $\mathrm{P}(B)=1$
$\therefore \mathrm{P}(A)+\mathrm{P}(B)=1$

109

ㄱ. 소수는 3, 5, 7, 11, 13이므로 소수가 나오는 사건이 일어날 확
률은 $\dfrac{5}{6}$이다.

ㄴ. 4의 배수는 없으므로 4의 배수가 나오는 사건이 일어날 확률
은 0이다.

ㄷ. 16의 약수는 없으므로 16의 약수가 나오는 사건이 일어날 확
률은 0이다.
이상에서 확률이 0인 사건은 ㄴ, ㄷ이다.

110

① $\mathrm{P}(S)=1$, $\mathrm{P}(\varnothing)=0$이므로
  $\mathrm{P}(S)+\mathrm{P}(\varnothing)=1$

② $\varnothing \subset (A \cap B) \subset S$이므로 $P(\varnothing) \leq P(A \cap B) \leq P(S)$

$\therefore 0 \leq P(A \cap B) \leq 1$

③ $0 \leq P(A) \leq 1$, $0 \leq P(B) \leq 1$이므로

$0 \leq P(A) + P(B) \leq 2$

④ [반례] $S = \{1, 2, 3, 4, 5, 6\}$, $A = \{1, 2, 3, 4, 5\}$, $B = \{5, 6\}$이면 $A \cup B = S$이지만

$P(A) = \dfrac{5}{6}$, $P(B) = \dfrac{2}{6} = \dfrac{1}{3}$

이므로 $P(A) + P(B) = \dfrac{7}{6}$

$\therefore P(A) + P(B) \neq 1$

⑤ [반례] $S = \{1, 2, 3, 4, 5, 6\}$, $A = \{1, 3, 5\}$, $B = \{4, 5, 6\}$이면

$P(A) = \dfrac{3}{6} = \dfrac{1}{2}$, $P(B) = \dfrac{3}{6} = \dfrac{1}{2}$

이므로 $P(A) + P(B) = 1$이지만

$A \cap B = \{5\} \neq \varnothing$

즉, 두 사건 A와 B는 서로 배반사건이 아니다.

따라서 옳은 것은 ①, ②이다.

111

$S = A \cup B$이므로 $P(A \cup B) = 1$

두 사건 A, B가 서로 배반사건이므로

$P(A \cup B) = P(A) + P(B)$에서

$1 = P(A) + \dfrac{4}{7}$

$\therefore P(A) = \dfrac{3}{7}$

112

$P(A \cap B) = \dfrac{2}{3}P(A) = \dfrac{2}{5}P(B)$에서

$P(B) = \dfrac{5}{3}P(A)$이므로

$P(A \cup B) = P(A) + P(B) - P(A \cap B)$

$= P(A) + \dfrac{5}{3}P(A) - \dfrac{2}{3}P(A)$

$= 2P(A)$

$\therefore \dfrac{P(A \cup B)}{P(A \cap B)} = \dfrac{2P(A)}{\dfrac{2}{3}P(A)} = 3$

113

꺼낸 공이 모두 흰 공인 사건을 A, 모두 검은 공인 사건을 B라 하면

$P(A) = \dfrac{{}_2C_2}{{}_5C_2} = \dfrac{1}{10}$, $P(B) = \dfrac{{}_3C_2}{{}_5C_2} = \dfrac{3}{10}$

이때 두 사건 A, B는 서로 배반사건이므로 구하는 확률은

$P(A \cup B) = P(A) + P(B)$

$= \dfrac{1}{10} + \dfrac{3}{10} = \dfrac{2}{5}$

114

택한 한 명의 학생이 음악을 좋아하는 학생인 사건을 A, 체육을 좋아하는 학생인 사건을 B라 하면

$P(A) = 0.35$, $P(B) = 0.6$, $P(A \cap B) = \dfrac{40}{160} = 0.25$

따라서 구하는 확률은

$P(A \cup B) = P(A) + P(B) - P(A \cap B)$

$= 0.35 + 0.6 - 0.25 = 0.7$

115

6장의 카드를 일렬로 나열하는 방법의 수는 $6!$

a와 b가 적힌 카드를 이웃하여 나열하는 사건을 A, b와 c가 적힌 카드를 이웃하여 나열하는 사건을 B라 하면 $A \cap B$는 a, b, c가 적힌 카드를 a, b, c 또는 c, b, a 순으로 나열하는 사건이므로

$P(A) = \dfrac{5! \times 2}{6!} = \dfrac{1}{3}$, $P(B) = \dfrac{5! \times 2}{6!} = \dfrac{1}{3}$,

$P(A \cap B) = \dfrac{4! \times 2}{6!} = \dfrac{1}{15}$

따라서 구하는 확률은

$P(A \cup B) = P(A) + P(B) - P(A \cap B)$

$= \dfrac{1}{3} + \dfrac{1}{3} - \dfrac{1}{15} = \dfrac{3}{5}$

116

$P(A \cup B) = P(A) + P(B) - P(A \cap B)$

$= \dfrac{2}{3} + \dfrac{1}{2} - \dfrac{1}{3} = \dfrac{5}{6}$

$\therefore P(A^c \cap B^c) = P((A \cup B)^c) = 1 - P(A \cup B)$

$= 1 - \dfrac{5}{6} = \dfrac{1}{6}$

117

$P(A) = \dfrac{2}{5}$에서

$P(A^c) = 1 - P(A) = 1 - \dfrac{2}{5} = \dfrac{3}{5}$

$3P(B) = \dfrac{2}{5}$에서 $P(B) = \dfrac{2}{15}$

이때 두 사건 A^c, B는 서로 배반사건이므로

$P(A^c \cup B) = P(A^c) + P(B)$

$= \dfrac{3}{5} + \dfrac{2}{15} = \dfrac{11}{15}$

$\therefore P(A \cap B^c) = P((A^c \cup B)^c) = 1 - P(A^c \cup B)$

$= 1 - \dfrac{11}{15} = \dfrac{4}{15}$

118

뽑힌 4명의 대표 중에서 적어도 한 명이 남학생인 사건을 A라 하면 A^c는 4명이 모두 여학생인 사건이므로

$P(A^c) = \dfrac{{}_5C_4}{{}_9C_4} = \dfrac{5}{126}$

따라서 구하는 확률은

$P(A) = 1 - P(A^c) = 1 - \dfrac{5}{126} = \dfrac{121}{126}$

119

뽑은 2명의 대표 중에서 적어도 한 명이 여학생일 확률이 $\dfrac{13}{24}$이므로 2명 모두 여학생이 아닐 확률은

$$1-\dfrac{13}{24}=\dfrac{11}{24}$$

즉, $\dfrac{{}_{16-n}C_2}{{}_{16}C_2}=\dfrac{11}{24}$이므로

$$\dfrac{(16-n)(15-n)}{240}=\dfrac{11}{24}$$

$(16-n)(15-n)=110,\ n^2-31n+130=0$

$(n-5)(n-26)=0$

$\therefore n=5\ (\because n<16)$

120

지애와 정아 사이에 적어도 한 명의 학생을 세우는 사건을 A라 하면 A^C는 지애와 정아를 이웃하게 세우는 사건이므로

$$P(A^C)=\dfrac{4!\times 2!}{5!}=\dfrac{2}{5}$$

따라서 구하는 확률은

$$P(A)=1-P(A^C)=1-\dfrac{2}{5}=\dfrac{3}{5}$$

이므로 $p=5,\ q=3$

$\therefore p+q=5+3=8$

121

3문제 이하로 맞히는 사건을 A라 하면 A^C는 4문제를 맞히거나 모두 맞히는 사건이다.

(i) 4문제를 맞힐 확률은 $\dfrac{{}_5C_4}{{}_2\Pi_5}=\dfrac{5}{2^5}=\dfrac{5}{32}$

(ii) 모두 맞힐 확률은 $\dfrac{{}_5C_5}{{}_2\Pi_5}=\dfrac{1}{2^5}=\dfrac{1}{32}$

(i), (ii)에서

$$P(A^C)=\dfrac{5}{32}+\dfrac{1}{32}=\dfrac{3}{16}$$

따라서 구하는 확률은

$$P(A)=1-P(A^C)=1-\dfrac{3}{16}=\dfrac{13}{16}$$

122

A가 문제를 맞히는 사건을 A, B가 문제를 맞히는 사건을 B라 하면 두 명 중에서 한 명만 문제를 맞힐 확률이 0.6이므로

$$P(A\cup B)-P(A\cap B)=0.6$$

이때 $P(A\cap B)=0.3$이므로

$$P(A\cup B)-0.3=0.6 \qquad \therefore P(A\cup B)=0.9$$

따라서 구하는 확률은

$$P(A^C\cap B^C)=P((A\cup B)^C)=1-P(A\cup B)$$
$$=1-0.9=0.1$$

123

1부터 11까지의 자연수 중에서 서로 다른 2개의 수를 선택하는 경우의 수는

$${}_{11}C_2=55$$

선택한 2개의 수 중 적어도 하나가 7 이상의 홀수인 사건을 A라 하면 A^C는 7, 9, 11을 제외한 8개의 수 중에서 2개를 선택하는 사건이므로 그 경우의 수는

$${}_8C_2=28 \qquad \therefore P(A^C)=\dfrac{28}{55}$$

따라서 구하는 확률은

$$P(A)=1-P(A^C)=1-\dfrac{28}{55}=\dfrac{27}{55}$$

다른 풀이 (i) 선택한 2개의 수 중에서 7 이상의 홀수가 1개인 경우 7, 9, 11 중에서 1개를 선택하고, 7, 9, 11을 제외한 8개의 수 중에서 나머지 1개를 선택해야 하므로 이 경우의 확률은

$$\dfrac{{}_3C_1\times {}_8C_1}{{}_{11}C_2}=\dfrac{24}{55}$$

(ii) 선택한 2개의 수 모두 7 이상의 홀수인 경우 7, 9, 11 중에서 2개를 선택해야 하므로 이 경우의 확률은

$$\dfrac{{}_3C_2}{{}_{11}C_2}=\dfrac{3}{55}$$

(i), (ii)에서 구하는 확률은

$$\dfrac{24}{55}+\dfrac{3}{55}=\dfrac{27}{55}$$

●38쪽

124 $\dfrac{5}{12}$ **125** $\dfrac{1}{5}$ **126** $\dfrac{15}{64}$ **127** (1) 5 (2) $\dfrac{31}{36}$

124

세 명이 각각 주사위를 한 개씩 던질 때 나오는 모든 경우의 수는

$$6\times 6\times 6=216 \qquad\cdots\cdots ㉮$$

같은 눈의 수가 나오는 주사위 2개를 택하는 경우의 수는

$${}_3C_2={}_3C_1=3$$

같은 눈의 수 2개와 다른 눈의 수 1개를 정하는 경우의 수는

$${}_6P_2=30$$

즉, 같은 눈의 수가 나온 주사위가 2개인 경우의 수는

$$3\times 30=90 \qquad\cdots\cdots ㉯$$

따라서 구하는 확률은

$$\dfrac{90}{216}=\dfrac{5}{12} \qquad\cdots\cdots ㉰$$

채점 기준	배점 비율
㉮ 모든 경우의 수 구하기	30 %
㉯ 같은 눈의 수가 나온 주사위가 2개인 경우의 수 구하기	50 %
㉰ 같은 눈의 수가 나온 주사위가 2개일 확률 구하기	20 %

125

6개의 숫자 1, 2, 2, 3, 3, 3을 일렬로 나열하는 경우의 수는

$$\frac{6!}{2! \times 3!} = 60 \qquad \cdots\cdots ㉮$$

숫자 1, 3, 3, 3을 하나의 숫자로 생각하여 총 3개의 숫자를 일렬로 나열하는 경우의 수는

$$\frac{3!}{2!} = 3$$

숫자 1, 3, 3, 3을 일렬로 나열하는 경우의 수는

$$\frac{4!}{3!} = 4$$

즉, 홀수끼리 모두 이웃하는 경우의 수는

$$3 \times 4 = 12 \qquad \cdots\cdots ㉯$$

따라서 구하는 확률은

$$\frac{12}{60} = \frac{1}{5} \qquad \cdots\cdots ㉰$$

채점 기준	배점 비율
㉮ 6개의 숫자를 일렬로 나열하는 경우의 수 구하기	30 %
㉯ 홀수끼리 모두 이웃하는 경우의 수 구하기	50 %
㉰ 홀수끼리 모두 이웃할 확률 구하기	20 %

126

집합 X에서 집합 Y로의 함수 f의 개수는 $_8\Pi_5$

$f(3)=5$인 사건을 A, $f(5)=7$인 사건을 B라 하면

$$\mathrm{P}(A) = \frac{_8\Pi_4}{_8\Pi_5} = \frac{8^4}{8^5} = \frac{1}{8}$$

$$\mathrm{P}(B) = \frac{_8\Pi_4}{_8\Pi_5} = \frac{8^4}{8^5} = \frac{1}{8} \qquad \cdots\cdots ㉮$$

$f(3)=5$이고 $f(5)=7$이려면 $f(3)=5$, $f(5)=7$로 정한 후 $f(1)$, $f(2)$, $f(4)$의 값만 정하면 되므로

$$\mathrm{P}(A \cap B) = \frac{_8\Pi_3}{_8\Pi_5} = \frac{8^3}{8^5} = \frac{1}{64} \qquad \cdots\cdots ㉯$$

따라서 구하는 확률은

$$\mathrm{P}(A \cup B) = \mathrm{P}(A) + \mathrm{P}(B) - \mathrm{P}(A \cap B)$$
$$= \frac{1}{8} + \frac{1}{8} - \frac{1}{64} = \frac{15}{64} \qquad \cdots\cdots ㉰$$

채점 기준	배점 비율
㉮ $f(3)=5$일 확률과 $f(5)=7$일 확률을 각각 구하기	40 %
㉯ $f(3)=5$이고 $f(5)=7$일 확률 구하기	30 %
㉰ $f(3)=5$이거나 $f(5)=7$일 확률 구하기	30 %

127

(1) $|a| = |xy| \ge 10$을 만족시키는 경우를 순서쌍 (x, y)로 나타내면

$$(4, 3), (4, -3), (4, -4), (3, -4), (-3, -4)$$

의 5가지이다. $\qquad \cdots\cdots ㉮$

(2) 집합 A의 9개의 원소 중에서 임의로 서로 다른 두 원소를 택하는 경우의 수는

$$_9C_2 = 36$$

$|a| < 10$인 사건을 X라 하면 X^C는 $|a| \ge 10$인 사건이므로

$$\mathrm{P}(X^C) = \frac{5}{36} \qquad \cdots\cdots ㉯$$

따라서 구하는 확률은

$$\mathrm{P}(X) = 1 - \mathrm{P}(X^C)$$
$$= 1 - \frac{5}{36} = \frac{31}{36} \qquad \cdots\cdots ㉰$$

	채점 기준	배점 비율
(1)	㉮ $|a| \ge 10$을 만족시키는 순서쌍 (x, y)의 개수 구하기	40 %
(2)	㉯ $|a| \ge 10$일 확률 구하기	30 %
	㉰ $|a| < 10$일 확률 구하기	30 %

128 231	**129** $\dfrac{3}{8}$	**130** ④	**131** 51
132 $1-\dfrac{\sqrt{3}}{6}\pi$		**133** ②	**134** $\dfrac{13}{28}$ **135** $\dfrac{5}{9}$
136 ②	**137** ③		

128

시행과 사건

(전략) $0 < \mathrm{P}(A) < \mathrm{P}(B)$를 만족시키는 $n(A)$의 값에 따른 $n(B)$의 값을 구한다.

(풀이) 두 사건 A, B가 서로 배반사건이므로

$A \cap B = \varnothing$, $n(A) + n(B) \le 6$

이때 $0 < \mathrm{P}(A) < \mathrm{P}(B)$이므로 $0 < n(A) < n(B)$

$\therefore n(A) = 1$ 또는 $n(A) = 2$

(i) $n(A) = 1$이면 $1 < n(B) \le 5$에서

$n(B) = 2$ 또는 $n(B) = 3$ 또는 $n(B) = 4$ 또는 $n(B) = 5$

즉, 두 사건 A, B를 선택하는 경우의 수는

$_6C_1 \times (_5C_2 + _5C_3 + _5C_4 + _5C_5) = 156$

(ii) $n(A) = 2$이면 $2 < n(B) \le 4$에서

$n(B) = 3$ 또는 $n(B) = 4$

즉, 두 사건 A, B를 선택하는 경우의 수는

$_6C_2 \times (_4C_3 + _4C_4) = 75$

(i), (ii)에서 구하는 경우의 수는

$156 + 75 = 231$

129

수학적 확률 ➕ 순열과 조합을 이용하는 확률

(전략) 수형도를 이용하여 한 학생만 자신의 성적표를 택하는 경우의 수를 구한다.

(풀이) 5명의 학생이 5장의 성적표 중에서 한 장씩 택하는 모든 경우의 수는

$5! = 120$

5명의 학생을 A, B, C, D, E라 하면 A학생만 자신의 성적표를 택하고 나머지 네 학생은 다른 학생의 성적표를 택하는 경우는 다음과 같이 9가지이다.

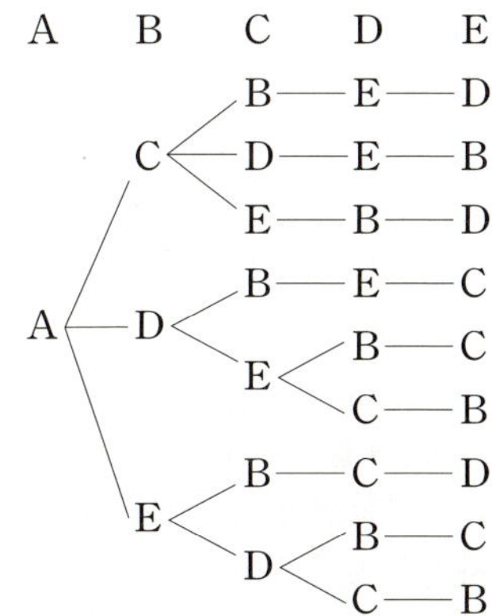

같은 방법으로 학생 B, C, D, E가 각각 자신의 성적표를 택하고 나머지 네 학생은 다른 학생의 성적표를 택하는 경우도 각각 9가지씩이다.

즉, 한 학생만 자신의 성적표를 택하는 경우의 수는

$9 \times 5 = 45$

따라서 구하는 확률은

$$\frac{45}{120} = \frac{3}{8}$$

130

순열과 조합을 이용하는 확률

(전략) $f(2) = 2$이고 $f(1) \times f(2) \times f(3) \times f(4)$가 4의 배수이므로 $f(1) \times f(3) \times f(4)$는 짝수임을 이용한다.

(풀이) 집합 $X = \{1, 2, 3, 4\}$에서 집합 $Y = \{1, 2, 3, 4, 5, 6, 7\}$로의 모든 일대일함수 f의 개수는 집합 Y의 원소 1, 2, 3, 4, 5, 6, 7 중에서 4개를 택하는 순열의 수와 같으므로

$_7\mathrm{P}_4 = 840$

조건 (개)에서 $f(2) = 2$이고 조건 (내)에서

$f(1) \times f(2) \times f(3) \times f(4)$가 4의 배수이므로 $f(1) \times f(3) \times f(4)$는 짝수이다. 즉, $f(1)$, $f(3)$, $f(4)$의 값 중에서 적어도 하나는 짝수이어야 한다.

(i) $f(1)$, $f(3)$, $f(4)$의 값 중에서 짝수가 1개인 경우

    $f(1)$, $f(3)$, $f(4)$의 값 중에서 짝수가 될 수 1개를 정하는 경우의 수는 $_3\mathrm{C}_1$이고, 이 각각에 대하여 짝수는 4 또는 6이므로 경우의 수는

    $_3\mathrm{C}_1 \times 2 = 6$

    나머지 두 개의 함숫값을 홀수로 정하는 경우의 수는

    $_4\mathrm{P}_2 = 12$

    즉, 함수 f의 개수는

    $6 \times 12 = 72$

(ii) $f(1)$, $f(3)$, $f(4)$의 값 중에서 짝수가 2개인 경우

    $f(1)$, $f(3)$, $f(4)$의 값 중에서 짝수 4, 6이 될 수 2개를 정하는 경우의 수는

    $_3\mathrm{P}_2 = 6$

    나머지 한 개의 함숫값을 홀수로 정하는 경우의 수는

    $_4\mathrm{C}_1 = 4$

    즉, 함수 f의 개수는

    $6 \times 4 = 24$

(i), (ii)에서 조건을 만족시키는 함수 f의 개수는

$72 + 24 = 96$

따라서 구하는 확률은

$$\frac{96}{840} = \frac{4}{35}$$

(다른 풀이) 조건을 만족시키는 함수 f의 개수는 $f(2) = 2$인 일대일함수의 개수에서 $f(1)$, $f(3)$, $f(4)$의 값이 모두 홀수인 함수 f의 개수를 빼면 된다.

$f(2) = 2$인 일대일함수 f의 개수는 집합 X의 원소 1, 3, 4에 집합 Y에서 2를 제외한 나머지 6개의 원소 중 3개의 원소를 택하여 대응시키는 경우의 수와 같으므로

$_6\mathrm{P}_3 = 120$

이 중에서 $f(1)$, $f(3)$, $f(4)$의 값이 모두 홀수인 함수 f의 개수는 집합 X의 원소 1, 3, 4에 집합 Y의 홀수인 4개의 원소 중 3개의 원소를 택하여 대응시키는 경우의 수와 같으므로

$_4\mathrm{P}_3 = 24$

즉, 조건을 만족시키는 함수 f의 개수는

$120 - 24 = 96$

따라서 구하는 확률은

$$\frac{96}{840} = \frac{4}{35}$$

131

순열과 조합을 이용하는 확률

(전략) 꺼낸 2개의 공이 서로 다른 색인 경우와 서로 같은 색인 경우로 나누어 경우의 수를 구한다.

(풀이) 8개의 공 중에서 2개의 공을 동시에 꺼내는 경우의 수는

$_8\mathrm{C}_2 = 28$

(i) 꺼낸 두 공이 서로 다른 색인 경우

    꺼낸 두 공이 서로 다른 색이면 12를 점수로 얻고, 이 점수는 24 이하의 짝수이므로 경우의 수는

    $_4\mathrm{C}_1 \times _4\mathrm{C}_1 = 16$

(ii) 꺼낸 두 공이 서로 같은 색인 경우

    ㉠ 꺼낸 두 공이 모두 흰 공인 경우

        꺼낸 두 흰 공에 적힌 수의 곱이 짝수이면 점수는 항상 24 이하의 짝수이므로 경우의 수는

        $_4\mathrm{C}_2 - _2\mathrm{C}_2 = 5$

    ㉡ 꺼낸 두 공이 모두 검은 공인 경우

        꺼낸 두 검은 공에 적힌 수의 곱이 짝수이고, 점수가 24 이하의 짝수가 되려면 꺼낸 두 검은 공에 적힌 수가 4와 5 또는 4와 6이어야 하므로 경우의 수는 2

㉠, ㉡에서 꺼낸 두 공이 서로 같은 색이면서 얻은 점수가 24 이하의 짝수인 경우의 수는

$$5+2=7$$

(i), (ii)에서 이 시행을 한 번 하여 얻은 점수가 24 이하의 짝수인 경우의 수는

$$16+7=23$$

이므로 구하는 확률은 $\dfrac{23}{28}$

따라서 $p=28$, $q=23$이므로

$$p+q=28+23=51$$

132

기하적 확률

(전략) 각 꼭짓점까지의 거리가 2인 점 P의 위치를 찾는다.

(풀이) 점 P가 정삼각형의 한 꼭짓점을 중심으로 하고 반지름의 길이가 2인 부채꼴의 호 위에 있을 때 점 P에서 그 꼭짓점까지의 거리가 2이므로 오른쪽 그림의 색칠한 부분에 점 P를 잡으면 각 꼭짓점까지의 거리가 2보다 크다.

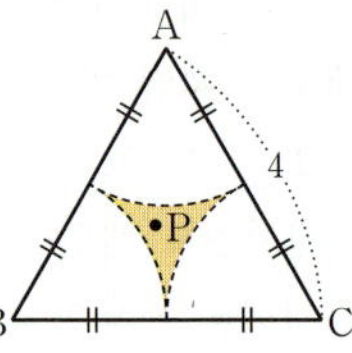

따라서 구하는 확률은

$$\frac{(\text{색칠한 부분의 넓이})}{(\triangle \text{ABC의 넓이})}=\frac{\dfrac{\sqrt{3}}{4}\times 4^2-3\left(\pi\times 2^2\times\dfrac{60}{360}\right)}{\dfrac{\sqrt{3}}{4}\times 4^2}$$

$$=1-\frac{\sqrt{3}}{6}\pi$$

133

확률의 기본 성질 ➕ 확률의 덧셈정리

(전략) 확률의 기본 성질과 확률의 덧셈정리를 이용하여 $\mathrm{P}(A\cap B)$의 범위를 구한다.

(풀이) $\mathrm{P}(A\cup B)=\mathrm{P}(A)+\mathrm{P}(B)-\mathrm{P}(A\cap B)$에서

$$\mathrm{P}(A\cap B)=\mathrm{P}(A)+\mathrm{P}(B)-\mathrm{P}(A\cup B)$$

$$=\frac{3}{4}+\frac{3}{7}-\mathrm{P}(A\cup B)$$

$$=\frac{33}{28}-\mathrm{P}(A\cup B) \qquad\cdots\cdots ㉠$$

이므로 $\mathrm{P}(A\cup B)$가 최소일 때 $\mathrm{P}(A\cap B)$는 최대이고 $\mathrm{P}(A\cup B)$가 최대일 때 $\mathrm{P}(A\cap B)$는 최소이다.

이때

$$\mathrm{P}(A\cup B)\geq\mathrm{P}(A),\ \mathrm{P}(A\cup B)\geq\mathrm{P}(B),\ \mathrm{P}(A\cup B)\leq 1$$

이므로

$$\mathrm{P}(A\cup B)\geq\frac{3}{4},\ \mathrm{P}(A\cup B)\geq\frac{3}{7},\ \mathrm{P}(A\cup B)\leq 1$$

따라서 $\dfrac{3}{4}\leq\mathrm{P}(A\cup B)\leq 1$이므로

$$-1\leq-\mathrm{P}(A\cup B)\leq-\frac{3}{4}$$

$$\frac{5}{28}\leq\frac{33}{28}-\mathrm{P}(A\cup B)\leq\frac{3}{7}$$

$$\therefore \frac{5}{28}\leq\mathrm{P}(A\cap B)\leq\frac{3}{7}\ (\because ㉠)$$

즉, $M=\dfrac{3}{7}$, $m=\dfrac{5}{28}$이므로

$$M+m=\frac{3}{7}+\frac{5}{28}=\frac{17}{28}$$

134

확률의 덧셈정리

(전략) 양쪽 끝에 모두 남학생이 서는 사건을 A, 양쪽 끝에 모두 2학년 학생이 서는 사건을 B라 하면 구하는 확률은 $\mathrm{P}(A\cup B)$임을 이용한다.

(풀이) 양쪽 끝에 모두 남학생이 서는 사건을 A, 양쪽 끝에 모두 2학년 학생이 서는 사건을 B라 하자.

8명의 학생을 일렬로 세우는 경우의 수는 8!

(i) 양쪽 끝에 모두 남학생이 서는 경우

남학생 5명 중에서 2명을 뽑아 양쪽 끝에 세우는 경우의 수는 $_5\mathrm{P}_2$이고, 남은 6명을 일렬로 세우는 경우의 수는 6!이므로 이 경우의 수는

$$_5\mathrm{P}_2\times 6!$$

$$\therefore \mathrm{P}(A)=\frac{_5\mathrm{P}_2\times 6!}{8!}$$

$$=\frac{5}{14}$$

(ii) 양쪽 끝에 모두 2학년 학생이 서는 경우

2학년 학생 4명 중에서 2명을 뽑아 양쪽 끝에 세우는 경우의 수는 $_4\mathrm{P}_2$이고, 남은 6명을 일렬로 세우는 경우의 수는 6!이므로 이 경우의 수는

$$_4\mathrm{P}_2\times 6!$$

$$\therefore \mathrm{P}(B)=\frac{_4\mathrm{P}_2\times 6!}{8!}$$

$$=\frac{3}{14}$$

(iii) 양쪽 끝에 모두 2학년 남학생이 서는 경우

2학년 남학생 3명 중에서 2명을 뽑아 양쪽 끝에 세우는 경우의 수는 $_3\mathrm{P}_2$이고, 남은 6명을 일렬로 세우는 경우의 수는 6!이므로 이 경우의 수는

$$_3\mathrm{P}_2\times 6!$$

$$\therefore \mathrm{P}(A\cap B)=\frac{_3\mathrm{P}_2\times 6!}{8!}$$

$$=\frac{3}{28}$$

이상에서 구하는 확률은

$$\mathrm{P}(A\cup B)=\mathrm{P}(A)+\mathrm{P}(B)-\mathrm{P}(A\cap B)$$

$$=\frac{5}{14}+\frac{3}{14}-\frac{3}{28}=\frac{13}{28}$$

135

여사건의 확률

(전략) $f(a)f(b)=0$을 만족시키는 경우의 수는 전체 경우의 수에서 $f(a)\neq 0$이고 $f(b)\neq 0$을 만족시키는 경우의 수를 빼서 구한다.

(풀이) 한 개의 주사위를 두 번 던질 때, 나오는 모든 경우의 수는
$$6 \times 6 = 36$$
$f(a)f(b)=0$을 만족시키는 사건을 A라 하면 A^c는
$f(a)f(b) \neq 0$, 즉 $f(a) \neq 0$이고 $f(b) \neq 0$을 만족시키는 사건이다.
$$f(a) = a^2 - 7a + 6 = (a-1)(a-6) \neq 0,$$
$$f(b) = b^2 - 7b + 6 = (b-1)(b-6) \neq 0$$
이려면 a, b의 값은 각각 2, 3, 4, 5 중 하나이어야 한다.
따라서 $f(a) \neq 0$이고 $f(b) \neq 0$을 만족시키는 순서쌍 (a, b)의 개수는 $4 \times 4 = 16$이므로
$$P(A^c) = \frac{16}{36} = \frac{4}{9}$$
따라서 구하는 확률은
$$P(A) = 1 - P(A^c)$$
$$= 1 - \frac{4}{9} = \frac{5}{9}$$

136

확률의 덧셈정리 ⊕ 여사건의 확률

(전략) 6과 서로소이려면 2의 배수도 아니고 3의 배수도 아니어야 함을 이용한다.

(풀이) 꺼낸 공에 적힌 수가 2의 배수인 사건을 A, 3의 배수인 사건을 B라 하면
$$P(A) = \frac{50}{100} = \frac{1}{2},$$
$$P(B) = \frac{33}{100},$$
$$P(A \cap B) = \frac{16}{100} = \frac{4}{25}$$
└→ 6의 배수인 사건
이므로
$$P(A \cup B) = P(A) + P(B) - P(A \cap B)$$
$$= \frac{1}{2} + \frac{33}{100} - \frac{4}{25} = \frac{67}{100}$$
따라서 구하는 확률은
$$P(A^c \cap B^c) = P((A \cup B)^c)$$
$$= 1 - P(A \cup B)$$
$$= 1 - \frac{67}{100} = \frac{33}{100}$$

137

여사건의 확률

(전략) 꺼낸 4장의 손수건 중에서 흰색 손수건이 2장 이상인 사건은 꺼낸 4장의 손수건 중에서 흰색 손수건이 없거나 흰색 손수건이 1장인 사건의 여사건임을 이용한다.

(풀이) 흰색 손수건 4장, 검은색 손수건 5장이 들어 있는 상자에서 4장의 손수건을 동시에 꺼내는 경우의 수는
$$_9C_4 = 126$$
꺼낸 4장의 손수건 중에서 흰색 손수건이 2장 이상인 사건을 A라 하면 A^c는 꺼낸 4장의 손수건이 모두 검은색 손수건이거나 흰색 손수건이 1장, 검은색 손수건이 3장인 사건이다.

(i) 꺼낸 4장의 손수건이 모두 검은색 손수건인 경우의 수는
$$_5C_4 = _5C_1 = 5$$
(ii) 꺼낸 4장의 손수건 중 흰색 손수건이 1장, 검은색 손수건이 3장인 경우의 수는
$$_4C_1 \times _5C_3 = _4C_1 \times _5C_2 = 40$$
(i), (ii)에서 꺼낸 4장의 손수건이 모두 검은색 손수건이거나 흰색 손수건이 1장, 검은색 손수건이 3장인 경우의 수는
$$5 + 40 = 45$$
$$\therefore P(A^c) = \frac{45}{126} = \frac{5}{14}$$
따라서 구하는 확률은
$$P(A) = 1 - P(A^c)$$
$$= 1 - \frac{5}{14} = \frac{9}{14}$$

● 41쪽

138 ③   **139** $\dfrac{5}{7}$ **140** $\dfrac{2}{9}$

138

순열과 조합을 이용하는 확률

(1단계) 전체 경우의 수를 구한다.
1부터 10까지의 자연수 중에서 서로 다른 3개의 수를 선택하는 경우의 수는
$$_{10}C_3 = 120$$
(2단계) 세 개의 수의 곱이 5의 배수이고 합은 3의 배수인 경우의 수를 구한다.
이때 세 개의 수의 곱이 5의 배수이려면 세 수에 5 또는 10이 반드시 포함되어야 한다.
또, 세 개의 수의 합이 3의 배수이려면 세 수를 3으로 나누었을 때의 나머지가 모두 다르거나 모두 같아야 한다.
즉, 1부터 10까지의 자연수를 3으로 나누었을 때의 나머지가 각각 0, 1, 2인 수의 집합을 차례대로 S_0, S_1, S_2라 하면
$$S_0 = \{3, 6, 9\}, \ S_1 = \{1, 4, 7, 10\}, \ S_2 = \{2, 5, 8\}$$
이므로 세 집합 S_0, S_1, S_2에서 각각 1개씩 원소를 선택하거나 한 집합에서 3개의 원소를 선택해야 한다.

(i) 세 수에 5가 포함되는 경우
집합 S_2에서 1개의 원소를 선택한 것이므로
㉠ 두 집합 S_0, S_1에서 각각 1개씩 원소를 선택하는 경우의 수는
$$_3C_1 \times _4C_1 = 12$$

ⓛ 집합 S_2에서 5를 제외한 원소 중에서 2개의 원소를 선택하
는 경우의 수는

$$_2C_2=1$$

㉠, ⓛ에서 세 수에 5가 포함되는 경우의 수는

$$12+1=13$$

(ii) 세 수에 10이 포함되는 경우

집합 S_1에서 1개의 원소를 선택한 것이므로

㉢ 두 집합 S_0, S_2에서 각각 1개씩 원소를 선택하는 경우의 수
는

$$_3C_1\times_3C_1=9$$

㉣ 집합 S_1에서 10을 제외한 원소 중에서 2개의 원소를 선택
하는 경우의 수는

$$_3C_2=_3C_1=3$$

㉢, ㉣에서 세 수에 10이 포함되는 경우의 수는

$$9+3=12$$

(iii) 세 수에 5와 10이 모두 포함되는 경우

두 집합 S_1, S_2에서 각각 1개씩 원소를 선택한 것이므로 집합
S_0에서 1개의 원소를 선택하는 경우의 수는

$$_3C_1=3$$

즉, 세 수에 5와 10이 모두 포함되는 경우의 수는 3이다.

이상에서 세 개의 수의 곱이 5의 배수이고 합은 3의 배수인 경우
의 수는

$$13+12-3=22$$

(3단계) 세 개의 수의 곱이 5의 배수이고 합은 3의 배수일 확률을 구한다.

따라서 구하는 확률은

$$\frac{22}{120}=\frac{11}{60}$$

139

순열과 조합을 이용하는 확률

(1단계) 전체 경우의 수를 구한다.

8개의 공 중에서 3개의 공을 동시에 꺼내는 경우의 수는

$$_8C_3=56$$

(2단계) a의 값에 따라 $\frac{bc}{a}$가 자연수가 되는 경우의 수를 구한다.

(i) $a=1$일 때

7개의 공 중에서 2개를 꺼내는 경우의 수와 같으므로

$$_7C_2=21$$

(ii) $a=2$일 때

3, 4, 5, 6, 7, 8이 적힌 6개의 공 중에서 적어도 1개의 짝수가
적힌 공을 꺼내야 하고, 이때 그 경우의 수는 전체 경우의 수에서
홀수가 적힌 공만 2개 꺼내는 경우의 수를 뺀 것과 같으므로

$$_6C_2-_3C_2=15-3=12$$

(iii) $a=3$일 때

4, 5, 6, 7, 8이 적힌 5개의 공 중에서 6이 적힌 공과 나머지 한
개의 공을 꺼내는 경우의 수와 같으므로

$$1\times_4C_1=4$$

(iv) $a=4$일 때

5, 6, 7, 8이 적힌 4개의 공 중에서 8이 적힌 공과 나머지 한 개
의 공을 꺼내는 경우의 수와 같으므로

$$1\times_3C_1=3$$

(v) $a=5, 6, 7, 8$일 때

조건을 만족시키는 경우는 없다.

이상에서 $\frac{bc}{a}$가 자연수가 되는 경우의 수는

$$21+12+4+3=40$$

(3단계) $\frac{bc}{a}$가 자연수일 확률을 구한다.

따라서 구하는 확률은

$$\frac{40}{56}=\frac{5}{7}$$

140

확률의 덧셈정리 ➕ 여사건의 확률

(1단계) 집합 S의 원소의 개수를 구한다.

집합 S의 원소의 개수는 6개의 수 중에서 중복을 허용하여 5개의
수를 택하는 경우의 수와 같으므로

$$_6H_5=_{6+5-1}C_5=_{10}C_5=252$$

(2단계) $a_1\leq a_2=a_3\leq a_4\leq a_5$인 사건을 A, $a_1\leq a_2\leq a_3=a_4\leq a_5$인 사건을 B라
하고, 확률의 덧셈정리를 이용하여 $P(A\cup B)$를 구한다.

$a_1\leq a_2=a_3\leq a_4\leq a_5$인 사건을 A, $a_1\leq a_2\leq a_3=a_4\leq a_5$인 사건을
B라 하면

$$a_1\leq a_2<a_3<a_4\leq a_5$$

인 사건은 $A^c\cap B^c$이다.

이때 $n(A)$와 $n(B)$는 6개의 수 중에서 중복을 허용하여 4개의
수를 택하는 경우의 수와 같으므로

$$n(A)=n(B)=_6H_4=_{6+4-1}C_4=_9C_4=126$$

또, $a_1\leq a_2=a_3=a_4\leq a_5$인 사건은 $A\cap B$이고, $n(A\cap B)$는 6개의
수 중에서 중복을 허용하여 3개의 수를 택하는 경우의 수와 같으
므로

$$n(A\cap B)=_6H_3=_{6+3-1}C_3=_8C_3=56$$

즉,

$$P(A)=P(B)=\frac{126}{252}=\frac{1}{2},$$

$$P(A\cap B)=\frac{56}{252}=\frac{2}{9}$$

이므로

$$P(A\cup B)=P(A)+P(B)-P(A\cap B)$$
$$=\frac{1}{2}+\frac{1}{2}-\frac{2}{9}=\frac{7}{9}$$

(3단계) 여사건의 확률을 이용하여 $P(A^c\cap B^c)$를 구한다.

따라서 구하는 확률은

$$P(A^c\cap B^c)=P((A\cup B)^c)$$
$$=1-P(A\cup B)$$
$$=1-\frac{7}{9}=\frac{2}{9}$$

04 조건부확률

141 ①	**142** $\frac{3}{10}$	**143** ①	**144** ③	**145** ③
146 ②	**147** $\frac{3}{5}$	**148** ②	**149** $\frac{2}{5}$	**150** $\frac{25}{36}$
151 ②	**152** $\frac{6}{7}$	**153** $\frac{4}{5}$	**154** ②	**155** 12
156 ③	**157** ⑤	**158** $\frac{2}{5}$	**159** ③	**160** $\frac{3}{4}$
161 $\frac{9}{13}$	**162** ③	**163** ②	**164** ④	**165** ①
166 $\frac{7}{10}$	**167** ④	**168** $\frac{1}{3}$	**169** ②	**170** 36
171 ③	**172** 260	**173** $\frac{80}{243}$	**174** ⑤	**175** ③
176 3	**177** 280	**178** $\frac{3}{32}$	**179** ③	**180** 137

141

$\mathrm{P}(A\cup B)=\mathrm{P}(A)+\mathrm{P}(B)-\mathrm{P}(A\cap B)$이므로

$\mathrm{P}(A\cap B)=\mathrm{P}(A)+\mathrm{P}(B)-\mathrm{P}(A\cup B)$

$$=\frac{9}{16}+\frac{1}{4}-\frac{3}{4}=\frac{1}{16}$$

$$\therefore\ \mathrm{P}(B\,|\,A)=\frac{\mathrm{P}(A\cap B)}{\mathrm{P}(A)}=\frac{\frac{1}{16}}{\frac{9}{16}}=\frac{1}{9}$$

142

$\mathrm{P}(B^{C})=1-\mathrm{P}(B)=1-\frac{1}{3}=\frac{2}{3}$

두 사건 A, B가 서로 배반사건이므로

$A\cap B=\varnothing$

따라서 $A\cap B^{C}=A-B=A$이므로

$\mathrm{P}(A\cap B^{C})=\mathrm{P}(A)=\frac{1}{5}$

$$\therefore\ \mathrm{P}(A\,|\,B^{C})=\frac{\mathrm{P}(A\cap B^{C})}{\mathrm{P}(B^{C})}=\frac{\frac{1}{5}}{\frac{2}{3}}=\frac{3}{10}$$

143

$\mathrm{P}(A\,|\,B)=\dfrac{\mathrm{P}(A\cap B)}{\mathrm{P}(B)}=\dfrac{1}{3}$에서

$\mathrm{P}(B)=3\mathrm{P}(A\cap B)$

$\mathrm{P}(B\,|\,A)=\dfrac{\mathrm{P}(A\cap B)}{\mathrm{P}(A)}=\dfrac{1}{5}$에서

$\mathrm{P}(A)=5\mathrm{P}(A\cap B)$

이때 $\mathrm{P}(A\cup B)=\mathrm{P}(A)+\mathrm{P}(B)-\mathrm{P}(A\cap B)$이므로

$\dfrac{4}{7}=5\mathrm{P}(A\cap B)+3\mathrm{P}(A\cap B)-\mathrm{P}(A\cap B)$

$\dfrac{4}{7}=7\mathrm{P}(A\cap B)$

$\therefore\ \mathrm{P}(A\cap B)=\dfrac{4}{49}$

144

$\mathrm{P}(A\,|\,B)=\mathrm{P}(B\,|\,A)$에서

$\dfrac{\mathrm{P}(A\cap B)}{\mathrm{P}(B)}=\dfrac{\mathrm{P}(A\cap B)}{\mathrm{P}(A)}$

$\therefore\ \mathrm{P}(B)=\mathrm{P}(A)$

이때 $\mathrm{P}(A\cup B)=\mathrm{P}(A)+\mathrm{P}(B)-\mathrm{P}(A\cap B)$이므로

$1=\mathrm{P}(A)+\mathrm{P}(A)-\dfrac{1}{4}$

$2\mathrm{P}(A)=\dfrac{5}{4}$ $\therefore\ \mathrm{P}(A)=\dfrac{5}{8}$

145

주사위를 던져서 짝수의 눈이 나오는 사건을 A, 소수의 눈이 나오는 사건을 B라 하면

$A=\{2,\ 4,\ 6\}$, $B=\{2,\ 3,\ 5\}$, $A\cap B=\{2\}$

$\therefore\ \mathrm{P}(A)=\dfrac{3}{6}=\dfrac{1}{2}$, $\mathrm{P}(A\cap B)=\dfrac{1}{6}$

따라서 구하는 확률은

$$\mathrm{P}(B\,|\,A)=\frac{\mathrm{P}(A\cap B)}{\mathrm{P}(A)}=\frac{\frac{1}{6}}{\frac{1}{2}}=\frac{1}{3}$$

다른 풀이 구하는 확률은 짝수의 눈 중에서 소수의 눈을 택할 확률과 같으므로

$\dfrac{1}{3}$

146

여학생을 택하는 사건을 A, 버스로 등교하는 학생을 택하는 사건을 B라 하면

$\mathrm{P}(A)=\dfrac{4}{7}$, $\mathrm{P}(A\cap B)=\dfrac{2}{9}$

따라서 구하는 확률은

$$\mathrm{P}(B\,|\,A)=\frac{\mathrm{P}(A\cap B)}{\mathrm{P}(A)}=\frac{\frac{2}{9}}{\frac{4}{7}}=\frac{7}{18}$$

147

상자에서 빨간색 카드를 꺼내는 사건을 A, 홀수가 적힌 카드를 꺼내는 사건을 B라 하면

$\mathrm{P}(A)=\dfrac{5}{9}$, $\mathrm{P}(A\cap B)=\dfrac{3}{9}=\dfrac{1}{3}$

따라서 구하는 확률은

$$\mathrm{P}(B\,|\,A)=\frac{\mathrm{P}(A\cap B)}{\mathrm{P}(A)}=\frac{\frac{1}{3}}{\frac{5}{9}}=\frac{3}{5}$$

다른 풀이 구하는 확률은 빨간색 카드 중에서 홀수가 적힌 카드를 꺼낼 확률과 같으므로 $\dfrac{3}{5}$

148

갑과 을이 이웃하여 서는 사건을 A, 을과 병이 이웃하여 서는 사건을 B라 하자.

갑, 을 두 명을 하나로 묶어서 생각하여 9명을 일렬로 세우는 경우의 수는 9!이고, 갑과 을이 자리를 바꾸는 경우는 2가지이므로

$$\mathrm{P}(A)=\frac{9!\times 2}{10!}=\frac{1}{5}$$

갑, 을, 병 세 명을 하나로 묶어서 생각하여 8명을 일렬로 세우는 경우의 수는 8!이고, 갑과 을이 이웃하면서 을과 병이 이웃하여 서는 경우는 오른쪽과 같이 2가지이므로

(i) 갑 을 병
(ii) 병 을 갑

$$\mathrm{P}(A\cap B)=\frac{8!\times 2}{10!}=\frac{1}{45}$$

따라서 구하는 확률은

$$\mathrm{P}(B\,|\,A)=\frac{\mathrm{P}(A\cap B)}{\mathrm{P}(A)}=\frac{\dfrac{1}{45}}{\dfrac{1}{5}}=\frac{1}{9}$$

149

윤서와 소미가 같은 점수를 얻는 사건을 A, 두 사람이 모두 2점을 얻는 사건을 B라 하자.

주사위의 두 눈의 수를 순서쌍으로 나타내면 두 사람이 같은 눈의 수가 나오는 경우는

$(1, 1), (2, 2), (3, 3), (4, 4), (5, 5), (6, 6)$

의 6가지이고, 두 사람이 1, 5 또는 2, 6이 나오는 경우는

$(1, 5), (5, 1), (2, 6), (6, 2)$

의 4가지이므로 같은 점수를 얻는 경우의 수는

$6+4=10$

$$\therefore \mathrm{P}(A)=\frac{10}{36}=\frac{5}{18}$$

또, 두 사람이 모두 2점을 얻는 경우는

$(2, 2), (2, 6), (6, 2), (6, 6)$

의 4가지이므로

$$\mathrm{P}(A\cap B)=\frac{4}{36}=\frac{1}{9}$$

따라서 구하는 확률은

$$\mathrm{P}(B\,|\,A)=\frac{\mathrm{P}(A\cap B)}{\mathrm{P}(A)}=\frac{\dfrac{1}{9}}{\dfrac{5}{18}}=\frac{2}{5}$$

150

승무원을 체험한 학생을 택하는 사건을 A, 여학생을 택하는 사건을 B라 하면

$$\mathrm{P}(A)=\frac{36}{60}=\frac{3}{5},\ \mathrm{P}(A\cap B)=\frac{25}{60}=\frac{5}{12}$$

따라서 구하는 확률은

$$\mathrm{P}(B\,|\,A)=\frac{\mathrm{P}(A\cap B)}{\mathrm{P}(A)}=\frac{\dfrac{5}{12}}{\dfrac{3}{5}}=\frac{25}{36}$$

 구하는 확률은 승무원을 체험한 전체 학생 중에서 여학생을 택할 확률과 같으므로 $\dfrac{25}{36}$

151

$a\times b$가 4의 배수인 사건을 A, $a+b\leq 7$인 사건을 B라 하자.

주사위의 두 눈의 수를 순서쌍으로 나타내면

(i) $a\times b$가 4인 경우

$(1, 4), (2, 2), (4, 1)$의 3가지

(ii) $a\times b$가 8인 경우

$(2, 4), (4, 2)$의 2가지

(iii) $a\times b$가 12인 경우

$(2, 6), (3, 4), (4, 3), (6, 2)$의 4가지

(iv) $a\times b$가 16인 경우

$(4, 4)$의 1가지

(v) $a\times b$가 20인 경우

$(4, 5), (5, 4)$의 2가지

(vi) $a\times b$가 24인 경우

$(4, 6), (6, 4)$의 2가지

(vii) $a\times b$가 36인 경우

$(6, 6)$의 1가지

이상에서 $a\times b$가 4의 배수인 경우의 수는

$3+2+4+1+2+2+1=15$

$$\therefore \mathrm{P}(A)=\frac{15}{36}=\frac{5}{12}$$

$a\times b$가 4의 배수이고, $a+b\leq 7$인 경우는

$(1, 4), (2, 2), (4, 1), (2, 4), (4, 2), (3, 4), (4, 3)$

의 7가지이므로

$$\mathrm{P}(A\cap B)=\frac{7}{36}$$

따라서 구하는 확률은

$$\mathrm{P}(B\,|\,A)=\frac{\mathrm{P}(A\cap B)}{\mathrm{P}(A)}=\frac{\dfrac{7}{36}}{\dfrac{5}{12}}=\frac{7}{15}$$

152

뽑은 제비 중에서 당첨 제비가 있는 사건을 A, 2등 당첨 제비가 포함되어 있는 사건을 B라 하자.

이때 당첨 제비가 있는 사건은 뽑은 제비 2개가 모두 당첨 제비가 아닌 사건의 여사건이므로

$$\mathrm{P}(A)=1-\frac{{}_5\mathrm{C}_2}{{}_{10}\mathrm{C}_2}=1-\frac{2}{9}=\frac{7}{9}$$

또, 2등 당첨 제비가 포함되어 있는 사건은 뽑은 제비 2개가 모두 2등 당첨 제비가 아닌 사건의 여사건이므로

$$\mathrm{P}(A\cap B)=1-\frac{{}_6\mathrm{C}_2}{{}_{10}\mathrm{C}_2}=1-\frac{1}{3}=\frac{2}{3}$$

따라서 구하는 확률은

$$\mathrm{P}(B\,|\,A)=\frac{\mathrm{P}(A\cap B)}{\mathrm{P}(A)}=\frac{\dfrac{2}{3}}{\dfrac{7}{9}}=\frac{6}{7}$$

 10개의 제비 중에서 임의로 2개의 제비를 뽑을 때,

(i) 1등 당첨 제비 1개, 2등 당첨 제비 0개가 나오는 경우의 수는

${}_1\mathrm{C}_1\times {}_5\mathrm{C}_1=5$

(ii) 1등 당첨 제비 0개, 2등 당첨 제비 1개가 나오는 경우의 수는

$_4\mathrm{C}_1 \times _5\mathrm{C}_1 = 20$

(iii) 1등 당첨 제비 1개, 2등 당첨 제비 1개가 나오는 경우의 수는

$_1\mathrm{C}_1 \times _4\mathrm{C}_1 = 4$

(iv) 1등 당첨 제비 0개, 2등 당첨 제비 2개가 나오는 경우의 수는

$_4\mathrm{C}_2 = 6$

이상에서 당첨 제비가 나오는 경우의 수는

$5 + 20 + 4 + 6 = 35$

이고, 그중 2등 당첨 제비가 포함되는 경우의 수는

$20 + 4 + 6 = 30$

따라서 구하는 확률은

$\dfrac{30}{35} = \dfrac{6}{7}$

153

1회 시행 후 주머니 A에 검은 공 1개, 흰 공 3개가 들어 있는 사건을 A, 주머니 B에서 검은 공을 꺼낸 사건을 B라 하자.

2개의 공을 동시에 꺼내어 서로 상대 주머니에 넣은 후 주머니 A에 검은 공 1개, 흰 공 3개가 들어 있는 각 경우의 확률은 다음과 같다.

(i) 주머니 A에서 검은 공 1개, 흰 공 1개를 꺼내고, 주머니 B에서 검은 공 1개, 흰 공 1개를 꺼내는 경우

$\dfrac{_1\mathrm{C}_1 \times _3\mathrm{C}_1}{_4\mathrm{C}_2} \times \dfrac{_2\mathrm{C}_1 \times _2\mathrm{C}_1}{_4\mathrm{C}_2} = \dfrac{1}{2} \times \dfrac{2}{3} = \dfrac{1}{3}$

(ii) 주머니 A에서 흰 공 2개를 꺼내고, 주머니 B에서 흰 공 2개를 꺼내는 경우

$\dfrac{_3\mathrm{C}_2}{_4\mathrm{C}_2} \times \dfrac{_2\mathrm{C}_2}{_4\mathrm{C}_2} = \dfrac{1}{2} \times \dfrac{1}{6} = \dfrac{1}{12}$

(i), (ii)에서 $\mathrm{P}(A \cap B) = \dfrac{1}{3}$, $\mathrm{P}(A) = \dfrac{1}{3} + \dfrac{1}{12} = \dfrac{5}{12}$

따라서 구하는 확률은

$\mathrm{P}(B|A) = \dfrac{\mathrm{P}(A \cap B)}{\mathrm{P}(A)} = \dfrac{\frac{1}{3}}{\frac{5}{12}} = \dfrac{4}{5}$

154

첫 번째에 딸기 맛 사탕을 먹는 사건을 A, 두 번째에 포도 맛 사탕을 먹는 사건을 B라 하면

$\mathrm{P}(A) = \dfrac{3}{7}$, $\mathrm{P}(B|A) = \dfrac{4}{6} = \dfrac{2}{3}$

따라서 구하는 확률은

$\mathrm{P}(A \cap B) = \mathrm{P}(A)\mathrm{P}(B|A) = \dfrac{3}{7} \times \dfrac{2}{3} = \dfrac{2}{7}$

155

갑이 당첨 복권이 아닌 것을 뽑는 사건을 A, 을이 당첨 복권을 뽑는 사건을 B라 하면

$\mathrm{P}(A) = \dfrac{12-n}{12}$, $\mathrm{P}(B|A) = \dfrac{n}{11}$

이므로

$\mathrm{P}(A \cap B) = \mathrm{P}(A)\mathrm{P}(B|A)$

$\qquad = \dfrac{12-n}{12} \times \dfrac{n}{11}$

$\qquad = \dfrac{n(12-n)}{132}$

이때 $\mathrm{P}(A \cap B) = \dfrac{9}{44}$이므로

$\dfrac{n(12-n)}{132} = \dfrac{9}{44}$

$n^2 - 12n + 27 = 0$, $(n-3)(n-9) = 0$

$\therefore n=3$ 또는 $n=9$

따라서 모든 n의 값의 합은

$3 + 9 = 12$

156

첫 번째에 흰 공을 꺼내는 사건을 A, 두 번째에 빨간 공을 꺼내는 사건을 B라 하면

$\mathrm{P}(A) = \dfrac{n}{n+4}$, $\mathrm{P}(B|A) = \dfrac{4}{n+3}$

이므로 첫 번째에는 흰 공을, 두 번째에는 빨간 공을 꺼낼 확률은

$\mathrm{P}(A \cap B) = \mathrm{P}(A)\mathrm{P}(B|A)$

$\qquad = \dfrac{n}{n+4} \times \dfrac{4}{n+3}$

$\qquad = \dfrac{4n}{(n+4)(n+3)}$

이때 $\mathrm{P}(A \cap B) = \dfrac{1}{5}$이므로

$\dfrac{4n}{(n+4)(n+3)} = \dfrac{1}{5}$

$n^2 - 13n + 12 = 0$, $(n-1)(n-12) = 0$

$\therefore n=12 \ (\because n \geq 2)$

157

코로나에 걸린 사람을 택하는 사건을 A, 코로나에 걸렸다고 진단하는 사건을 E라 하면

$\mathrm{P}(A) = 0.4$, $\mathrm{P}(A^C) = 0.6$

$\mathrm{P}(E|A) = 0.8$, $\mathrm{P}(E|A^C) = 0.1$

따라서 구하는 확률은

$\mathrm{P}(E) = \mathrm{P}(A \cap E) + \mathrm{P}(A^C \cap E)$

$\qquad = \mathrm{P}(A)\mathrm{P}(E|A) + \mathrm{P}(A^C)\mathrm{P}(E|A^C)$

$\qquad = 0.4 \times 0.8 + 0.6 \times 0.1$

$\qquad = 0.38$

158

A가 소수가 적힌 구슬을 꺼내는 사건을 A, B가 소수가 적힌 구슬을 꺼내는 사건을 E라 하면

$\mathrm{P}(A) = \dfrac{4}{10} = \dfrac{2}{5}$, $\mathrm{P}(A^C) = 1 - \dfrac{2}{5} = \dfrac{3}{5}$

$\mathrm{P}(E|A) = \dfrac{3}{9} = \dfrac{1}{3}$, $\mathrm{P}(E|A^C) = \dfrac{4}{9}$

따라서 구하는 확률은
$$P(E)=P(A\cap E)+P(A^c\cap E)$$
$$=P(A)P(E\,|\,A)+P(A^c)P(E\,|\,A^c)$$
$$=\frac{2}{5}\times\frac{1}{3}+\frac{3}{5}\times\frac{4}{9}=\frac{2}{5}$$

159

내일 비가 내리는 사건을 A, 축구팀이 내일 경기에서 이기는 사건을 E라 하면
$$P(A)=0.4,\ P(A^c)=1-0.4=0.6$$
$$P(E\,|\,A)=0.3,\ P(E\,|\,A^c)=0.5$$
따라서 구하는 확률은
$$P(E)=P(A\cap E)+P(A^c\cap E)$$
$$=P(A)P(E\,|\,A)+P(A^c)P(E\,|\,A^c)$$
$$=0.4\times0.3+0.6\times0.5=0.42$$

160

기계 A에서 생산된 제품을 택하는 사건을 A, 불량품을 택하는 사건을 E라 하면 기계 B에서 생산된 제품을 택하는 사건이 A^c이므로
$$P(A\cap E)=P(A)P(E\,|\,A)=0.4\times0.01=0.004$$
$$P(A^c\cap E)=P(A^c)P(E\,|\,A^c)=0.6\times0.02=0.012$$
$$\therefore P(E)=P(A\cap E)+P(A^c\cap E)$$
$$=0.004+0.012=0.016$$
따라서 구하는 확률은
$$P(A^c\,|\,E)=\frac{P(A^c\cap E)}{P(E)}=\frac{0.012}{0.016}=\frac{3}{4}$$

161

흰색 모자를 꺼내는 사건을 A, 노란색 모자라고 대답하는 사건을 E라 하면 노란색 모자를 꺼내는 사건이 A^c이므로
$$P(A\cap E)=P(A)P(E\,|\,A)=\frac{2}{5}\times\frac{40}{100}=\frac{4}{25}$$
$$P(A^c\cap E)=P(A^c)P(E\,|\,A^c)=\frac{3}{5}\times\frac{60}{100}=\frac{9}{25}$$
$$\therefore P(E)=P(A\cap E)+P(A^c\cap E)$$
$$=\frac{4}{25}+\frac{9}{25}=\frac{13}{25}$$
따라서 구하는 확률은
$$P(A^c\,|\,E)=\frac{P(A^c\cap E)}{P(E)}=\frac{\frac{9}{25}}{\frac{13}{25}}=\frac{9}{13}$$

162

첫 번째 시행에서 빨간색인 카드를 뒤집는 사건을 A, 이 시행을 2번 반복한 후 빨간색인 카드가 한 개인 사건을 E라 하면 첫 번째 시행에서 파란색인 카드를 뒤집는 사건은 A^c이므로
$$P(A\cap E)=P(A)P(E\,|\,A)=\frac{1}{6}\times1=\frac{1}{6}$$
$$P(A^c\cap E)=P(A^c)P(E\,|\,A^c)=\frac{5}{6}\times\frac{2}{6}=\frac{5}{18}$$

$$\therefore P(E)=P(A\cap E)+P(A^c\cap E)$$
$$=\frac{1}{6}+\frac{5}{18}=\frac{4}{9}$$
따라서 구하는 확률은
$$P(A\,|\,E)=\frac{P(A\cap E)}{P(E)}=\frac{\frac{1}{6}}{\frac{4}{9}}=\frac{3}{8}$$

163

성재가 가위를 내는 사건을 A, 바위를 내는 사건을 B, 보를 내는 사건을 C, 성재가 이기는 사건을 E라 하면
$$P(A\cap E)=P(A)P(E\,|\,A)=0.3\times0.4=0.12$$
$$P(B\cap E)=P(B)P(E\,|\,B)=0.4\times0.2=0.08$$
$$P(C\cap E)=P(C)P(E\,|\,C)=0.3\times0.4=0.12$$
$$\therefore P(E)=P(A\cap E)+P(B\cap E)+P(C\cap E)$$
$$=0.12+0.08+0.12=0.32$$
따라서 구하는 확률은
$$P(A\,|\,E)=\frac{P(A\cap E)}{P(E)}=\frac{0.12}{0.32}=\frac{3}{8}$$

164

$A=\{2,\,4,\,6\}$, $B=\{1,\,2,\,3\}$, $C=\{3,\,4\}$이므로
$$P(A)=\frac{3}{6}=\frac{1}{2},\ P(B)=\frac{3}{6}=\frac{1}{2},\ P(C)=\frac{2}{6}=\frac{1}{3}$$
$$P(A\cap B)=\frac{1}{6},\ P(B\cap C)=\frac{1}{6},\ P(C\cap A)=\frac{1}{6}$$

ㄱ. $P(A)P(B)=\dfrac{1}{4}$이므로

　　$P(A)P(B)\neq P(A\cap B)$

　　즉, 두 사건 A, B는 서로 종속이다.

ㄴ. $P(B)P(C)=\dfrac{1}{6}$이므로

　　$P(B)P(C)=P(B\cap C)$

　　즉, 두 사건 B, C는 서로 독립이다.

ㄷ. $P(C)P(A)=\dfrac{1}{6}$이므로

　　$P(C)P(A)=P(C\cap A)$

　　즉, 두 사건 C, A는 서로 독립이다.

이상에서 서로 독립인 사건은 ㄴ, ㄷ이다.

165

① 두 사건 A, B가 서로 배반사건이면

　　$A\cap B=\varnothing$

　　따라서 $P(A\cap B^c)=P(A)$이므로

　　$$P(B^c\,|\,A)=\frac{P(A\cap B^c)}{P(A)}=\frac{P(A)}{P(A)}=1$$

② 두 사건 A, B가 서로 배반사건이면

　　$P(A\cap B)=0$

　　이때 $P(A)\neq0$, $P(B)\neq0$이므로

　　$P(A\cap B)\neq P(A)P(B)$

　　즉, 두 사건 A, B는 서로 독립이 아니다.

③ 두 사건 A, B가 서로 독립이면

$\mathrm{P}(A \cap B) = \mathrm{P}(A)\mathrm{P}(B)$

$$\begin{aligned}\therefore \mathrm{P}(A \cap B^c) &= \mathrm{P}(A-B) \\ &= \mathrm{P}(A)-\mathrm{P}(A \cap B) \\ &= \mathrm{P}(A)-\mathrm{P}(A)\mathrm{P}(B) \\ &= \mathrm{P}(A)\{1-\mathrm{P}(B)\} \\ &= \mathrm{P}(A)\mathrm{P}(B^c)\end{aligned}$$

즉, 두 사건 A, B^c는 서로 독립이다.

④ 두 사건 A, B가 서로 독립이면

$\mathrm{P}(A \mid B) = \mathrm{P}(A)$

$\mathrm{P}(B \mid A) = \mathrm{P}(B)$

이때 $\mathrm{P}(A \mid B)$와 $\mathrm{P}(B \mid A)$가 항상 같은 것은 아니다.

⑤ 두 사건 A, B가 서로 독립이면 A^c와 B, A^c와 B^c는 모두 서로 독립이므로

$\mathrm{P}(A^c \mid B^c) = \mathrm{P}(A^c)$

$1 - \mathrm{P}(A^c \mid B) = 1 - \mathrm{P}(A^c) = \mathrm{P}(A)$

이때 $\mathrm{P}(A^c \mid B^c)$와 $1 - \mathrm{P}(A^c \mid B)$가 항상 같은 것은 아니다.

따라서 옳은 것은 ①이다.

사건의 독립(1)

두 사건 A, B가 서로 독립이면 두 사건 A^c, B도 서로 독립임을 확인해 보자.

두 사건 A, B가 서로 독립이면 $\mathrm{P}(A \cap B) = \mathrm{P}(A)\mathrm{P}(B)$이므로

$$\begin{aligned}\mathrm{P}(A^c \cap B) &= \mathrm{P}(B-A) = \mathrm{P}(B)-\mathrm{P}(A \cap B) \\ &= \mathrm{P}(B)-\mathrm{P}(A)\mathrm{P}(B) \\ &= \{1-\mathrm{P}(A)\}\mathrm{P}(B) \\ &= \mathrm{P}(A^c)\mathrm{P}(B)\end{aligned}$$

즉, 두 사건 A^c, B는 서로 독립이다.

166

두 사건 A, B가 서로 독립이므로

$\mathrm{P}(A \cap B) = \mathrm{P}(A)\mathrm{P}(B) = \dfrac{1}{3}\mathrm{P}(B)$

또, $\mathrm{P}(A^c \cap B^c) = \mathrm{P}((A \cup B)^c) = 1 - \mathrm{P}(A \cup B) = \dfrac{1}{5}$이므로

$\mathrm{P}(A \cup B) = \dfrac{4}{5}$

이때 $\mathrm{P}(A \cup B) = \mathrm{P}(A) + \mathrm{P}(B) - \mathrm{P}(A \cap B)$이므로

$\dfrac{4}{5} = \dfrac{1}{3} + \mathrm{P}(B) - \dfrac{1}{3}\mathrm{P}(B)$

$\dfrac{2}{3}\mathrm{P}(B) = \dfrac{7}{15} \qquad \therefore \mathrm{P}(B) = \dfrac{7}{10}$

다른 풀이 두 사건 A, B가 서로 독립이면 두 사건 A^c, B^c도 서로 독립이므로

$$\begin{aligned}\mathrm{P}(A^c \cap B^c) &= \mathrm{P}(A^c)\mathrm{P}(B^c) \\ &= \{1-\mathrm{P}(A)\}\{1-\mathrm{P}(B)\} \\ &= \dfrac{2}{3}\{1-\mathrm{P}(B)\} = \dfrac{1}{5}\end{aligned}$$

$1 - \mathrm{P}(B) = \dfrac{3}{10} \qquad \therefore \mathrm{P}(B) = \dfrac{7}{10}$

사건의 독립(2)

두 사건 A, B가 서로 독립이면 두 사건 A^c, B^c도 서로 독립임을 확인해 보자.

두 사건 A, B가 서로 독립이면 $\mathrm{P}(A \cap B) = \mathrm{P}(A)\mathrm{P}(B)$이므로

$$\begin{aligned}\mathrm{P}(A^c \cap B^c) &= \mathrm{P}((A \cup B)^c) = 1 - \mathrm{P}(A \cup B) \\ &= 1 - \{\mathrm{P}(A)+\mathrm{P}(B)-\mathrm{P}(A)\mathrm{P}(B)\} \\ &= \{1-\mathrm{P}(A)\}\{1-\mathrm{P}(B)\} \\ &= \mathrm{P}(A^c)\mathrm{P}(B^c)\end{aligned}$$

즉, 두 사건 A^c, B^c는 서로 독립이다.

167

$\mathrm{P}(A^c) = 3\mathrm{P}(A)$이므로 $1 - \mathrm{P}(A) = 3\mathrm{P}(A)$에서

$4\mathrm{P}(A) = 1 \qquad \therefore \mathrm{P}(A) = \dfrac{1}{4}$

두 사건 A, B가 서로 독립이므로 $\mathrm{P}(A \cap B) = \mathrm{P}(A)\mathrm{P}(B)$에서

$\dfrac{1}{6} = \dfrac{1}{4}\mathrm{P}(B) \qquad \therefore \mathrm{P}(B) = \dfrac{2}{3}$

168

두 사건 A와 B가 서로 배반사건이면

$\mathrm{P}(A \cap B) = 0$

이때 $\mathrm{P}(A \cup B) = \mathrm{P}(A) + \mathrm{P}(B) - \mathrm{P}(A \cap B)$이므로

$\dfrac{3}{4} = \mathrm{P}(A) + \dfrac{2}{3} \qquad \therefore \mathrm{P}(A) = \dfrac{1}{12}$

$\therefore \alpha = \dfrac{1}{12}$

두 사건 A와 B가 서로 독립이면

$\mathrm{P}(A \cap B) = \mathrm{P}(A)\mathrm{P}(B) = \dfrac{2}{3}\mathrm{P}(A)$

이때 $\mathrm{P}(A \cup B) = \mathrm{P}(A) + \mathrm{P}(B) - \mathrm{P}(A \cap B)$이므로

$\dfrac{3}{4} = \mathrm{P}(A) + \dfrac{2}{3} - \dfrac{2}{3}\mathrm{P}(A)$

$\dfrac{1}{3}\mathrm{P}(A) = \dfrac{1}{12} \qquad \therefore \mathrm{P}(A) = \dfrac{1}{4}$

$\therefore \beta = \dfrac{1}{4}$

$\therefore \alpha + \beta = \dfrac{1}{12} + \dfrac{1}{4} = \dfrac{1}{3}$

169

두 선수 A, B가 페널티 킥을 성공시키는 사건을 각각 A, B라 하면 두 사건 A, B는 서로 독립이므로

$\mathrm{P}(A \cap B) = \mathrm{P}(A)\mathrm{P}(B) = \dfrac{2}{5}p$

또, 두 선수 A, B 중 적어도 한 명이 페널티 킥을 성공시킬 확률이 $\dfrac{13}{25}$이므로

$\mathrm{P}(A \cup B) = \dfrac{13}{25}$

이때 $\mathrm{P}(A\cup B)=\mathrm{P}(A)+\mathrm{P}(B)-\mathrm{P}(A\cap B)$이므로

$$\frac{13}{25}=\frac{2}{5}+p-\frac{2}{5}p, \ \frac{3}{5}p=\frac{3}{25}$$

$$\therefore p=\frac{1}{5}$$

다른 풀이 두 선수 A, B가 페널티 킥을 성공시키는 사건을 각각 A, B라 하면 두 사건 A, B는 서로 독립이므로 두 선수 A, B가 모두 페널티 킥을 성공시키지 못할 확률은

$$\begin{aligned}
\mathrm{P}(A^c\cap B^c)&=\mathrm{P}(A^c)\mathrm{P}(B^c)\\
&=\left(1-\frac{2}{5}\right)(1-p)\\
&=\frac{3}{5}(1-p) \qquad\cdots\cdots\ \unicode{x24D8}
\end{aligned}$$

A, B가 서로 독립이므로 A^c, B^c도 서로 독립이다.

이때 $\mathrm{P}(A\cup B)=\dfrac{13}{25}$이므로

$$\begin{aligned}
\mathrm{P}(A^c\cap B^c)&=\mathrm{P}((A\cup B)^c)\\
&=1-\mathrm{P}(A\cup B)\\
&=1-\frac{13}{25}=\frac{12}{25} \qquad\cdots\cdots\ \unicode{x24DB}
\end{aligned}$$

$\unicode{x24D8}$, $\unicode{x24DB}$에서

$$\frac{3}{5}(1-p)=\frac{12}{25}, \ 1-p=\frac{4}{5}$$

$$\therefore p=\frac{1}{5}$$

170

희진이와 윤호가 흰 공을 뽑는 사건을 각각 A, B라 하면

$$\mathrm{P}(A)=\frac{4}{5}, \ \mathrm{P}(B)=\frac{3}{5}$$

두 사람 중에서 한 명만 흰 공을 뽑는 사건은
$(A\cap B^c)\cup(A^c\cap B)$

두 사건 A, B는 서로 독립이므로 두 사건 A, B^c도 서로 독립이고, 두 사건 A^c, B도 서로 독립이다.

$$\therefore \mathrm{P}(A\cap B^c)=\mathrm{P}(A)\mathrm{P}(B^c)=\frac{4}{5}\times\frac{2}{5}=\frac{8}{25},$$

$$\mathrm{P}(A^c\cap B)=\mathrm{P}(A^c)\mathrm{P}(B)=\frac{1}{5}\times\frac{3}{5}=\frac{3}{25}$$

그런데 $A\cap B^c$, $A^c\cap B$는 서로 배반사건이므로 구하는 확률은
$$\begin{aligned}
\mathrm{P}((A\cap B^c)\cup(A^c\cap B))&=\mathrm{P}(A\cap B^c)+\mathrm{P}(A^c\cap B)\\
&=\frac{8}{25}+\frac{3}{25}=\frac{11}{25}
\end{aligned}$$

따라서 $p=25$, $q=11$이므로
$$p+q=25+11=36$$

171

재현이가 받은 점수의 합이 80점이 되는 각 경우의 확률은 다음과 같다.

(i) 창의성에서 50점, 심미성에서 30점을 받는 경우

$$\frac{1}{2}\times\frac{1}{6}=\frac{1}{12}$$

(ii) 창의성, 심미성에서 모두 40점을 받는 경우

$$\frac{1}{3}\times\frac{1}{3}=\frac{1}{9}$$

(iii) 창의성에서 30점, 심미성에서 50점을 받는 경우

$$\frac{1}{6}\times\frac{1}{2}=\frac{1}{12}$$

이상에서 구하는 확률은

$$\frac{1}{12}+\frac{1}{9}+\frac{1}{12}=\frac{5}{18}$$

172

전체 학생 480명 중에서 1학년 학생을 택하는 사건을 A, 체험 학습 실시에 찬성하는 학생을 택하는 사건을 B라 하자. 1학년 학생 중에서 체험 학습 실시에 찬성하는 학생을 x명이라 하면

$$\mathrm{P}(A)=\frac{120}{480}=\frac{1}{4}, \ \mathrm{P}(B)=\frac{280}{480}=\frac{7}{12}$$

$$\mathrm{P}(A\cap B)=\frac{x}{480}$$

두 사건 A, B는 서로 독립이므로
$$\mathrm{P}(A\cap B)=\mathrm{P}(A)\mathrm{P}(B)$$

$$\frac{x}{480}=\frac{1}{4}\times\frac{7}{12} \qquad \therefore x=70$$

1학년 학생이 120명이므로
$70+a=120$에서 $a=50$

체험 학습 실시에 찬성하는 학생이 280명이므로
$70+b=280$에서 $b=210$

$$\therefore a+b=50+210=260$$

173

자유투를 한 번 던져 성공할 확률이 $\dfrac{2}{3}$이므로 실패할 확률은

$$1-\frac{2}{3}=\frac{1}{3}$$

따라서 5번의 자유투를 던져 3번 성공할 확률은

$${}_5\mathrm{C}_3\left(\frac{2}{3}\right)^3\left(\frac{1}{3}\right)^2=\frac{80}{243}$$

174

한 개의 동전을 4번 던질 때 앞면이 적어도 한 번 나오는 사건을 A라 하면 A^c는 뒷면이 4번 나오는 사건이므로

$$\mathrm{P}(A^c)={}_4\mathrm{C}_0\left(\frac{1}{2}\right)^0\left(\frac{1}{2}\right)^4=\frac{1}{16}$$

따라서 구하는 확률은

$$\mathrm{P}(A)=1-\mathrm{P}(A^c)=1-\frac{1}{16}=\frac{15}{16}$$

175

가영이가 문제를 맞힐 확률은 $\dfrac{4}{5}$

(i) 가영이가 2문제를 맞힐 확률은

$${}_3\mathrm{C}_2\left(\frac{4}{5}\right)^2\left(\frac{1}{5}\right)^1=\frac{48}{125}$$

(ii) 가영이가 3문제를 맞힐 확률은

$${}_3\mathrm{C}_3\left(\frac{4}{5}\right)^3\left(\frac{1}{5}\right)^0=\frac{64}{125}$$

(i), (ii)에서 구하는 확률은

$$\frac{48}{125}+\frac{64}{125}=\frac{112}{125}$$

176

주머니에서 임의로 한 개의 구슬을 꺼냈을 때, 이 구슬이 흰 구슬인 사건을 A라 하자.

$\mathrm{P}(A)=\dfrac{3}{5}$, $\mathrm{P}(A^C)=\dfrac{2}{5}$이므로 10회의 독립시행에서 사건 A가 n번 일어날 확률은

$$\mathrm{P}(n)={}_{10}\mathrm{C}_n\left(\frac{3}{5}\right)^n\left(\frac{2}{5}\right)^{10-n}$$

이고, 사건 A가 $(10-n)$번 일어날 확률은

$$\mathrm{P}(10-n)={}_{10}\mathrm{C}_{10-n}\left(\frac{3}{5}\right)^{10-n}\left(\frac{2}{5}\right)^{n}$$

$$\therefore \ \frac{\mathrm{P}(10-n)}{\mathrm{P}(n)}=\frac{{}_{10}\mathrm{C}_{10-n}\left(\frac{3}{5}\right)^{10-n}\left(\frac{2}{5}\right)^{n}}{{}_{10}\mathrm{C}_n\left(\frac{3}{5}\right)^n\left(\frac{2}{5}\right)^{10-n}}$$

$$=\frac{{}_{10}\mathrm{C}_{10-n}}{{}_{10}\mathrm{C}_n}\times 3^{10-2n}\times 2^{2n-10}$$

$$=\frac{3^{10-2n}}{2^{10-2n}}\ (\because {}_{10}\mathrm{C}_{10-n}={}_{10}\mathrm{C}_n)$$

즉, $\dfrac{3^{10-2n}}{2^{10-2n}}=\dfrac{81}{16}=\dfrac{3^4}{2^4}$이므로

$10-2n=4$ $\qquad \therefore n=3$

177

한 번의 가위바위보에서 성희가 이길 확률은 $\dfrac{1}{3}$

성희가 이긴 횟수를 $x\,(0\le x\le 7)$라 하면 비기거나 진 횟수는 $(7-x)$이다.

성희가 5계단을 올라가려면

$2x-(7-x)=5,\ 3x=12$ $\qquad \therefore x=4$

따라서 구하는 확률은

$${}_7\mathrm{C}_4\left(\frac{1}{3}\right)^4\left(\frac{2}{3}\right)^3=\frac{280}{3^7}$$

이므로 $n=280$

178

(i) 주머니에서 흰 구슬을 꺼내고 화살을 2번 쏘아 2번 모두 명중시킬 확률은

$$\frac{3}{5}\times {}_2\mathrm{C}_2\left(\frac{1}{4}\right)^2\left(\frac{3}{4}\right)^0=\frac{3}{80}$$

(ii) 주머니에서 검은 구슬을 꺼내고 화살을 3번 쏘아 2번 명중시킬 확률은

$$\frac{2}{5}\times {}_3\mathrm{C}_2\left(\frac{1}{4}\right)^2\left(\frac{3}{4}\right)^1=\frac{9}{160}$$

(i), (ii)에서 구하는 확률은

$$\frac{3}{80}+\frac{9}{160}=\frac{3}{32}$$

179

A선수가 이길 확률이 $\dfrac{3}{5}$이므로 B선수가 이길 확률은

$$1-\frac{3}{5}=\frac{2}{5}$$

다섯 번째 경기에서 승부가 결정되려면 우승하는 선수는 네 번째 경기까지 3번 이기고 1번 진 후, 다섯 번째 경기에서 이겨야 한다.

(i) A선수가 우승할 확률은

$${}_4\mathrm{C}_3\left(\frac{3}{5}\right)^3\left(\frac{2}{5}\right)^1\times\frac{3}{5}=\frac{648}{5^5}$$

(ii) B선수가 우승할 확률은

$${}_4\mathrm{C}_3\left(\frac{2}{5}\right)^3\left(\frac{3}{5}\right)^1\times\frac{2}{5}=\frac{192}{5^5}$$

(i), (ii)에서 구하는 확률은

$$\frac{648}{5^5}+\frac{192}{5^5}=\frac{168}{625}$$

180

한 개의 주사위를 5번 던지고, 한 개의 동전을 4번 던지므로

$0\le a\le 5,\ 0\le b\le 4$

이때 $a-b=3$이 되는 경우는

$a=5,\ b=2$ 또는 $a=4,\ b=1$ 또는 $a=3,\ b=0$

(i) $a=5,\ b=2$일 확률은

$${}_5\mathrm{C}_5\left(\frac{1}{2}\right)^5\left(\frac{1}{2}\right)^0\times {}_4\mathrm{C}_2\left(\frac{1}{2}\right)^2\left(\frac{1}{2}\right)^2=6\times\left(\frac{1}{2}\right)^9$$

(ii) $a=4,\ b=1$일 확률은

$${}_5\mathrm{C}_4\left(\frac{1}{2}\right)^4\left(\frac{1}{2}\right)^1\times {}_4\mathrm{C}_1\left(\frac{1}{2}\right)^1\left(\frac{1}{2}\right)^3=20\times\left(\frac{1}{2}\right)^9$$

(iii) $a=3,\ b=0$일 확률은

$${}_5\mathrm{C}_3\left(\frac{1}{2}\right)^3\left(\frac{1}{2}\right)^2\times {}_4\mathrm{C}_0\left(\frac{1}{2}\right)^0\left(\frac{1}{2}\right)^4=10\times\left(\frac{1}{2}\right)^9$$

이상에서 구하는 확률은

$$6\times\left(\frac{1}{2}\right)^9+20\times\left(\frac{1}{2}\right)^9+10\times\left(\frac{1}{2}\right)^9=\frac{36}{2^9}=\frac{9}{128}$$

따라서 $p=128,\ q=9$이므로 $p+q=128+9=137$

● 51쪽

181 $\dfrac{1}{2}$ **182** $\dfrac{69}{98}$ **183** $\dfrac{4}{5}$ **184** (1) $0,\ 1$ (2) $\dfrac{16}{27}$

181

주사위를 한 번 던져서 짝수의 눈이 나오는 사건을 A, 이차방정식 $x^2-ax+b=0$이 서로 다른 두 실근을 갖는 사건을 B라 하면

$$\mathrm{P}(A)=\frac{3}{6}=\frac{1}{2} \qquad\qquad \cdots\cdots\ \text{㉮}$$

이차방정식 $x^2-ax+b=0$의 판별식을 D라 할 때, 서로 다른 두 실근을 가지려면

$D=a^2-4b>0$ $\qquad \therefore a^2>4b$

즉, a가 짝수이고, 이차방정식 $x^2-ax+b=0$이 서로 다른 두 실근을 갖는 경우를 순서쌍 (a, b)로 나타내면
$(4, 1), (4, 2), (4, 3), (6, 1), (6, 2), (6, 3), (6, 4), (6, 5), (6, 6)$
의 9가지이므로

$$P(A\cap B)=\frac{9}{36}=\frac{1}{4}\qquad\cdots\cdots\text{ⓝ}$$

따라서 구하는 확률은

$$P(B\,|\,A)=\frac{P(A\cap B)}{P(A)}=\frac{\frac{1}{4}}{\frac{1}{2}}=\frac{1}{2}\qquad\cdots\cdots\text{ⓓ}$$

채점 기준	배점 비율
㉮ 주사위를 한 번 던져서 짝수의 눈이 나올 확률 구하기	30 %
㉯ a가 짝수이고, 이차방정식 $x^2-ax+b=0$이 서로 다른 두 실근을 가질 확률 구하기	50 %
㉰ a가 짝수일 때, 이차방정식 $x^2-ax+b=0$이 서로 다른 두 실근을 가질 확률 구하기	20 %

182

처음에 검은 공을 꺼내는 사건을 A, 2개의 공을 꺼낼 때 적어도 한 개의 흰 공을 꺼내는 사건을 E라 하면

$$P(A)=\frac{4}{7},\ P(A^C)=\frac{3}{7}$$

처음에 검은 공을 꺼낸 경우, 상자 안에 검은 공 5개, 흰 공 3개가 들어 있게 되므로

$$P(E\,|\,A)=1-\frac{{}_5C_2}{{}_8C_2}=1-\frac{5}{14}=\frac{9}{14}\qquad\cdots\cdots\text{㉮}$$

처음에 흰 공을 꺼낸 경우, 상자 안에 검은 공 4개, 흰 공 4개가 들어 있게 되므로

$$P(E\,|\,A^C)=1-\frac{{}_4C_2}{{}_8C_2}=1-\frac{3}{14}=\frac{11}{14}\qquad\cdots\cdots\text{㉯}$$

따라서 구하는 확률은
$$\begin{aligned}
P(E)&=P(A\cap E)+P(A^C\cap E)\\
&=P(A)P(E\,|\,A)+P(A^C)P(E\,|\,A^C)\\
&=\frac{4}{7}\times\frac{9}{14}+\frac{3}{7}\times\frac{11}{14}=\frac{69}{98}\qquad\cdots\cdots\text{㉰}
\end{aligned}$$

채점 기준	배점 비율
㉮ 처음에 검은 공을 꺼낸 경우, 다시 2개의 공을 꺼낼 때 적어도 한 개의 흰 공을 꺼낼 확률 구하기	40 %
㉯ 처음에 흰 공을 꺼낸 경우, 다시 2개의 공을 꺼낼 때 적어도 한 개의 흰 공을 꺼낼 확률 구하기	40 %
㉰ 2개의 공을 꺼낼 때, 적어도 한 개의 흰 공을 꺼낼 확률 구하기	20 %

183

두 사건 A, B가 서로 독립이면 두 사건 A와 B^C, 두 사건 A^C와 B도 모두 서로 독립이므로
$$P(A\cap B^C)=P(A)P(B^C)$$
$$P(A^C\cap B)=P(A^C)P(B)\qquad\cdots\cdots\text{㉮}$$
또, 두 사건 $A-B$와 $B-A$는 서로 배반사건이므로
$$P((A-B)\cup(B-A))=P(A-B)+P(B-A)$$

$$\begin{aligned}
P(A-B)&=P(A\cap B^C)\\
&=P(A)P(B^C)\\
&=P(A)\{1-P(B)\}=\frac{1}{3}\{1-P(B)\}
\end{aligned}$$
$$\begin{aligned}
P(B-A)&=P(A^C\cap B)\\
&=P(A^C)P(B)\\
&=\{1-P(A)\}P(B)=\frac{2}{3}P(B)
\end{aligned}$$

이므로 $\dfrac{1}{3}\{1-P(B)\}+\dfrac{2}{3}P(B)=\dfrac{3}{5}\qquad\cdots\cdots\text{㉯}$

$$\frac{1}{3}P(B)=\frac{4}{15}\qquad\therefore\ P(B)=\frac{4}{5}\qquad\cdots\cdots\text{㉰}$$

채점 기준	배점 비율
㉮ A와 B^C, A^C와 B가 서로 독립임을 알기	30 %
㉯ $P((A-B)\cup(B-A))=\dfrac{3}{5}$을 $P(B)$에 대한 식으로 나타내기	50 %
㉰ $P(B)$ 구하기	20 %

184

(1) 4번의 시행 중에서 검은 공이 나온 횟수를 $x\ (0\le x\le 4)$라 하면 흰 공이 나온 횟수는 $(4-x)$이므로
$$1\times x+2\times(4-x)\ge 7\qquad\cdots\cdots\text{㉮}$$
$$-x\ge -1\quad\therefore\ x\le 1$$
$$\therefore\ x=0\ \text{또는}\ x=1$$
따라서 검은 공이 나올 수 있는 횟수는 0, 1이다. $\qquad\cdots\cdots\text{㉯}$

(2) 구하는 확률은
$${}_4C_0\left(\frac{1}{3}\right)^0\left(\frac{2}{3}\right)^4+{}_4C_1\left(\frac{1}{3}\right)^1\left(\frac{2}{3}\right)^3=\frac{16}{81}+\frac{32}{81}=\frac{16}{27}\qquad\cdots\cdots\text{㉰}$$

	채점 기준	배점 비율
(1)	㉮ 검은 공이 나온 횟수에 대한 부등식 세우기	30 %
	㉯ 검은 공이 나올 수 있는 횟수 구하기	20 %
(2)	㉰ 기록한 점수의 합이 7점 이상일 확률 구하기	50 %

1등급 실력 완성
● 52쪽 ~ 53쪽

185 ③   **186** ④   **187** $\dfrac{17}{212}$ **188** ②   **189** ④

190 ④   **191** $\dfrac{11}{27}$ **192** $\dfrac{8}{9}$

185

조건부확률의 계산

(전략) $P(B\,|\,A)=\dfrac{P(A\cap B)}{P(A)}$ 를 간단히 정리한 후, 이 식의 값이 최대일 때와 최소일 때를 파악한다.

풀이 $\mathrm{P}(B\,|\,A)=\dfrac{\mathrm{P}(A\cap B)}{\mathrm{P}(A)}$

$\qquad\qquad\quad =\dfrac{\mathrm{P}(A\cap B)}{0.7}$

$\qquad\qquad\quad =\dfrac{10}{7}\mathrm{P}(A\cap B)$

이므로 $\mathrm{P}(A\cap B)$가 최대일 때 $\mathrm{P}(B\,|\,A)$도 최대이고, $\mathrm{P}(A\cap B)$가 최소일 때 $\mathrm{P}(B\,|\,A)$도 최소이다.

(i) $B\subset A$일 때 $\mathrm{P}(A\cap B)$는 최대이고, 최댓값은

$\quad \mathrm{P}(A\cap B)=\mathrm{P}(B)=0.5$

$\quad \therefore M=\dfrac{10}{7}\times 0.5=\dfrac{5}{7}$

(ii) $\mathrm{P}(A\cup B)=\mathrm{P}(A)+\mathrm{P}(B)-\mathrm{P}(A\cap B)=1$일 때 $\mathrm{P}(A\cap B)$는 최소이고, 최솟값은

$\quad \mathrm{P}(A\cap B)=\mathrm{P}(A)+\mathrm{P}(B)-1$

$\qquad\qquad\quad\;\; =0.7+0.5-1=0.2$

$\quad \therefore m=\dfrac{10}{7}\times 0.2=\dfrac{2}{7}$

(i), (ii)에서 $M+m=\dfrac{5}{7}+\dfrac{2}{7}=1$

186

조건부확률

전략 스포츠 센터를 주 2회 이하 이용하는 회원인 사건을 A, 남성 회원인 사건을 B라 하고 $\mathrm{P}(B\,|\,A)=\dfrac{\mathrm{P}(A\cap B)}{\mathrm{P}(A)}$임을 이용한다.

풀이 전체 회원 160명 중에서 스포츠 센터를 주 3회 이상 이용하는 회원 수는 $160\times\dfrac{60}{100}=96$이고, 스포츠 센터를 주 2회 이하 이용하는 회원 수는 $160\times\dfrac{40}{100}=64$이다.

스포츠 센터를 주 3회 이상 이용하는 여성 회원의 수를 a라 하면 이 스포츠 센터의 회원 중에서 임의로 택한 회원이 여성일 때, 이 회원이 주 3회 이상 이용할 확률이 $\dfrac{2}{5}$이므로

$\dfrac{a}{60}=\dfrac{2}{5}$ $\quad \therefore a=24$

즉, 주어진 조건을 표로 나타내면 다음과 같다.

(단위: 명)

	주 3회 이상	주 2회 이하	합계
남성	72	28	100
여성	24	36	60
합계	96	64	160

이 스포츠 센터의 회원 중에서 임의로 한 명을 택했을 때 스포츠 센터를 주 2회 이하 이용하는 회원인 사건을 A, 남성 회원인 사건을 B라 하면

$\mathrm{P}(A)=\dfrac{64}{160}=\dfrac{2}{5}$, $\mathrm{P}(A\cap B)=\dfrac{28}{160}=\dfrac{7}{40}$

따라서 구하는 확률은

$\mathrm{P}(B\,|\,A)=\dfrac{\mathrm{P}(A\cap B)}{\mathrm{P}(A)}=\dfrac{\frac{7}{40}}{\frac{2}{5}}=\dfrac{7}{16}$

187

조건부확률

전략 여사건의 확률을 이용하여 $\mathrm{P}(A)$를 구하고, 주어진 조건을 만족시키는 경우의 수를 구한 후 조건부확률을 이용한다.

풀이 주사위의 눈의 수 a, b, c가 $a+b+c>16$을 만족시키는 경우를 순서쌍 (a, b, c)로 나타내면

$(5, 6, 6)$, $(6, 5, 6)$, $(6, 6, 5)$, $(6, 6, 6)$

의 4가지이므로

$\mathrm{P}(A^{C})=\dfrac{4}{216}=\dfrac{1}{54}$

$\therefore \mathrm{P}(A)=1-\mathrm{P}(A^{C})=1-\dfrac{1}{54}=\dfrac{53}{54}$

$a+b=2c$에서

(i) $c=1$일 때, $a+b=2$이므로

$\quad (1, 1, 1)$의 1가지

(ii) $c=2$일 때, $a+b=4$이므로

$\quad (1, 3, 2)$, $(2, 2, 2)$, $(3, 1, 2)$

$\quad$ 의 3가지

(iii) $c=3$일 때, $a+b=6$이므로

$\quad (1, 5, 3)$, $(2, 4, 3)$, $(3, 3, 3)$, $(4, 2, 3)$, $(5, 1, 3)$

$\quad$ 의 5가지

(iv) $c=4$일 때, $a+b=8$이므로

$\quad (2, 6, 4)$, $(3, 5, 4)$, $(4, 4, 4)$, $(5, 3, 4)$, $(6, 2, 4)$

$\quad$ 의 5가지

(v) $c=5$일 때, $a+b=10$이므로

$\quad (4, 6, 5)$, $(5, 5, 5)$, $(6, 4, 5)$

$\quad$ 의 3가지

(vi) $c=6$일 때, $a+b=12$이므로

$\quad (6, 6, 6)$의 1가지

$\quad$ 그런데 $(6, 6, 6)$은 $a+b+c\le 16$을 만족시키지 않는다.

이상에서 $\mathrm{P}(A\cap B)=\dfrac{1+3+5+5+3}{216}=\dfrac{17}{216}$

$\therefore \mathrm{P}(B\,|\,A)=\dfrac{\mathrm{P}(A\cap B)}{\mathrm{P}(A)}=\dfrac{\frac{17}{216}}{\frac{53}{54}}=\dfrac{17}{212}$

188

조건부확률과 확률의 곱셈정리

전략 세 주사위 A, B, C에서 두 번 모두 같은 수가 나오는 사건의 확률을 각각 구한다.

풀이 세 주사위 A, B, C를 택하는 사건을 각각 A, B, C라 하고 주사위를 두 번 던졌을 때 두 번 모두 같은 수가 나오는 사건을 E라 하면

$\mathrm{P}(A\cap E)=\mathrm{P}(A)\mathrm{P}(E\,|\,A)$

$\qquad\qquad =\dfrac{1}{3}\times\left(\dfrac{1}{3}\times\dfrac{1}{3}+\dfrac{2}{3}\times\dfrac{2}{3}\right)=\dfrac{5}{27}$

$\mathrm{P}(B\cap E)=\mathrm{P}(B)\mathrm{P}(E\,|\,B)$

$\qquad\qquad =\dfrac{1}{3}\times\left(\dfrac{1}{3}\times\dfrac{1}{3}+\dfrac{2}{3}\times\dfrac{2}{3}\right)=\dfrac{5}{27}$

$$P(C \cap E) = P(C)P(E|C)$$
$$= \frac{1}{3} \times (1 \times 1) = \frac{1}{3}$$
$$\therefore P(E) = P(A \cap E) + P(B \cap E) + P(C \cap E)$$
$$= \frac{5}{27} + \frac{5}{27} + \frac{1}{3} = \frac{19}{27}$$

따라서 구하는 확률은

$$P(A|E) = \frac{P(A \cap E)}{P(E)} = \frac{\dfrac{5}{27}}{\dfrac{19}{27}} = \frac{5}{19}$$

189
조건부확률

(전략) 상자 B에 들어 있는 공의 개수가 8인 사건을 E, 상자 B에 들어 있는 검은 공의 개수가 2인 사건을 F라 하면 구하는 확률은 $P(F|E)$임을 이용한다.

(풀이) 상자 B에 들어 있는 공의 개수가 8인 사건을 E, 상자 B에 들어 있는 검은 공의 개수가 2인 사건을 F라 하자.

한 번의 시행에서 상자 B에 넣는 공의 개수는 1 또는 2 또는 3이므로 주어진 시행을 4번 반복한 후 상자 B에 들어 있는 공의 개수가 8인 경우는

1, 1, 3, 3 또는 1, 2, 2, 3 또는 2, 2, 2, 2

를 일렬로 나열하는 경우와 같다.

(i) 상자 B에 넣은 공의 개수가 1, 1, 3, 3인 경우

상자 B에 들어 있는 검은 공의 개수는 2이다.

주머니에서 숫자 1이 적힌 카드를 2번, 숫자 4가 적힌 카드를 2번 꺼내면 되므로 이 경우의 확률은

$$\frac{4!}{2! \times 2!} \times \left\{ \left(\frac{1}{4}\right)^2 \times \left(\frac{1}{4}\right)^2 \right\} = 6 \times \left(\frac{1}{4}\right)^4$$

(ii) 상자 B에 넣은 공의 개수가 1, 2, 2, 3인 경우

상자 B에 들어 있는 검은 공의 개수는 3이다.

주머니에서 숫자 1이 적힌 카드를 1번, 숫자 2 또는 3이 적힌 카드를 2번, 숫자 4가 적힌 카드를 1번 꺼내면 되므로 이 경우의 확률은

$$\frac{4!}{2!} \times \left\{ \frac{1}{4} \times \left(\frac{2}{4}\right)^2 \times \frac{1}{4} \right\} = 48 \times \left(\frac{1}{4}\right)^4$$

(iii) 상자 B에 넣은 공의 개수가 2, 2, 2, 2인 경우

상자 B에 들어 있는 검은 공의 개수는 4이다.

주머니에서 숫자 2 또는 3이 적힌 카드를 4번 꺼내면 되므로 이 경우의 확률은

$$\left(\frac{2}{4}\right)^4 = 16 \times \left(\frac{1}{4}\right)^4$$

이상에서

$$P(E) = 6 \times \left(\frac{1}{4}\right)^4 + 48 \times \left(\frac{1}{4}\right)^4 + 16 \times \left(\frac{1}{4}\right)^4$$
$$= 70 \times \left(\frac{1}{4}\right)^4$$

따라서 구하는 확률은

$$P(F|E) = \frac{P(E \cap F)}{P(E)} = \frac{6 \times \left(\frac{1}{4}\right)^4}{70 \times \left(\frac{1}{4}\right)^4} = \frac{3}{35}$$

190
조건부확률 ➕ 사건의 독립과 종속

(전략) 두 사건 A, B에 대하여 $A \cap B = \varnothing$이면 A, B는 서로 배반사건이고, $P(A \cap B) = P(A)P(B)$이면 A, B는 서로 독립임을 이용한다.

(풀이) ㄱ. $A_2 = \{2, 4, 6, 8, 10, 12, 14\}$, $A_4 = \{4, 8, 12\}$,
$A_2 \cap A_4 = \{4, 8, 12\}$이므로

$$P(A_2) = \frac{7}{15}, \quad P(A_4) = \frac{3}{15} = \frac{1}{5},$$
$$P(A_2 \cap A_4) = \frac{3}{15} = \frac{1}{5}$$
$$\therefore P(A_4|A_2) = \frac{P(A_2 \cap A_4)}{P(A_2)} = \frac{\dfrac{1}{5}}{\dfrac{7}{15}} = \frac{3}{7} \ (\text{거짓})$$

ㄴ. $A_6 = \{6, 12\}$, $A_8 = \{8\}$이므로
$$A_6 \cap A_8 = \varnothing$$

따라서 두 사건 A_6과 A_8은 서로 배반사건이다. (참)

ㄷ. $A_3 = \{3, 6, 9, 12, 15\}$, $A_5 = \{5, 10, 15\}$,
$A_3 \cap A_5 = \{15\}$이므로

$$P(A_3) = \frac{5}{15} = \frac{1}{3}, \quad P(A_5) = \frac{3}{15} = \frac{1}{5},$$
$$P(A_3 \cap A_5) = \frac{1}{15}$$

따라서 $P(A_3 \cap A_5) = P(A_3)P(A_5)$이므로 두 사건 A_3과 A_5는 서로 독립이다. (참)

이상에서 옳은 것은 ㄴ, ㄷ이다.

191
독립시행의 확률

(전략) 네 수의 합이 6 이하가 되는 경우를 구하고 독립시행의 확률을 이용한다.

(풀이) 정육면체 모양의 상자를 네 번 던졌을 때, 네 수의 합이 6 이하가 되는 경우는 다음과 같다.

(i) 네 수의 합이 4인 경우

1이 네 번 나와야 하므로 이 경우의 확률은

$$_4C_4 \left(\frac{1}{3}\right)^4 \left(\frac{2}{3}\right)^0 = \frac{1}{81}$$

(ii) 네 수의 합이 5인 경우

1이 세 번 나오고 2가 한 번 나와야 하므로 이 경우의 확률은

$$_4C_3 \left(\frac{1}{3}\right)^3 \left(\frac{2}{3}\right)^1 = \frac{8}{81}$$

(iii) 네 수의 합이 6인 경우

1이 두 번 나오고 2가 두 번 나와야 하므로 이 경우의 확률은

$$_4C_2 \left(\frac{1}{3}\right)^2 \left(\frac{2}{3}\right)^2 = \frac{8}{27}$$

이상에서 구하는 확률은

$$\frac{1}{81} + \frac{8}{81} + \frac{8}{27} = \frac{11}{27}$$

192
독립시행의 확률

(전략) 주사위를 4번 던져서 원점에서 출발한 점 P의 좌표가 2 이상인 경우를 구하고 독립시행의 확률을 이용한다.

풀이 주사위를 한 번 던져서 나온 눈의 수가 6의 약수일 확률은

$$\frac{4}{6}=\frac{2}{3}$$

4번째 시행 후 점 P의 좌표가 2 이상인 경우는 다음과 같다.

(i) 점 P의 좌표가 2인 경우

4번의 시행 중에서 6의 약수의 눈이 2번 나오는 경우이므로 이 경우의 확률은

$$_4C_2\left(\frac{2}{3}\right)^2\left(\frac{1}{3}\right)^2=\frac{8}{27}$$

(ii) 점 P의 좌표가 3인 경우

4번의 시행 중에서 6의 약수의 눈이 3번 나오는 경우이므로 이 경우의 확률은

$$_4C_3\left(\frac{2}{3}\right)^3\left(\frac{1}{3}\right)^1=\frac{32}{81}$$

(iii) 점 P의 좌표가 4인 경우

4번의 시행 중에서 6의 약수의 눈이 4번 나오는 경우이므로 이 경우의 확률은

$$_4C_4\left(\frac{2}{3}\right)^4\left(\frac{1}{3}\right)^0=\frac{16}{81}$$

이상에서 구하는 확률은

$$\frac{8}{27}+\frac{32}{81}+\frac{16}{81}=\frac{8}{9}$$

● 54쪽

193 9 **194** $\dfrac{5}{36}$

193

조건부확률

(1단계) $b-a\geq5$인 사건을 A, $c-a\geq10$인 사건을 B라 하고 $\mathrm{P}(A)$를 구한다.

$b-a\geq5$인 사건을 A, $c-a\geq10$인 사건을 B라 하자.

12개의 공이 들어 있는 주머니에서 임의로 3개의 공을 동시에 꺼내는 경우의 수는

$$_{12}C_3=220$$

$b-a\geq5$에서 $b\geq a+5$

또, c는 b보다 큰 자연수이므로 $c\geq b+1$

$\therefore a+6\leq b+1\leq c$

이때 $1\leq a<b<c\leq12$이므로

$7\leq a+6\leq b+1\leq c\leq12$

$a+6$, $b+1$, c의 값은 7부터 12까지의 자연수 중에서 중복을 허락하여 3개를 택한 후 크기가 작은 것부터 차례대로 $a+6$, $b+1$, c의 값으로 정하면 된다.

즉, $b-a\geq5$를 만족시키는 a, b, c의 순서쌍 (a,b,c)의 개수는 6개의 자연수 중에서 3개를 택하는 중복조합의 수와 같으므로

$$_6H_3=_{6+3-1}C_3=_8C_3=56$$

$$\therefore \mathrm{P}(A)=\frac{56}{220}=\frac{14}{55}$$

(2단계) a의 값에 따라 $\mathrm{P}(A\cap B)$를 구한다.

사건 $A\cap B$는 $b-a\geq5$이고 $c-a\geq10$인 사건이므로

(i) $a=1$인 경우

$b-a\geq5$에서 $b-1\geq5$ $\quad\therefore b\geq6$

$c-a\geq10$에서 $c-1\geq10$ $\quad\therefore c\geq11$

$c=11$이면 $6\leq b<11$이므로

$b=6,\ 7,\ 8,\ 9,\ 10$

$c=12$이면 $6\leq b<12$이므로

$b=6,\ 7,\ 8,\ 9,\ 10,\ 11$

즉, a, b, c의 순서쌍 (a,b,c)의 개수는

$5+6=11$

(ii) $a=2$인 경우

$b-a\geq5$에서 $b-2\geq5$ $\quad\therefore b\geq7$

$c-a\geq10$에서 $c-2\geq10$ $\quad\therefore c\geq12$

$c=12$이고, $7\leq b<12$이므로

$b=7,\ 8,\ 9,\ 10,\ 11$

즉, a, b, c의 순서쌍 (a,b,c)의 개수는 5이다.

(i), (ii)에서 $b-a\geq5$이고 $c-a\geq10$을 만족시키는 a, b, c의 순서쌍 (a,b,c)의 개수는 $11+5=16$

$$\therefore \mathrm{P}(A\cap B)=\frac{16}{220}=\frac{4}{55}$$

(3단계) 조건부확률을 이용하여 $\mathrm{P}(B|A)$를 구한다.

따라서 구하는 확률은

$$\mathrm{P}(B|A)=\frac{\mathrm{P}(A\cap B)}{\mathrm{P}(A)}=\frac{\dfrac{4}{55}}{\dfrac{14}{55}}=\frac{2}{7}$$

즉, $p=7$, $q=2$이므로 $p+q=7+2=9$

194

독립시행의 확률

(1단계) A 지점에서 출발한 바둑돌이 B 지점에 도달하기 위해 어떻게 움직여야 하는지 파악한다.

한 개의 주사위를 5번 던져 A 지점에 있던 바둑돌이 B 지점에 있으려면 오른쪽으로 2칸, 왼쪽으로 1칸, 위쪽으로 2칸 이동해야 한다.

(2단계) 각 주사위의 눈이 나올 확률을 구한 후, A 지점에서 출발한 바둑돌이 B 지점에 있을 확률을 구한다.

1 또는 2의 눈이 나올 확률은 $\dfrac{2}{6}=\dfrac{1}{3}$

3의 눈이 나올 확률은 $\dfrac{1}{6}$

4 이상의 눈이 나올 확률은 $\dfrac{3}{6}=\dfrac{1}{2}$

따라서 구하는 확률은

$$\boxed{\frac{5!}{2!\times2!}}\times\left(\frac{1}{3}\right)^2\left(\frac{1}{6}\right)^1\left(\frac{1}{2}\right)^2=\frac{5}{36}$$

→ 오른쪽, 왼쪽, 위쪽으로 이동하는 것을 각각 같은 것으로 생각하여 같은 것이 있는 순열을 이용한다.

1등급 비법

1회의 시행에서 사건 A가 일어날 확률을 a, 사건 B가 일어날 확률을 b, 사건 C가 일어날 확률을 c라 할 때, 이 시행을 독립적으로 n회 반복하는 시행에서 A가 p회, B가 q회, C가 r회 일어날 확률은

$$\frac{n!}{p!\times q!\times r!}a^p b^q c^r \quad (\text{단, } a+b+c=1,\ p+q+r=n)$$

05 확률분포

유형 분석 기출
● 59쪽 ~ 68쪽

195 ③	**196** ②	**197** $\dfrac{11}{30}$	**198** ①	**199** 4
200 ④	**201** $\dfrac{1}{3}$	**202** $\dfrac{1}{18}$	**203** ⑤	**204** 2
205 $\dfrac{59}{36}$	**206** ⑤	**207** ①	**208** -3	**209** ②
210 2	**211** ⑤	**212** $\dfrac{3}{2},\ \dfrac{3\sqrt{5}}{10}$		**213** ⑤
214 ④	**215** ④	**216** ⑤	**217** 42	**218** 25
219 ②	**220** 15	**221** 210	**222** ②	**223** ②
224 ②	**225** 0.8185	**226** ③	**227** ③	**228** ②
229 ②	**230** 수학	**231** ②	**232** ①	
233 360점	**234** ④	**235** ②	**236** ⑤	
237 0.9332	**238** 0.9938	**239** ④	**240** 994	

195

확률의 총합은 1이므로

$$\frac{a}{2}+\left(\frac{3}{4}-a\right)+2a^2=1$$

$$8a^2-2a-1=0,\ (4a+1)(2a-1)=0$$

$$\therefore a=-\frac{1}{4}\ \text{또는}\ a=\frac{1}{2}$$

이때 $0\leq \mathrm{P}(X=x)\leq 1$이므로 $a=\dfrac{1}{2}$

196

확률의 총합은 1이므로

$$\mathrm{P}(X=2)+\mathrm{P}(X=3)+\mathrm{P}(X=4)+\cdots+\mathrm{P}(X=9)=1$$

$$\frac{k}{2\times1}+\frac{k}{3\times2}+\frac{k}{4\times3}+\cdots+\frac{k}{9\times8}=1$$

$$k\left\{\left(1-\frac{1}{2}\right)+\left(\frac{1}{2}-\frac{1}{3}\right)+\left(\frac{1}{3}-\frac{1}{4}\right)+\cdots+\left(\frac{1}{8}-\frac{1}{9}\right)\right\}=1$$

$$k\left(1-\frac{1}{9}\right)=1,\ \frac{8}{9}k=1 \qquad \therefore k=\frac{9}{8}$$

따라서 $\mathrm{P}(X=x)=\dfrac{9}{8x(x-1)}$ $(x=2, 3, 4, \cdots, 9)$이므로

$$\mathrm{P}(4\leq X\leq6)=\mathrm{P}(X=4)+\mathrm{P}(X=5)+\mathrm{P}(X=6)$$

$$=\frac{9}{8}\times\left(\frac{1}{4\times3}+\frac{1}{5\times4}+\frac{1}{6\times5}\right)$$

$$=\frac{9}{8}\times\left(\frac{1}{3}-\frac{1}{4}+\frac{1}{4}-\frac{1}{5}+\frac{1}{5}-\frac{1}{6}\right)$$

$$=\frac{9}{8}\times\frac{1}{6}=\frac{3}{16}$$

197

확률의 총합은 1이므로

$$\mathrm{P}(X=-2)+\mathrm{P}(X=-1)+\mathrm{P}(X=0)+\mathrm{P}(X=1)+\mathrm{P}(X=2)=1$$

$$\mathrm{P}(X=0)+2\{\mathrm{P}(X=1)+\mathrm{P}(X=2)\}=1$$

$$\frac{1}{10}+2\left\{\left(k+\frac{1}{10}\right)+\left(2k+\frac{1}{10}\right)\right\}=1$$

$$6k+\frac{1}{2}=1,\ 6k=\frac{1}{2} \qquad \therefore k=\frac{1}{12}$$

따라서 $\mathrm{P}(X=x)=\dfrac{1}{12}|x|+\dfrac{1}{10}$ $(-2\leq x\leq2,\ x\text{는 정수})$이므로

$$\mathrm{P}(X^2=1)=\mathrm{P}(X=-1\ \text{또는}\ X=1)$$

$$=\mathrm{P}(X=-1)+\mathrm{P}(X=1)$$

$$=2\mathrm{P}(X=1)$$

$$=2\times\left(\frac{1}{12}+\frac{1}{10}\right)$$

$$=\frac{11}{30}$$

198

$X^2-6X+8=0$에서

$$(X-2)(X-4)=0 \qquad \therefore X=2\ \text{또는}\ X=4$$

뽑은 카드에 적힌 두 수를 a, b $(a<b)$라 하면 두 수의 차가

2인 경우의 (a, b)는 $(0, 2), (1, 3), (2, 4)$의 3가지,

4인 경우의 (a, b)는 $(0, 4)$의 1가지

이므로

$$\mathrm{P}(X=2)=\frac{3}{{}_5\mathrm{C}_2}=\frac{3}{10},$$

$$\mathrm{P}(X=4)=\frac{1}{{}_5\mathrm{C}_2}=\frac{1}{10}$$

$$\therefore \mathrm{P}(X^2-6X+8=0)=\mathrm{P}(X=2\ \text{또는}\ X=4)$$

$$=\mathrm{P}(X=2)+\mathrm{P}(X=4)$$

$$=\frac{3}{10}+\frac{1}{10}$$

$$=\frac{2}{5}$$

199

포도 맛 사탕이 4개뿐이므로 확률변수 X가 가질 수 있는 값은

1, 2, 3, 4, 5이고, 그 확률은 각각

$$P(X=1)=\frac{{}_6C_1\times{}_4C_4}{{}_{10}C_5}=\frac{1}{42},$$

$$P(X=2)=\frac{{}_6C_2\times{}_4C_3}{{}_{10}C_5}=\frac{5}{21},$$

$$P(X=3)=\frac{{}_6C_3\times{}_4C_2}{{}_{10}C_5}=\frac{10}{21},$$

$$P(X=4)=\frac{{}_6C_4\times{}_4C_1}{{}_{10}C_5}=\frac{5}{21},$$

$$P(X=5)=\frac{{}_6C_5\times{}_4C_0}{{}_{10}C_5}=\frac{1}{42}$$

이때 $P(X=4)+P(X=5)=\dfrac{5}{21}+\dfrac{1}{42}=\dfrac{11}{42}$이므로

$P(X\geq a)=\dfrac{11}{42}$ 을 만족시키는 자연수 a의 값은 4이다.

200

숫자 1, 2, 3이 적혀 있는 공의 개수를 각각 a, b, c라 하면

$a+b+c=7$ …… ㉠

$P(X=4)=\dfrac{{}_bC_2}{{}_7C_2}=\dfrac{b(b-1)}{42}=\dfrac{1}{21}$에서

$b(b-1)=2=2\times1$ $\therefore b=2$

$b=2$를 ㉠에 대입하면

$a+c=5$ …… ㉡

$2P(X=2)=3P(X=6)$에서

$$2\times\frac{{}_aC_1\times{}_bC_1}{{}_7C_2}=3\times\frac{{}_bC_1\times{}_cC_1}{{}_7C_2}$$

$\therefore 2a=3c$ …… ㉢

㉡, ㉢을 연립하여 풀면 $a=3$, $c=2$

$$\therefore P(X\leq3)=P(X=1)+P(X=2)+P(X=3)$$

$$=\frac{{}_3C_2}{{}_7C_2}+\frac{{}_3C_1\times{}_2C_1}{{}_7C_2}+\frac{{}_3C_1\times{}_2C_1}{{}_7C_2}$$

$$=\frac{1}{7}+\frac{2}{7}+\frac{2}{7}=\frac{5}{7}$$

201

1의 약수의 개수는 1,

2, 3, 5의 약수의 개수는 2,

4의 약수의 개수는 3,

6의 약수의 개수는 4

이므로 확률변수 X의 확률분포를 표로 나타내면 다음과 같다.

X	1	2	3	4	합계
$P(X=x)$	$\dfrac{1}{6}$	$\dfrac{1}{2}$	$\dfrac{1}{6}$	$\dfrac{1}{6}$	1

X의 확률분포를 이용하여 확률변수 Y의 확률분포를 표로 나타내면 다음과 같다.

Y	1	2	4	9	합계
$P(Y=y)$	$\dfrac{1}{6}$	$\dfrac{1}{2}$	$\dfrac{1}{6}$	$\dfrac{1}{6}$	1

$$\therefore P(2Y-2<3Y-5)=P(Y>3)$$

$$=P(Y=4)+P(Y=9)$$

$$=\frac{1}{6}+\frac{1}{6}=\frac{1}{3}$$

202

함수 $y=f(x)$의 그래프는 오른쪽 그림과 같고, $y=f(x)$의 그래프와 x축 및 y축으로 둘러싸인 도형의 넓이가 1이므로

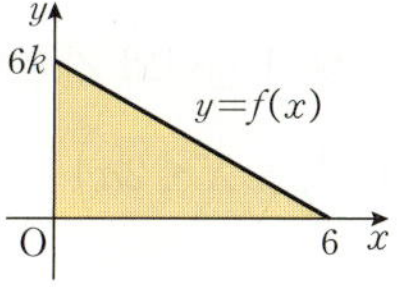

$$\frac{1}{2}\times6\times6k=1$$

$$18k=1 \qquad \therefore k=\frac{1}{18}$$

203

보기의 함수 $y=f(x)$ $(-1\leq x\leq1)$의 그래프는 각각 다음 그림과 같다.

ㄱ. 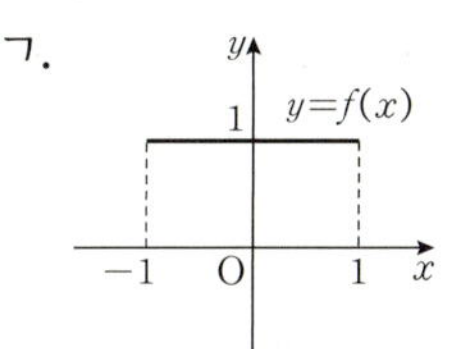   ㄴ. 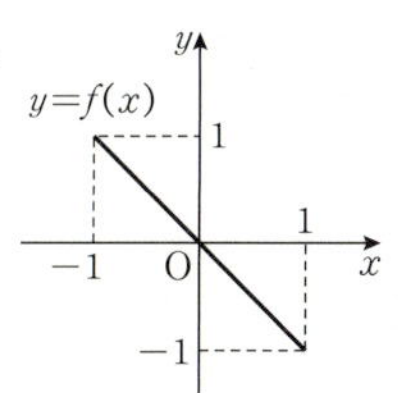

ㄷ. 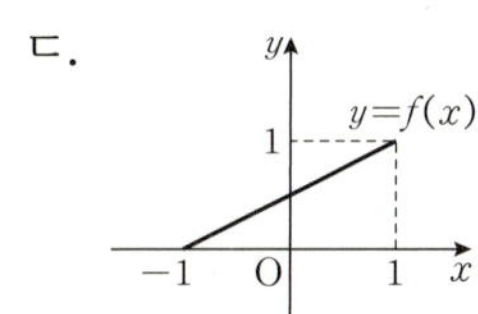   ㄹ. 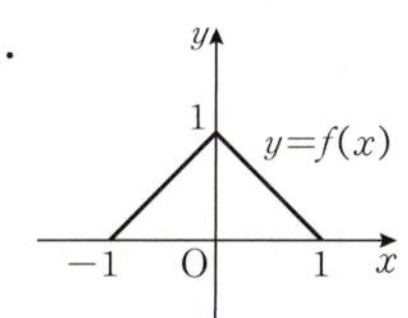

ㄱ. $y=f(x)$의 그래프와 x축 및 두 직선 $x=-1$, $x=1$로 둘러싸인 도형의 넓이가 1이 아니므로 $f(x)$는 확률밀도함수가 아니다.

ㄴ. $0<x\leq1$에서 $f(x)<0$이므로 $f(x)$는 확률밀도함수가 아니다.

이상에서 확률밀도함수인 것은 ㄷ, ㄹ이다.

204

함수 $y=f(x)$의 그래프는 오른쪽 그림과 같고, $P(X\geq a)$는 오른쪽 그림의 색칠한 도형의 넓이와 같으므로

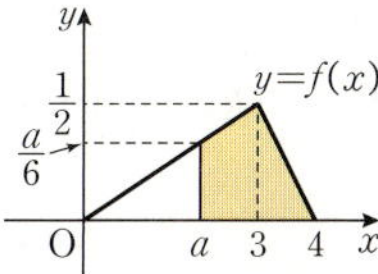

$P(X\geq a)=\dfrac{2}{3}$에서

$$1-P(0\leq X\leq a)=\frac{2}{3}$$

$$1-\frac{1}{2}\times a\times\frac{a}{6}=\frac{2}{3}$$

$$a^2-4=0,\ (a+2)(a-2)=0$$

$$\therefore a=2\ (\because 0<a<3)$$

205

함수 $y=f(x)$의 그래프와 x축으로 둘러싸인 도형의 넓이가 1이므로

$$\frac{1}{2}\times3a\times b=1 \qquad \therefore 3ab=2 \qquad\qquad …… ㉠$$

$P\left(\dfrac{a}{2}\le X\le 2a\right)$는 오른쪽 그림의 색칠한
도형의 넓이와 같으므로

$P\left(\dfrac{a}{2}\le X\le 2a\right)$

$=1-\left\{P\left(0\le X\le\dfrac{a}{2}\right)+P(2a\le X\le 3a)\right\}$

$=1-\left(\dfrac{1}{2}\times\dfrac{a}{2}\times\dfrac{b}{2}+\dfrac{1}{2}\times a\times\dfrac{b}{2}\right)$

$=1-\dfrac{3ab}{8}=1-\dfrac{2}{8}$

$=\dfrac{3}{4}$

$\therefore b=\dfrac{3}{4}$

$b=\dfrac{3}{4}$ 을 ㉠에 대입하면

$3a\times\dfrac{3}{4}=2 \qquad \therefore a=\dfrac{8}{9}$

$\therefore a+b=\dfrac{8}{9}+\dfrac{3}{4}=\dfrac{59}{36}$

206

조건 ⑺에서 $f(-x)=f(x)$이므로 함수 $y=f(x)$의 그래프가 y축
에 대하여 대칭이고, $P(-3\le X\le 3)=1$이므로

$P(0\le X\le 3)=\dfrac{1}{2}$

$\therefore P\left(0\le X\le\dfrac{1}{2}\right)+P\left(\dfrac{1}{2}\le X\le 3\right)=\dfrac{1}{2}$

이때 조건 ⑷에서 $P\left(0\le X\le\dfrac{1}{2}\right)=5P\left(\dfrac{1}{2}\le X\le 3\right)$이므로

$5P\left(\dfrac{1}{2}\le X\le 3\right)+P\left(\dfrac{1}{2}\le X\le 3\right)=\dfrac{1}{2}$

$6P\left(\dfrac{1}{2}\le X\le 3\right)=\dfrac{1}{2}$

$\therefore P\left(\dfrac{1}{2}\le X\le 3\right)=\dfrac{1}{12}$

따라서

$P\left(0\le X\le\dfrac{1}{2}\right)=5P\left(\dfrac{1}{2}\le X\le 3\right)$

$\qquad\qquad\qquad =5\times\dfrac{1}{12}=\dfrac{5}{12}$

이므로

$P\left(-\dfrac{1}{2}\le X\le 0\right)=P\left(0\le X\le\dfrac{1}{2}\right)=\dfrac{5}{12}$

207

$P(0\le X\le b)=\dfrac{1}{10}$에서 $0<b<12$이므
로 함수 $y=f(x)$의 그래프는 오른쪽 그
림과 같다.
$y=f(x)$의 그래프와 x축 및 y축, 직선
$x=12$로 둘러싸인 도형의 넓이가 1이므
로

$\dfrac{1}{2}\times b\times\dfrac{b}{a}+\dfrac{1}{2}\times(12-b)\times\dfrac{12-b}{a}=1$

$\therefore a=b^2-12b+72$ \qquad\qquad ……㉠

이때 $P(0\le X\le b)$는 앞의 그림의 색칠한 도형의 넓이와 같으므로

$P(0\le X\le b)=\dfrac{1}{10}$에서

$\dfrac{1}{2}\times b\times\dfrac{b}{a}=\dfrac{1}{10} \qquad \therefore a=5b^2$ \qquad ……㉡

㉡을 ㉠에 대입하면

$5b^2=b^2-12b+72,\ b^2+3b-18=0$

$(b+6)(b-3)=0$

$\therefore b=3\ (\because b>0)$

$b=3$을 ㉡에 대입하면 $a=45$

$\therefore f(x)=\dfrac{|x-3|}{45}\ (0\le x\le 12)$

$\therefore P\left(\dfrac{1}{b}\le X\le b\right)=P\left(\dfrac{1}{3}\le X\le 3\right)$

$\qquad\qquad\qquad =\dfrac{1}{2}\times\left(3-\dfrac{1}{3}\right)\times\dfrac{\left|\dfrac{1}{3}-3\right|}{45}$

$\qquad\qquad\qquad =\dfrac{32}{405}$

208

$E(Y)=4$이므로

$E(aX+b)=4,\ aE(X)+b=4$

$\therefore 3a+b=4$ \qquad\qquad\qquad ……㉠

$V(Y)=1$이므로

$V(aX+b)=1,\ a^2V(X)=1$

$16a^2=1 \qquad \therefore a=\dfrac{1}{4}\ (\because a>0)$

$a=\dfrac{1}{4}$ 을 ㉠에 대입하면 $b=\dfrac{13}{4}$

$\therefore a-b=\dfrac{1}{4}-\dfrac{13}{4}=-3$

209

확률변수 X의 확률분포를 표로 나타내면 다음과 같다.

X	2	3	4	5	합계
$P(X=x)$	$\dfrac{2}{k}$	$\dfrac{2}{k}$	$\dfrac{3}{k}$	$\dfrac{2}{k}$	1

확률의 총합은 1이므로

$\dfrac{2}{k}+\dfrac{2}{k}+\dfrac{3}{k}+\dfrac{2}{k}=1$

$\dfrac{9}{k}=1 \qquad \therefore k=9$

$\therefore E(X)=2\times\dfrac{2}{9}+3\times\dfrac{2}{9}+4\times\dfrac{1}{3}+5\times\dfrac{2}{9}=\dfrac{32}{9}$

$\therefore E(9X-4)=9E(X)-4$

$\qquad\qquad\qquad =9\times\dfrac{32}{9}-4$

$\qquad\qquad\qquad =28$

210

$Y=\dfrac{1}{2}X+5$이므로

$$\mathrm{E}(Y)=\mathrm{E}\!\left(\dfrac{1}{2}X+5\right)=\dfrac{1}{2}\mathrm{E}(X)+5=4$$

$\therefore \mathrm{E}(X)=-2$

$$\mathrm{V}(Y)=\mathrm{E}(Y^2)-\{\mathrm{E}(Y)\}^2$$
$$=20-4^2=4$$

이므로

$$\mathrm{V}(Y)=\mathrm{V}\!\left(\dfrac{1}{2}X+5\right)$$
$$=\left(\dfrac{1}{2}\right)^{2}\mathrm{V}(X)=4$$

$\therefore \mathrm{V}(X)=16,$
$\quad \sigma(X)=\sqrt{\mathrm{V}(X)}=\sqrt{16}=4$

$\therefore \mathrm{E}(X)+\sigma(X)=-2+4=2$

211

확률의 총합은 1이므로

$$\dfrac{1}{8}+a+\dfrac{1}{8}+b=1 \qquad \therefore a+b=\dfrac{3}{4} \qquad \cdots\cdots \ \text{㉠}$$

$\mathrm{E}(X)=2$이므로

$$0\times\dfrac{1}{8}+1\times a+2\times\dfrac{1}{8}+3\times b=2$$

$$\therefore a+3b=\dfrac{7}{4} \qquad \cdots\cdots \ \text{㉡}$$

㉠, ㉡을 연립하여 풀면

$$a=\dfrac{1}{4},\ b=\dfrac{1}{2}$$

이때 $\mathrm{E}(X^2)=0^2\times\dfrac{1}{8}+1^2\times\dfrac{1}{4}+2^2\times\dfrac{1}{8}+3^2\times\dfrac{1}{2}=\dfrac{21}{4}$이므로

$$\mathrm{V}(X)=\mathrm{E}(X^2)-\{\mathrm{E}(X)\}^2$$
$$=\dfrac{21}{4}-2^2=\dfrac{5}{4}$$

$$\therefore \mathrm{V}(2X)=2^2\mathrm{V}(X)=4\times\dfrac{5}{4}=5$$

212

흰 공이 3개, 흰 공이 아닌 공이 3개이므로 확률변수 X가 가질 수 있는 값은 0, 1, 2, 3이고, 그 확률은 각각

$$\mathrm{P}(X=0)=\dfrac{{}_3\mathrm{C}_0\times{}_3\mathrm{C}_3}{{}_6\mathrm{C}_3}=\dfrac{1}{20},$$

$$\mathrm{P}(X=1)=\dfrac{{}_3\mathrm{C}_1\times{}_3\mathrm{C}_2}{{}_6\mathrm{C}_3}=\dfrac{9}{20},$$

$$\mathrm{P}(X=2)=\dfrac{{}_3\mathrm{C}_2\times{}_3\mathrm{C}_1}{{}_6\mathrm{C}_3}=\dfrac{9}{20},$$

$$\mathrm{P}(X=3)=\dfrac{{}_3\mathrm{C}_3\times{}_3\mathrm{C}_0}{{}_6\mathrm{C}_3}=\dfrac{1}{20}$$

즉, 확률변수 X의 확률분포를 표로 나타내면 다음과 같다.

X	0	1	2	3	합계
$\mathrm{P}(X=x)$	$\dfrac{1}{20}$	$\dfrac{9}{20}$	$\dfrac{9}{20}$	$\dfrac{1}{20}$	1

확률변수 X에 대하여

$$\mathrm{E}(X)=0\times\dfrac{1}{20}+1\times\dfrac{9}{20}+2\times\dfrac{9}{20}+3\times\dfrac{1}{20}=\dfrac{3}{2},$$

$$\mathrm{E}(X^2)=0^2\times\dfrac{1}{20}+1^2\times\dfrac{9}{20}+2^2\times\dfrac{9}{20}+3^2\times\dfrac{1}{20}=\dfrac{27}{10}$$

이므로

$$\mathrm{V}(X)=\mathrm{E}(X^2)-\{\mathrm{E}(X)\}^2$$
$$=\dfrac{27}{10}-\left(\dfrac{3}{2}\right)^2=\dfrac{9}{20}$$

$$\therefore \sigma(X)=\sqrt{\mathrm{V}(X)}=\sqrt{\dfrac{9}{20}}=\dfrac{3\sqrt{5}}{10}$$

213

$a+b+c=6$에서

$$c=6-a-b \qquad \cdots\cdots \ \text{㉠}$$

확률변수 X의 확률분포를 표로 나타내면 다음과 같다.

X	0	1	2	합계
$\mathrm{P}(X=x)$	$\dfrac{a}{6}$	$\dfrac{b}{6}$	$\dfrac{6-a-b}{6}$	1

$\mathrm{E}(X)=\dfrac{4}{3}$이므로

$$0\times\dfrac{a}{6}+1\times\dfrac{b}{6}+2\times\dfrac{6-a-b}{6}=\dfrac{4}{3}$$

$$\therefore 2a+b=4 \qquad \cdots\cdots \ \text{㉡}$$

$\mathrm{V}(X)=\dfrac{5}{9}$이므로

$$0^2\times\dfrac{a}{6}+1^2\times\dfrac{b}{6}+2^2\times\dfrac{6-a-b}{6}-\left(\dfrac{4}{3}\right)^2=\dfrac{5}{9}$$

$$\therefore 4a+3b=10 \qquad \cdots\cdots \ \text{㉢}$$

㉡, ㉢을 연립하여 풀면

$$a=1,\ b=2$$

$a=1,\ b=2$를 ㉠에 대입하면 $c=3$

$$\therefore a-b+c=1-2+3=2$$

214

(ⅰ) $k=0,\ k=2$일 때,
$$\mathrm{P}(X=0)=\mathrm{P}(X=2)=\mathrm{P}(X=4)$$

(ⅱ) $k=1$일 때,
$$\mathrm{P}(X=1)=\mathrm{P}(X=3)$$

$\mathrm{P}(X=0)=a$, $\mathrm{P}(X=1)=b$라 할 때, 확률변수 X의 확률분포를 표로 나타내면 다음과 같다.

X	0	1	2	3	4	합계
$\mathrm{P}(X=x)$	a	b	a	b	a	1

확률의 총합은 1이므로

$$3a+2b=1 \qquad \cdots\cdots \ \text{㉠}$$

$\mathrm{E}(X^2)=\dfrac{35}{6}$이므로

$$0^2\times a+1^2\times b+2^2\times a+3^2\times b+4^2\times a=\dfrac{35}{6}$$

$$\therefore 20a+10b=\dfrac{35}{6} \qquad \cdots\cdots \ \text{㉡}$$

㉠, ㉡을 연립하여 풀면

$$a=\dfrac{1}{6}, \ b=\dfrac{1}{4}$$

$$\therefore \mathrm{P}(X=0)=\dfrac{1}{6}$$

215

가로 방향의 평행선 3개 중 2개, 세로 방향의 평행선 4개 중 2개를 택할 때, 직사각형이 하나 만들어진다. 즉, 만들 수 있는 직사각형의 총개수는

$$_3\mathrm{C}_2\times{_4\mathrm{C}_2}=3\times 6=18$$

직사각형의 넓이에 따라 경우를 나누어 생각하면 다음과 같다.

(ⅰ) 넓이가 1인 직사각형

오른쪽 그림과 같은 직사각형이므로 그 개수는 6
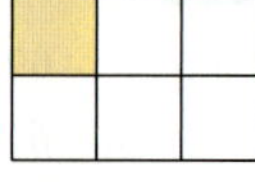

(ⅱ) 넓이가 2인 직사각형

오른쪽 그림과 같은 직사각형이므로 그 개수는

$$4+3=7$$
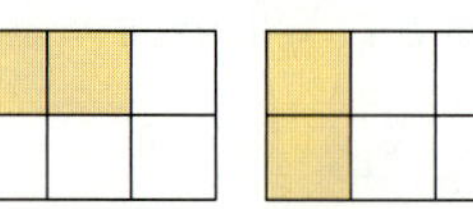

(ⅲ) 넓이가 3인 직사각형

오른쪽 그림과 같은 직사각형이므로 그 개수는 2
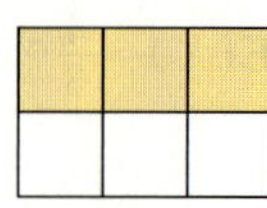

(ⅳ) 넓이가 4인 직사각형

오른쪽 그림과 같은 직사각형이므로 그 개수는 2

(ⅴ) 넓이가 6인 직사각형

오른쪽 그림과 같은 직사각형이므로 그 개수는 1
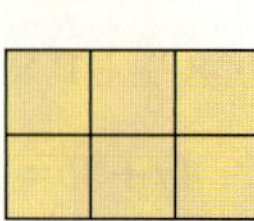

이상에서 확률변수 X가 가질 수 있는 값은 1, 2, 3, 4, 6이고, 그 확률은 각각

$$\mathrm{P}(X=1)=\dfrac{6}{18}=\dfrac{1}{3}, \ \mathrm{P}(X=2)=\dfrac{7}{18}, \ \mathrm{P}(X=3)=\dfrac{2}{18}=\dfrac{1}{9},$$

$$\mathrm{P}(X=4)=\dfrac{2}{18}=\dfrac{1}{9}, \ \mathrm{P}(X=6)=\dfrac{1}{18}$$

이므로 확률변수 X의 확률분포를 표로 나타내면 다음과 같다.

X	1	2	3	4	6	합계
$\mathrm{P}(X=x)$	$\dfrac{1}{3}$	$\dfrac{7}{18}$	$\dfrac{1}{9}$	$\dfrac{1}{9}$	$\dfrac{1}{18}$	1

확률변수 X에 대하여

$$\mathrm{E}(X)=1\times\dfrac{1}{3}+2\times\dfrac{7}{18}+3\times\dfrac{1}{9}+4\times\dfrac{1}{9}+6\times\dfrac{1}{18}=\dfrac{20}{9},$$

$$\mathrm{E}(X^2)=1^2\times\dfrac{1}{3}+2^2\times\dfrac{7}{18}+3^2\times\dfrac{1}{9}+4^2\times\dfrac{1}{9}+6^2\times\dfrac{1}{18}=\dfrac{20}{3}$$

이므로

$$\mathrm{V}(X)=\mathrm{E}(X^2)-\{\mathrm{E}(X)\}^2$$
$$=\dfrac{20}{3}-\left(\dfrac{20}{9}\right)^2=\dfrac{140}{81}$$

따라서 $\sigma(X)=\sqrt{\mathrm{V}(X)}=\sqrt{\dfrac{140}{81}}=\dfrac{2\sqrt{35}}{9}$이므로

$$\sigma(3-9X)=9\sigma(X)=9\times\dfrac{2\sqrt{35}}{9}=2\sqrt{35}$$

216

확률변수 X가 이항분포 $\mathrm{B}\left(7, \dfrac{4}{5}\right)$를 따르므로 X의 확률질량함수는

$$\mathrm{P}(X=x)={_7\mathrm{C}_x}\left(\dfrac{4}{5}\right)^x\left(\dfrac{1}{5}\right)^{7-x} \ (x=0, 1, 2, \cdots, 7)$$

$$\therefore \mathrm{P}(X\leq 6)=1-\mathrm{P}(X=7)$$
$$=1-{_7\mathrm{C}_7}\left(\dfrac{4}{5}\right)^7\left(\dfrac{1}{5}\right)^0$$
$$=1-\left(\dfrac{4}{5}\right)^7$$

217

$$\mathrm{P}(X=x)={_{49}\mathrm{C}_x}\dfrac{6^x}{7^{49}}$$
$$={_{49}\mathrm{C}_x}\left(\dfrac{6}{7}\right)^x\left(\dfrac{1}{7}\right)^{49-x} \ (x=0, 1, 2, \cdots, 49)$$

이므로 확률변수 X는 이항분포 $\mathrm{B}\left(49, \dfrac{6}{7}\right)$을 따른다.

$$\therefore \mathrm{E}(X)=49\times\dfrac{6}{7}=42$$

218

$\mathrm{E}(X)=10, \ \sigma(X)=\sqrt{6}$이므로

$$np=10 \qquad \cdots\cdots \ \text{㉠}$$
$$\sqrt{np(1-p)}=\sqrt{6} \qquad \cdots\cdots \ \text{㉡}$$

㉠을 ㉡에 대입하면

$$\sqrt{10(1-p)}=\sqrt{6}, \ 1-p=\dfrac{3}{5}$$

$$\therefore p=\dfrac{2}{5}$$

$p=\dfrac{2}{5}$를 ㉠에 대입하면

$$\dfrac{2}{5}n=10 \qquad \therefore n=25$$

219

확률변수 X가 이항분포 $\mathrm{B}(9, p)$를 따르므로

$$\mathrm{E}(X)=9p, \ \mathrm{V}(X)=9p(1-p)$$

$$\mathrm{E}\left(\left(\dfrac{X}{2}-1\right)\left(\dfrac{X}{2}+1\right)\right)=\dfrac{7}{4} \text{에서}$$

$$\mathrm{E}\left(\dfrac{X^2}{4}-1\right)=\dfrac{7}{4}, \ \dfrac{1}{4}\mathrm{E}(X^2)-1=\dfrac{7}{4}$$

$$\therefore \mathrm{E}(X^2)=11$$

$\mathrm{V}(X)=\mathrm{E}(X^2)-\{\mathrm{E}(X)\}^2$에서

$$9p(1-p)=11-(9p)^2$$

$$72p^2+9p-11=0, (24p+11)(3p-1)=0$$

$$\therefore p=\frac{1}{3} \ (\because p>0)$$

$$\therefore \mathrm{V}(X)=9\times\frac{1}{3}\times\frac{2}{3}=2$$

220

4개의 동전을 동시에 던지는 시행을 48회 반복하므로 48회의 독립시행이다.

4개의 동전을 한 번 던질 때 3개는 앞면, 1개는 뒷면이 나올 확률은

$$_4\mathrm{C}_3\left(\frac{1}{2}\right)^3\left(\frac{1}{2}\right)^1=\frac{1}{4}$$

따라서 확률변수 X는 이항분포 $\mathrm{B}\left(48,\ \frac{1}{4}\right)$을 따르므로

$$\mathrm{E}(X)=48\times\frac{1}{4}=12,$$

$$\mathrm{V}(X)=48\times\frac{1}{4}\times\frac{3}{4}=9,$$

$$\sigma(X)=\sqrt{9}=3$$

$$\therefore \mathrm{E}(X)+\sigma(X)=12+3=15$$

221

눈의 수 m, n의 순서쌍 $(m,\ n)$에 대하여

$$E=\{(1,\ 1),\ (1,\ 2),\ (1,\ 3),\ (1,\ 4),\ (2,\ 1),\ (2,\ 2),$$
$$(2,\ 3),\ (2,\ 4),\ (3,\ 1),\ (3,\ 2),\ (3,\ 3),\ (3,\ 4),$$
$$(4,\ 1),\ (4,\ 2),\ (4,\ 3)\}$$

이므로 $\mathrm{P}(E)=\dfrac{15}{36}=\dfrac{5}{12}$

따라서 확률변수 X는 이항분포 $\mathrm{B}\left(24,\ \dfrac{5}{12}\right)$를 따르므로

$$\mathrm{V}(X)=24\times\frac{5}{12}\times\frac{7}{12}$$

$$=\frac{35}{6}$$

$$\therefore \mathrm{V}(6X-5)=6^2\mathrm{V}(X)$$

$$=36\times\frac{35}{6}$$

$$=210$$

222

정답을 맞힌 문항 수를 확률변수 X라 하면 X는 이항분포 $\mathrm{B}\left(20,\ \dfrac{1}{5}\right)$을 따르므로

$$\mathrm{E}(X)=20\times\frac{1}{5}=4$$

시험 점수를 확률변수 Y라 하고 틀린 문항당 a점을 감점한다고 하면

$$Y=5X-a(20-X)$$

$$=(5+a)X-20a$$

이므로

$$\mathrm{E}(Y)=\mathrm{E}((5+a)X-20a)$$

$$=(5+a)\mathrm{E}(X)-20a$$

$$=(5+a)\times4-20a$$

$$=-16a+20$$

이때 $\mathrm{E}(Y)=0$이려면

$$-16a+20=0 \quad \therefore a=1.25$$

따라서 틀린 문항당 1.25점을 감점해야 한다.

223

ㄱ. 정규분포곡선은 직선 $x=m$에 대하여 대칭이므로

$$\mathrm{P}(X\geq m)=\mathrm{P}(X\leq m)=0.5 \ (거짓)$$

ㄷ. $x_1<m$일 때,

$$\mathrm{P}(X\geq x_1)$$

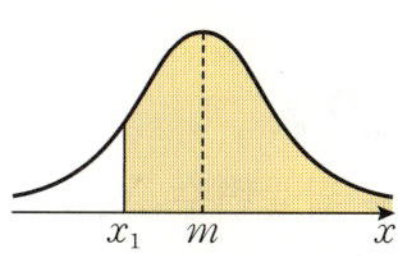

$$=\mathrm{P}(x_1\leq X\leq m)+\mathrm{P}(X\geq m)$$

$$=\mathrm{P}(x_1\leq X\leq m)+0.5 \ (거짓)$$

이상에서 옳은 것은 ㄴ뿐이다.

평균이 m이고 표준편차가 σ인 정규분포의 확률밀도함수의 그래프는 직선 $x=m$에 대하여 대칭임을 이용한다.

224

정규분포곡선은 직선 $x=30$에 대하여 대칭이므로

$$\mathrm{P}(X\geq44)=\mathrm{P}(X\leq16)=0.24$$이고

$$\mathrm{P}(X\geq40)$$

$$=\mathrm{P}(40\leq X\leq44)+\mathrm{P}(X\geq44)$$

$$=0.08+0.24=0.32$$

$$\therefore \mathrm{P}(16\leq X\leq40)$$

$$=\mathrm{P}(16\leq X\leq30)+\mathrm{P}(30\leq X\leq40)$$

$$=\{\mathrm{P}(X\leq30)-\mathrm{P}(X\leq16)\}+\{\mathrm{P}(X\geq30)-\mathrm{P}(X\geq40)\}$$

$$=(0.5-0.24)+(0.5-0.32)$$

$$=0.26+0.18$$

$$=0.44$$

225

$m=20$, $\sigma=2$이므로

$$\mathrm{P}(18\leq X\leq24)$$

$$=\mathrm{P}(20-2\leq X\leq20+2\times2)$$

$$=\mathrm{P}(m-\sigma\leq X\leq m+2\sigma)$$

$$=\mathrm{P}(m-\sigma\leq X\leq m)+\mathrm{P}(m\leq X\leq m+2\sigma)$$

$$=\mathrm{P}(m\leq X\leq m+\sigma)+\mathrm{P}(m\leq X\leq m+2\sigma)$$

$$=0.3413+0.4772$$

$$=0.8185$$

226

두 확률변수 X, Y가 각각 정규분포 $\mathrm{N}(20,\ 5^2)$, $\mathrm{N}(30,\ 7^2)$을 따르므로

$$Z_X = \frac{X-20}{5}, \quad Z_Y = \frac{Y-30}{7}$$

으로 놓으면 확률변수 Z_X, Z_Y는 모두 표준정규분포 $N(0, 1)$을 따른다.

$P(25 \le X \le 30) = P(37 \le Y \le k)$에서

$$P\left(\frac{25-20}{5} \le Z_X \le \frac{30-20}{5}\right) = P\left(\frac{37-30}{7} \le Z_Y \le \frac{k-30}{7}\right)$$

$$\therefore P(1 \le Z_X \le 2) = P\left(1 \le Z_Y \le \frac{k-30}{7}\right)$$

따라서 $\dfrac{k-30}{7} = 2$이므로

$$k-30 = 14 \qquad \therefore k = 44$$

227

두 확률변수 X, Y가 각각 정규분포 $N(3, 2^2)$, $N(m, 2^2)$을 따르므로

$$Z_X = \frac{X-3}{2}, \quad Z_Y = \frac{Y-m}{2}$$

으로 놓으면 확률변수 Z_X, Z_Y는 모두 표준정규분포 $N(0, 1)$을 따른다.

$2P(2 \le X \le 3) \le P(2-m \le Y \le 3m-2)$에서

$$2P\left(\frac{2-3}{2} \le Z_X \le \frac{3-3}{2}\right)$$

$$\le P\left(\frac{(2-m)-m}{2} \le Z_Y \le \frac{(3m-2)-m}{2}\right)$$

$$2P\left(-\frac{1}{2} \le Z_X \le 0\right) \le P(1-m \le Z_Y \le m-1)$$

$$P\left(-\frac{1}{2} \le Z_X \le \frac{1}{2}\right) \le P(1-m \le Z_Y \le m-1)$$

이때 $1-m = -(m-1)$이므로

$$\frac{1}{2} \le m-1 \qquad \therefore m \ge \frac{3}{2}$$

따라서 m의 최솟값은 $\dfrac{3}{2}$이다.

228

확률변수 X가 정규분포 $N(5, 9)$, 즉 $N(5, 3^2)$을 따르므로

$Z = \dfrac{X-5}{3}$로 놓으면 확률변수 Z는 표준정규분포 $N(0, 1)$을 따른다.

$P(2 \le X \le k) = 0.82$에서

$$P\left(\frac{2-5}{3} \le Z \le \frac{k-5}{3}\right) = 0.82$$

$$P\left(-1 \le Z \le \frac{k-5}{3}\right) = 0.82$$

$$P(-1 \le Z \le 0) + P\left(0 \le Z \le \frac{k-5}{3}\right) = 0.82$$

$$P(0 \le Z \le 1) + P\left(0 \le Z \le \frac{k-5}{3}\right) = 0.82$$

$$0.34 + P\left(0 \le Z \le \frac{k-5}{3}\right) = 0.82$$

$$\therefore P\left(0 \le Z \le \frac{k-5}{3}\right) = 0.48$$

이때 $P(0 \le Z \le 2) = 0.48$이므로

$$\frac{k-5}{3} = 2, \quad k-5 = 6 \qquad \therefore k = 11$$

229

확률변수 X가 정규분포 $N(25, 4^2)$을 따르므로

$E(X) = 25$, $\sigma(X) = 4$에서

$$\begin{aligned} E(Y) &= E(4X-3) \\ &= 4E(X) - 3 \\ &= 4 \times 25 - 3 = 97, \end{aligned}$$

$$\begin{aligned} \sigma(Y) &= \sigma(4X-3) \\ &= 4\sigma(X) \\ &= 4 \times 4 = 16 \end{aligned}$$

즉, 확률변수 Y는 정규분포 $N(97, 16^2)$을 따르므로 $Z = \dfrac{Y-97}{16}$

로 놓으면 확률변수 Z는 표준정규분포 $N(0, 1)$을 따른다.

$$\begin{aligned} \therefore P(Y \le 105) &= P\left(Z \le \frac{105-97}{16}\right) \\ &= P(Z \le 0.5) \\ &= P(Z \le 0) + P(0 \le Z \le 0.5) \\ &= 0.5 + 0.1915 \\ &= 0.6915 \end{aligned}$$

다른 풀이 $Y = 4X-3$이므로

$$P(Y \le 105) = P(4X-3 \le 105) = P(X \le 27)$$

$Z = \dfrac{X-25}{4}$로 놓으면 확률변수 Z는 표준정규분포 $N(0, 1)$을 따르므로

$$\begin{aligned} P(Y \le 105) &= P(X \le 27) \\ &= P\left(Z \le \frac{27-25}{4}\right) \\ &= P(Z \le 0.5) \\ &= P(Z \le 0) + P(0 \le Z \le 0.5) \\ &= 0.5 + 0.1915 \\ &= 0.6915 \end{aligned}$$

230

지현이네 반 전체 학생의 국어, 영어, 수학 시험 성적을 각각 확률변수 X_A, X_B, X_C라 하면 X_A, X_B, X_C는 각각 정규분포 $N(65, 10^2)$, $N(72, 9^2)$, $N(68, 7^2)$을 따르므로

$$Z_A = \frac{X_A - 65}{10}, \quad Z_B = \frac{X_B - 72}{9}, \quad Z_C = \frac{X_C - 68}{7}$$

로 놓으면 확률변수 Z_A, Z_B, Z_C는 모두 표준정규분포 $N(0, 1)$을 따른다.

다른 학생들이 지현이보다 국어, 영어, 수학 시험 성적이 높을 확률은 각각

$$\begin{aligned} P(X_A > 74) &= P\left(Z_A > \frac{74-65}{10}\right) \\ &= P\left(Z_A > \frac{9}{10}\right), \end{aligned}$$

$$P(X_B>80)=P\left(Z_B>\frac{80-72}{9}\right)$$
$$=P\left(Z_B>\frac{8}{9}\right),$$
$$P(X_C>75)=P\left(Z_C>\frac{75-68}{7}\right)$$
$$=P(Z_C>1)$$

이때 $P\left(Z_B>\dfrac{8}{9}\right)>P\left(Z_A>\dfrac{9}{10}\right)>P(Z_C>1)$이므로

$$P(X_B>80)>P(X_A>74)>P(X_C>75)$$

따라서 확률이 낮은 과목일수록 상대적으로 지현이의 성적이 좋은 것이므로 지현이의 성적이 상대적으로 가장 좋은 과목은 수학이다.

두 확률변수 X, Y가 각각 정규분포 $N(m_X, \sigma_X{}^2)$, $N(m_Y, \sigma_Y{}^2)$을 따를 때, X, Y를 $Z_X=\dfrac{X-m_X}{\sigma_X}$, $Z_Y=\dfrac{Y-m_Y}{\sigma_Y}$로 각각 표준화하여 확률을 비교한다.

$\Rightarrow 0<a<b$이면 $P(Z\geq a)>P(Z\geq b)$

231

수험생의 시험 점수를 확률변수 X라 하면 X는 정규분포 $N(68, 10^2)$을 따르므로 $Z=\dfrac{X-68}{10}$로 놓으면 확률변수 Z는 표준정규분포 $N(0, 1)$을 따른다.

따라서 구하는 확률은

$$P(55\leq X\leq 78)=P\left(\frac{55-68}{10}\leq Z\leq\frac{78-68}{10}\right)$$
$$=P(-1.3\leq Z\leq 1)$$
$$=P(-1.3\leq Z\leq 0)+P(0\leq Z\leq 1)$$
$$=P(0\leq Z\leq 1.3)+P(0\leq Z\leq 1)$$
$$=0.4032+0.3413$$
$$=0.7445$$

232

국주가 등교하는 데 걸리는 시간을 확률변수 X라 하면 X는 정규분포 $N(25, 4^2)$을 따르므로 $Z=\dfrac{X-25}{4}$로 놓으면 확률변수 Z는 표준정규분포 $N(0, 1)$을 따른다.

집에서 7시 35분에 출발한 국주가 학교에 7시 50분 이내에 도착하려면 $X\leq 15$이어야 하므로 국주가 지각하지 않을 확률은

$$P(X\leq 15)=P\left(Z\leq\frac{15-25}{4}\right)$$
$$=P(Z\leq -2.5)$$
$$=P(Z\geq 2.5)$$
$$=P(Z\geq 0)-P(0\leq Z\leq 2.5)$$
$$=0.5-0.4938=0.0062$$

233

응시자들의 점수를 확률변수 X라 하면 X는 정규분포 $N(350, 40^2)$을 따르므로 $Z=\dfrac{X-350}{40}$으로 놓으면 확률변수 Z는 표준정규분포 $N(0, 1)$을 따른다.

합격자의 최저 점수를 a점이라 하면

$$P(X\geq a)=\frac{800}{2000}=0.4$$에서
$$P\left(Z\geq\frac{a-350}{40}\right)=0.4$$
$$0.5-P\left(0\leq Z\leq\frac{a-350}{40}\right)=0.4$$
$$\therefore\ P\left(0\leq Z\leq\frac{a-350}{40}\right)=0.1$$

이때 $P(0\leq Z\leq 0.25)=0.1$이므로

$$\frac{a-350}{40}=0.25,\ a-350=10$$
$$\therefore\ a=360$$

따라서 합격자의 최저 점수는 360점이다.

정규분포를 활용하여 최저 점수 구하기
정규분포 $N(m, \sigma^2)$을 따르는 확률변수 X에 대하여 상위 $k\,\%$ 안에 속하는 X의 최솟값은 다음과 같이 구한다.
(i) 상위 $k\,\%$ 안에 속하는 X의 최솟값을 a라 한다.
$$\Rightarrow P(X\geq a)=\frac{k}{100}$$
(ii) X를 $Z=\dfrac{X-m}{\sigma}$으로 표준화한다.
$$\Rightarrow P\left(Z\geq\frac{a-m}{\sigma}\right)=\frac{k}{100}$$
(iii) 표준정규분포표를 이용하여 a의 값을 구한다.

234

이 공장에서 생산한 두 제품 A, B의 중량을 각각 확률변수 X, Y라 하면 X, Y는 각각 정규분포 $N(500, 10^2)$, $N(520, 8^2)$을 따르므로

$$Z_X=\frac{X-500}{10},\ Z_Y=\frac{Y-520}{8}$$

으로 놓으면 두 확률변수 Z_X, Z_Y는 각각 표준정규분포 $N(0, 1)$을 따른다.

$P(X\geq 480)=P(Y\leq k)$에서

$$P\left(Z_X\geq\frac{480-500}{10}\right)=P\left(Z_Y\leq\frac{k-520}{8}\right)$$
$$P(Z_X\geq -2)=P\left(Z_Y\leq\frac{k-520}{8}\right)$$
$$P(Z_X\leq 2)=P\left(Z_Y\leq\frac{k-520}{8}\right)$$

따라서 $\dfrac{k-520}{8}=2$이므로

$$k-520=16\qquad\therefore\ k=536$$

235

확률변수 X가 이항분포 $B\left(64, \dfrac{1}{2}\right)$을 따르므로

$$E(X)=64\times\frac{1}{2}=32,$$
$$V(X)=64\times\frac{1}{2}\times\frac{1}{2}=16$$

즉, X는 근사적으로 정규분포 $N(32, 4^2)$을 따르므로 $Z=\dfrac{X-32}{4}$로 놓으면 확률변수 Z는 표준정규분포 $N(0, 1)$을 따른다.

$$\therefore \mathrm{P}(28\leq X\leq36)=\mathrm{P}\left(\dfrac{28-32}{4}\leq Z\leq\dfrac{36-32}{4}\right)$$
$$=\mathrm{P}(-1\leq Z\leq1)$$
$$=\mathrm{P}(-1\leq Z\leq0)+\mathrm{P}(0\leq Z\leq1)$$
$$=2\mathrm{P}(0\leq Z\leq1)$$
$$=2\times0.34=0.68$$

236

확률변수 X는 이항분포 $\mathrm{B}\left(48, \dfrac{3}{4}\right)$을 따르므로

$$\mathrm{E}(X)=48\times\dfrac{3}{4}=36,$$
$$\mathrm{V}(X)=48\times\dfrac{3}{4}\times\dfrac{1}{4}=9$$

즉, X는 근사적으로 정규분포 $N(36, 3^2)$을 따르므로 $Z=\dfrac{X-36}{3}$으로 놓으면 확률변수 Z는 표준정규분포 $N(0, 1)$을 따른다.

$$\therefore \mathrm{P}(X\geq45)=\mathrm{P}\left(Z\geq\dfrac{45-36}{3}\right)$$
$$=\mathrm{P}(Z\geq3)$$
$$=\mathrm{P}(Z\geq0)-\mathrm{P}(0\leq Z\leq3)$$
$$=0.5-0.4987$$
$$=0.0013$$

237

생산한 제품 400개 중 불량품의 개수를 확률변수 X라 하면 X는 이항분포 $\mathrm{B}(400, 0.1)$을 따르므로

$$\mathrm{E}(X)=400\times0.1=40,$$
$$\mathrm{V}(X)=400\times0.1\times0.9=36$$

즉, X는 근사적으로 정규분포 $N(40, 6^2)$을 따르므로 $Z=\dfrac{X-40}{6}$으로 놓으면 확률변수 Z는 표준정규분포 $N(0, 1)$을 따른다.
따라서 구하는 확률은

$$\mathrm{P}(X\leq49)=\mathrm{P}\left(Z\leq\dfrac{49-40}{6}\right)$$
$$=\mathrm{P}(Z\leq1.5)$$
$$=\mathrm{P}(Z\leq0)+\mathrm{P}(0\leq Z\leq1.5)$$
$$=0.5+0.4332$$
$$=0.9332$$

238

예약을 하고 강연장에 나오지 않는 사람의 수를 확률변수 X라 하면 X는 이항분포 $\mathrm{B}(900, 0.2)$를 따르므로

$$\mathrm{E}(X)=900\times0.2=180,$$
$$\mathrm{V}(X)=900\times0.2\times0.8=144$$

즉, X는 근사적으로 정규분포 $N(180, 12^2)$을 따르므로 $Z=\dfrac{X-180}{12}$으로 놓으면 확률변수 Z는 표준정규분포 $N(0, 1)$을 따른다.

예약을 하고 강연장에 나온 모든 사람이 좌석에 앉아 강연을 들을 수 있으려면 예약을 취소하는 사람이 $900-750=150$(명) 이상이어야 하므로 구하는 확률은

$$\mathrm{P}(X\geq150)=\mathrm{P}\left(Z\geq\dfrac{150-180}{12}\right)$$
$$=\mathrm{P}(Z\geq-2.5)$$
$$=\mathrm{P}(Z\leq2.5)$$
$$=\mathrm{P}(Z\leq0)+\mathrm{P}(0\leq Z\leq2.5)$$
$$=0.5+0.4938$$
$$=0.9938$$

239

게임을 1800번 시행하여 5점을 얻은 횟수를 확률변수 X라 하면 X는 이항분포 $\mathrm{B}\left(1800, \dfrac{1}{3}\right)$을 따르므로

$$\mathrm{E}(X)=1800\times\dfrac{1}{3}=600,$$
$$\mathrm{V}(X)=1800\times\dfrac{1}{3}\times\dfrac{2}{3}=400$$

즉, X는 근사적으로 정규분포 $N(600, 20^2)$을 따르므로 $Z=\dfrac{X-600}{20}$으로 놓으면 확률변수 Z는 표준정규분포 $N(0, 1)$을 따른다.
한편, 1점을 잃은 횟수는 $1800-X$이므로 얻은 점수가 1860점 이상이려면

$$5X-(1800-X)\geq1860$$
$$6X\geq3660 \qquad \therefore X\geq610$$

따라서 구하는 확률은

$$\mathrm{P}(X\geq610)=\mathrm{P}\left(Z\geq\dfrac{610-600}{20}\right)$$
$$=\mathrm{P}(Z\geq0.5)$$
$$=\mathrm{P}(Z\geq0)-\mathrm{P}(0\leq Z\leq0.5)$$
$$=0.5-0.1915$$
$$=0.3085$$

240

주사위를 16200번 던졌을 때 5 이상의 눈이 나오는 횟수를 확률변수 X라 하면 주사위를 한 번 던져 나온 눈의 수가 5 이상일 확률은 $\dfrac{2}{6}=\dfrac{1}{3}$이므로 X는 이항분포 $\mathrm{B}\left(16200, \dfrac{1}{3}\right)$을 따른다.

$$\therefore \mathrm{E}(X)=16200\times\dfrac{1}{3}=5400,$$
$$\mathrm{V}(X)=16200\times\dfrac{1}{3}\times\dfrac{2}{3}=3600$$

즉, X는 근사적으로 정규분포 $N(5400, 60^2)$을 따르므로 $Z=\dfrac{X-5400}{60}$으로 놓으면 확률변수 Z는 표준정규분포 $N(0, 1)$을 따른다.
한편, 4 이하의 눈이 나오는 횟수는 $16200-X$이므로 점 A의 위치가 5700 이하이려면

$$(16200-X)-X\leq5700$$

$2X \geq 10500$

$\therefore X \geq 5250$

따라서 점 A의 위치가 5700 이하일 확률은

$$P(X \geq 5250) = P\left(Z \geq \frac{5250-5400}{60}\right)$$
$$= P(Z \geq -2.5)$$
$$= P(Z \leq 2.5)$$
$$= P(Z \leq 0) + P(0 \leq Z \leq 2.5)$$
$$= 0.5 + 0.494$$
$$= 0.994$$

따라서 $k=0.994$이므로

$1000 \times k = 1000 \times 0.994 = 994$

● 69쪽

241

함수 $y=f(x)$의 그래프와 x축으로 둘러싸인 도형의 넓이가 1이므로

$\dfrac{1}{2} \times 1 \times a + 1 \times a + \dfrac{1}{2} \times 1 \times a = 1$

$2a=1 \qquad \therefore a = \dfrac{1}{2}$ ...... ㉮

$P(0 \leq X \leq 1) = \dfrac{1}{4}$, $P(0 \leq X \leq 2) = \dfrac{3}{4}$에서 $1 < b < 2$이므로

$P(0 \leq X \leq b) = \dfrac{1}{4} + (b-1) \times \dfrac{1}{2} = \dfrac{3}{8}$

$\dfrac{b}{2} - \dfrac{1}{4} = \dfrac{3}{8} \qquad \therefore b = \dfrac{5}{4}$ ...... ㉯

$\therefore P(b \leq X \leq 2b)$

$= P\left(\dfrac{5}{4} \leq X \leq \dfrac{5}{2}\right)$

$= \left(2 - \dfrac{5}{4}\right) \times \dfrac{1}{2} + \left\{\dfrac{1}{2} \times 1 \times \dfrac{1}{2} - \dfrac{1}{2} \times \left(3 - \dfrac{5}{2}\right) \times \dfrac{1}{4}\right\}$

$= \dfrac{3}{8} + \dfrac{3}{16}$

$= \dfrac{9}{16}$ ...... ㉰

채점 기준	배점 비율
㉮ a의 값 구하기	30 %
㉯ b의 값 구하기	40 %
㉰ $P(b \leq X \leq 2b)$ 구하기	30 %

242

(1) 7개의 공 중에서 2개의 공을 꺼내는 경우의 수는

$_7C_2 = 21$

이때 2개의 공이 모두 검은 공인 경우의 수는

$_4C_2 = 6$

$\therefore P(X=2) = \dfrac{6}{21} = \dfrac{2}{7}$ ...... ㉮

(2) 확률변수 X가 가질 수 있는 값은 0, 1, 2이고, 그 확률은 각각

$P(X=0) = \dfrac{_4C_0 \times _3C_2}{_7C_2} = \dfrac{3}{21} = \dfrac{1}{7}$,

$P(X=1) = \dfrac{_4C_1 \times _3C_1}{_7C_2} = \dfrac{12}{21} = \dfrac{4}{7}$,

$P(X=2) = \dfrac{2}{7}$

즉, 확률변수 X의 확률분포를 표로 나타내면 다음과 같다.

X	0	1	2	합계
$P(X=x)$	$\dfrac{1}{7}$	$\dfrac{4}{7}$	$\dfrac{2}{7}$	1

...... ㉯

(3) $E(X) = 0 \times \dfrac{1}{7} + 1 \times \dfrac{4}{7} + 2 \times \dfrac{2}{7} = \dfrac{8}{7}$ ...... ㉰

	채점 기준	배점 비율
(1)	㉮ $P(X=2)$ 구하기	30 %
(2)	㉯ 확률변수 X의 확률분포를 표로 나타내기	40 %
(3)	㉰ $E(X)$ 구하기	30 %

243

부품 A가 불량품이 아닐 확률은 $1 - \dfrac{1}{10} = \dfrac{9}{10}$,

부품 B가 불량품이 아닐 확률은 $1 - \dfrac{1}{6} = \dfrac{5}{6}$이므로

두 부품 A, B가 모두 불량품이 아닐 확률은

$\dfrac{9}{10} \times \dfrac{5}{6} = \dfrac{3}{4}$ ...... ㉮

따라서 전자 제품이 두 부품 A 또는 B로 인하여 불량일 확률은

$1 - \dfrac{3}{4} = \dfrac{1}{4}$

이므로 확률변수 X는 이항분포 $B\left(800, \dfrac{1}{4}\right)$을 따른다. ...... ㉯

$\therefore V(X) = 800 \times \dfrac{1}{4} \times \dfrac{3}{4} = 150$ ...... ㉰

채점 기준	배점 비율
㉮ 두 부품 A, B가 모두 불량품이 아닐 확률 구하기	30 %
㉯ 확률변수 X가 따르는 이항분포 구하기	40 %
㉰ $V(X)$ 구하기	30 %

244

'확률과 통계' 과목의 학기말 점수를 확률변수 X라 하면 X는 정규분포 $N(68, 10^2)$을 따르므로 $Z = \dfrac{X-68}{10}$로 놓으면 확률변수 Z는 표준정규분포 $N(0, 1)$을 따른다. ...... ㉮

1등급을 받을 수 있는 점수를 k점이라 하면

$P(X \geq k) \leq 0.1$에서 …… ㉯

$P\left(Z \geq \dfrac{k-68}{10}\right) \leq 0.1$

$0.5 - P\left(0 \leq Z \leq \dfrac{k-68}{10}\right) \leq 0.1$

$P\left(0 \leq Z \leq \dfrac{k-68}{10}\right) \geq 0.4$

이때 $P(0 \leq Z \leq 1.28) = 0.4$이므로

$\dfrac{k-68}{10} \geq 1.28$, $k-68 \geq 12.8$

$\therefore k \geq 80.8$

따라서 최저 점수는 80.8점이므로

$m = 80.8$ …… ㉰

채점 기준	배점 비율
㉮ 확률변수 X를 정하고 표준화하기	40 %
㉯ 1등급을 받을 수 있는 점수의 범위 구하기	40 %
㉰ m의 값 구하기	20 %

1등급 실력 완성 ● 70쪽 ~ 72쪽

245 ⑤	**246** 4	**247** 24	**248** 219	**249** ③
250 ②	**251** 30	**252** 673	**253** 25	
254 0.16	**255** ⑤	**256** 485		

245

이산확률변수와 확률질량함수

(전략) 확률변수 X가 가질 수 있는 값을 찾고 각 경우의 확률을 구하여 확률분포를 표로 나타낸다.

(풀이) 주사위는 최대 2개 던지므로 확률변수 X가 가질 수 있는 값은 0, 1, 2이다.

(i) $X=0$일 때,

동전은 뒷면이 나오고 주사위 1개를 던져 나온 눈의 수가 짝수가 아닐 확률은

$\dfrac{1}{2} \times \dfrac{1}{2} = \dfrac{1}{4}$

동전은 앞면이 나오고 주사위 2개를 던져 나온 눈의 수가 모두 짝수가 아닐 확률은

$\dfrac{1}{2} \times {}_2C_0 \left(\dfrac{1}{2}\right)^0 \left(\dfrac{1}{2}\right)^2 = \dfrac{1}{8}$

$\therefore P(X=0) = \dfrac{1}{4} + \dfrac{1}{8} = \dfrac{3}{8}$

(ii) $X=1$일 때,

동전은 뒷면이 나오고 주사위 1개를 던져 나온 눈의 수가 짝수일 확률은

$\dfrac{1}{2} \times \dfrac{1}{2} = \dfrac{1}{4}$

동전은 앞면이 나오고 주사위 2개를 던져 나온 눈의 수 중에서 짝수가 1개일 확률은

$\dfrac{1}{2} \times {}_2C_1 \left(\dfrac{1}{2}\right)^1 \left(\dfrac{1}{2}\right)^1 = \dfrac{1}{4}$

$\therefore P(X=1) = \dfrac{1}{4} + \dfrac{1}{4} = \dfrac{1}{2}$

(iii) $X=2$일 때,

동전은 뒷면이 나올 때, 주사위의 눈의 수가 짝수 2개가 나오는 경우는 없다.

동전은 앞면이 나오고 주사위 2개를 던져 나온 눈의 수가 짝수 2개일 확률은

$\dfrac{1}{2} \times {}_2C_2 \left(\dfrac{1}{2}\right)^2 \left(\dfrac{1}{2}\right)^0 = \dfrac{1}{8}$

$\therefore P(X=2) = \dfrac{1}{8}$

이상에서 확률변수 X의 확률분포를 표로 나타내면 다음과 같다.

X	0	1	2	합계
$P(X=x)$	$\dfrac{3}{8}$	$\dfrac{1}{2}$	$\dfrac{1}{8}$	1

한편, $X^2 - X = 0$에서

$X(X-1) = 0$

$\therefore X=0$ 또는 $X=1$

$\therefore P(X^2 - X = 0) = P(X=0 \text{ 또는 } X=1)$
$= P(X=0) + P(X=1)$
$= \dfrac{3}{8} + \dfrac{1}{2} = \dfrac{7}{8}$

[다른 풀이] 확률변수 X가 가질 수 있는 값은 0, 1, 2이고

$P(X=2) = \dfrac{1}{8}$이므로

$P(X^2 - X = 0) = P(X=0 \text{ 또는 } X=1)$
$= P(X=0) + P(X=1)$
$= 1 - P(X=2)$
$= 1 - \dfrac{1}{8} = \dfrac{7}{8}$

246

연속확률변수와 확률밀도함수

(전략) 연속확률변수의 성질을 이용할 수 있도록 주어진 관계식의 x에 적절한 값을 넣어 조건을 찾는다.

(풀이) $P(0 \leq X \leq 4) = 1$에서

$16a + 4b = 1$ …… ㉠

$P(1 \leq X \leq 2) = \dfrac{7}{32}$에서

$P(0 \leq X \leq 2) - P(0 \leq X \leq 1) = \dfrac{7}{32}$

$(4a + 2b) - (a + b) = \dfrac{7}{32}$

$$\therefore 3a+b=\frac{7}{32} \qquad\qquad \cdots\cdots \text{ⓛ}$$

ㄱ, ㄴ을 연립하여 풀면

$$a=\frac{1}{32}, \ b=\frac{1}{8}$$

$$\therefore \frac{b}{a}=32\times\frac{1}{8}=4$$

247

연속확률변수와 확률밀도함수

전략 주어진 확률밀도함수의 그래프의 대칭성과 확률의 총합은 1임을 이용한다.

풀이 $\{g(x)-f(x)\}\{g(x)-a\}=0$에서

$g(x)=f(x)$ 또는 $g(x)=a$

두 조건 (개), (내)를 만족시키려면 $0\leq x\leq 1$, $3\leq x\leq 4$에서 $y=g(x)$의 그래프는 $y=f(x)$의 그래프보다 아래쪽에 있는 부분이 있어야 하므로

$$0<a<\frac{1}{2}$$

따라서 확률밀도함수 $g(x)$의 그래프는 다음 그림과 같다.

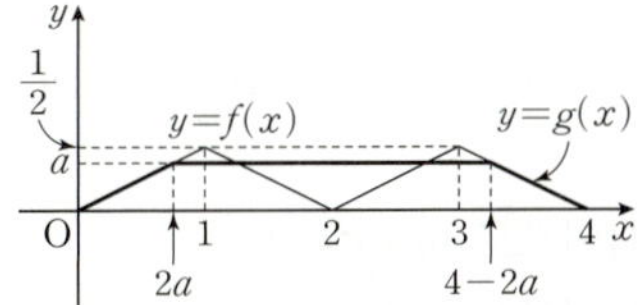

함수 $y=g(x)$의 그래프와 x축으로 둘러싸인 도형의 넓이가 1이므로

$$\frac{1}{2}\times 2a\times a+(4-4a)\times a+\frac{1}{2}\times 2a\times a=1$$

$$2a^2-4a+1=0 \qquad \therefore a=\frac{2\pm\sqrt{2}}{2}$$

$$\therefore a=\frac{2-\sqrt{2}}{2} \left(\because 0<a<\frac{1}{2}\right)$$

$1<5a<2$이므로

$$\mathrm{P}(0\leq Y\leq 5a)=\mathrm{P}(0\leq Y\leq 2a)+\mathrm{P}(2a\leq Y\leq 5a)$$

$$=\frac{1}{2}\times 2a\times a+3a\times a=4a^2$$

$$=4\times\left(\frac{2-\sqrt{2}}{2}\right)^2$$

$$=6-4\sqrt{2}$$

따라서 $p=6$, $q=4$이므로

$$p\times q=6\times 4=24$$

248

이산확률변수의 기댓값(평균), 분산, 표준편차

전략 각 경우의 확률을 구하여 X의 확률분포를 표로 나타낸다.

풀이 확률변수 X가 가질 수 있는 값은 0, 1, 2이고,

$\mathrm{P}(X=2)=\dfrac{1}{60}$에서 검은 구슬이 2개이려면 동전 2개를 던졌을 때 모두 앞면이 나오고 주머니에서 꺼낸 2개의 구슬이 모두 검은 구슬이어야 한다.

10개의 구슬 중 검은 구슬의 개수를 x라 하면 흰 구슬의 개수는 $10-x$이므로

$$\left(\frac{1}{2}\times\frac{1}{2}\right)\times\frac{{}_x\mathrm{C}_2}{{}_{10}\mathrm{C}_2}=\frac{1}{60}$$

$$\frac{1}{4}\times\frac{x(x-1)}{90}=\frac{1}{60}$$

$$x^2-x-6=0, \ (x+2)(x-3)=0$$

$$\therefore x=3 \ (\because x\geq 0)$$

즉, 주머니 속에는 흰 구슬 7개, 검은 구슬 3개가 들어 있다.

이때 $X=1$인 경우는 다음과 같다.

(i) 동전 2개를 던져 앞면이 1개 나오고 주머니에서 꺼낸 1개의 구슬이 검은 구슬일 확률은

$$\left(\frac{1}{2}\times\frac{1}{2}+\frac{1}{2}\times\frac{1}{2}\right)\times\frac{{}_3\mathrm{C}_1}{{}_{10}\mathrm{C}_1}=\frac{1}{2}\times\frac{3}{10}=\frac{3}{20}$$

(ii) 동전 2개를 던져 모두 앞면이 나오고 주머니에서 꺼낸 2개의 구슬 중 1개만 검은 구슬일 확률은

$$\left(\frac{1}{2}\times\frac{1}{2}\right)\times\frac{{}_3\mathrm{C}_1\times{}_7\mathrm{C}_1}{{}_{10}\mathrm{C}_2}=\frac{1}{4}\times\frac{7}{15}=\frac{7}{60}$$

(i), (ii)에서

$$\mathrm{P}(X=1)=\frac{3}{20}+\frac{7}{60}=\frac{4}{15}$$

이므로

$$\mathrm{P}(X=0)=1-\{\mathrm{P}(X=1)+\mathrm{P}(X=2)\}$$

$$=1-\left(\frac{4}{15}+\frac{1}{60}\right)$$

$$=\frac{43}{60}$$

따라서 X의 확률분포를 표로 나타내면 다음과 같다.

X	0	1	2	합계
$\mathrm{P}(X=x)$	$\dfrac{43}{60}$	$\dfrac{4}{15}$	$\dfrac{1}{60}$	1

확률변수 X에 대하여

$$\mathrm{E}(X)=0\times\frac{43}{60}+1\times\frac{4}{15}+2\times\frac{1}{60}=\frac{3}{10},$$

$$\mathrm{E}(X^2)=0^2\times\frac{43}{60}+1^2\times\frac{4}{15}+2^2\times\frac{1}{60}=\frac{1}{3}$$

이므로

$$\mathrm{V}(X)=\mathrm{E}(X^2)-\{\mathrm{E}(X)\}^2$$

$$=\frac{1}{3}-\left(\frac{3}{10}\right)^2=\frac{73}{300}$$

$$\therefore \mathrm{V}(30X)=30^2\mathrm{V}(X)$$

$$=900\times\frac{73}{300}$$

$$=219$$

249

이항분포

전략 확률변수 X가 이항분포 $\mathrm{B}(n, p)$를 따르면
$\mathrm{P}(X=x)={}_n\mathrm{C}_x p^x(1-p)^{n-x}$ $(x=0, 1, 2, \cdots, n)$임을 이용한다.

풀이 소수가 적힌 공을 꺼낼 확률은

$$\frac{4}{10}=\frac{2}{5}$$

주머니에서 한 개의 공을 꺼내는 시행을 20회 반복했을 때 소수가
적힌 공을 꺼내는 횟수를 확률변수 X라 하면 X는 이항분포
$\mathrm{B}\!\left(20,\ \dfrac{2}{5}\right)$를 따르므로

$$\mathrm{P}(X=x)={}_{20}\mathrm{C}_x\left(\frac{2}{5}\right)^{x}\left(\frac{3}{5}\right)^{20-x}\ (x=0,\ 1,\ 2,\ \cdots,\ 20)$$

따라서 구하는 상금의 기댓값은

$$\begin{aligned}
&{}_{20}\mathrm{C}_0\left(\frac{3}{5}\right)^{20}+16\times{}_{20}\mathrm{C}_1\left(\frac{2}{5}\right)^{1}\left(\frac{3}{5}\right)^{19}+16^2\times{}_{20}\mathrm{C}_2\left(\frac{2}{5}\right)^{2}\left(\frac{3}{5}\right)^{18}\\
&\qquad\qquad\qquad\qquad +\cdots+16^{20}\times{}_{20}\mathrm{C}_{20}\left(\frac{2}{5}\right)^{20}\\
=&{}_{20}\mathrm{C}_0\left(\frac{3}{5}\right)^{20}+{}_{20}\mathrm{C}_1\left(\frac{32}{5}\right)^{1}\left(\frac{3}{5}\right)^{19}+{}_{20}\mathrm{C}_2\left(\frac{32}{5}\right)^{2}\left(\frac{3}{5}\right)^{18}\\
&\qquad\qquad\qquad\qquad +\cdots+{}_{20}\mathrm{C}_{20}\left(\frac{32}{5}\right)^{20}\\
=&\left(\frac{32}{5}+\frac{3}{5}\right)^{20}\\
=&7^{20}(\text{원})
\end{aligned}$$

개념 보충

이항정리

자연수 n에 대하여
$$(a+b)^n={}_n\mathrm{C}_0\,a^n+{}_n\mathrm{C}_1\,a^{n-1}b+{}_n\mathrm{C}_2\,a^{n-2}b^2+\cdots+{}_n\mathrm{C}_n\,b^n$$

250

정규분포 ➕ 표준정규분포

(전략) 정규분포를 따르는 두 확률변수의 표준편차가 같으면 그에 대한 두 확률
밀도함수의 그래프도 평행이동에 의하여 포개어짐을 이용한다.

(풀이) 정규분포를 따르는 두 확률변수 X, Y의 표준편차가 같으
므로 두 확률밀도함수 $f(x)$, $g(x)$의 그래프는 평행이동에 의하여
포개어진다.
또, $f(x)$의 그래프는 직선 $x=10$에 대하여 대칭이고, $g(x)$의 그
래프는 직선 $x=m$에 대하여 대칭이다.
한편, 확률변수 Y가 정규분포 $\mathrm{N}(m,\ 4^2)$을 따르고,
$\mathrm{P}(Y\geq27)\geq0.5$이므로 $m\geq27$

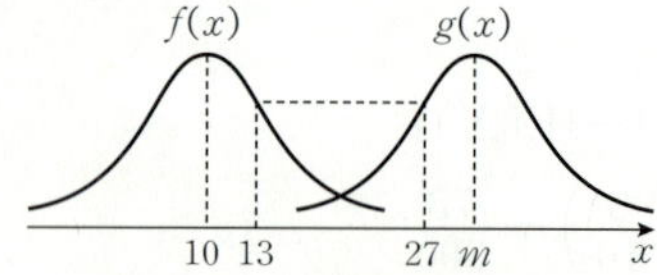

이때 $f(13)=g(27)$이므로 위의 그림에서
$m=27+3=30$

즉, 확률변수 Y는 정규분포 $\mathrm{N}(30,\ 4^2)$을 따르므로 $Z=\dfrac{Y-30}{4}$으
로 놓으면 확률변수 Z는 표준정규분포 $\mathrm{N}(0,\ 1)$을 따른다.

$$\begin{aligned}
\therefore\ \mathrm{P}(Y\leq24)&=\mathrm{P}\!\left(Z\leq\frac{24-30}{4}\right)\\
&=\mathrm{P}(Z\leq-1.5)\\
&=\mathrm{P}(Z\geq1.5)\\
&=\mathrm{P}(Z\geq0)-\mathrm{P}(0\leq Z\leq1.5)\\
&=0.5-0.4332\\
&=0.0668
\end{aligned}$$

251

정규분포 ➕ 표준정규분포

(전략) 주어진 정규분포에 대한 조건을 표준정규분포로 바꾸어 비교한다.

(풀이) $\mathrm{P}(X\leq m)+\mathrm{P}(Y\geq m^2+8m+10)=1$에서
$0.5+\mathrm{P}(Y\geq m^2+8m+10)=1$
$\mathrm{P}(Y\geq m^2+8m+10)=0.5$
$\therefore\ m'=m^2+8m+10$
이때
$$Z_X=\frac{X-m}{2},\ Z_Y=\frac{Y-m'}{\sigma}$$
으로 놓으면 두 확률변수 Z_X, Z_Y는 각각 표준정규분포 $\mathrm{N}(0,\ 1)$
을 따르므로
$\mathrm{P}(X\leq2m)=\mathrm{P}(Y\geq2)$에서
$$\mathrm{P}\!\left(Z_X\leq\frac{2m-m}{2}\right)=\mathrm{P}\!\left(Z_Y\geq\frac{2-m'}{\sigma}\right)$$
$$\mathrm{P}\!\left(Z_X\leq\frac{m}{2}\right)=\mathrm{P}\!\left(Z_Y\geq\frac{-m^2-8m-8}{\sigma}\right)$$
$$\frac{m}{2}=\frac{m^2+8m+8}{\sigma}$$
$$\therefore\ \sigma=2m+\frac{16}{m}+16 \qquad\qquad \cdots\cdots\ \bigcirc$$

두 자연수 m, σ에 대하여 $\bigcirc$이 성립하므로 m은 16의 양의 약수
이어야 한다.
$m=1$일 때, $\sigma=34$이므로 $m+\sigma=35$
$m=2$일 때, $\sigma=28$이므로 $m+\sigma=30$
$m=4$일 때, $\sigma=28$이므로 $m+\sigma=32$
$m=8$일 때, $\sigma=34$이므로 $m+\sigma=42$
$m=16$일 때, $\sigma=49$이므로 $m+\sigma=65$
따라서 구하는 $m+\sigma$의 최솟값은 30이다.

252

정규분포 ➕ 표준정규분포

(전략) 정규분포 $\mathrm{N}(m,\ \sigma^2)$을 따르는 확률변수 X의 정규분포곡선은 직선 $x=m$
에 대하여 대칭임을 이용한다.

(풀이) 확률변수 X가 정규분포 $\mathrm{N}(1,\ t^2)\ (t>0)$을 따르고
$\mathrm{P}(X\leq5t)\geq\dfrac{1}{2}$이므로
$$5t\geq1 \qquad \therefore\ t\geq\frac{1}{5} \qquad\qquad \cdots\cdots\ \bigcirc$$
이때 $Z=\dfrac{X-1}{t}$로 놓으면 확률변수 Z는 표준정규분포 $\mathrm{N}(0,\ 1)$
을 따르므로
$$\begin{aligned}
&\mathrm{P}(t^2-t+1\leq X\leq t^2+t+1)\\
=&\mathrm{P}\!\left(\frac{(t^2-t+1)-1}{t}\leq Z\leq\frac{(t^2+t+1)-1}{t}\right)\\
=&\mathrm{P}(t-1\leq Z\leq t+1) \qquad\qquad \cdots\cdots\ \bigcirc\!\!\bigcirc
\end{aligned}$$
$|(t+1)-(t-1)|=2$로 일정하므로 $\dfrac{(t-1)+(t+1)}{2}$, 즉 t의 값
이 확률변수 Z의 평균 0에 가까울수록 $\bigcirc\!\!\bigcirc$의 값이 최대가 된다.
즉, $\bigcirc$에서 $t\geq\dfrac{1}{5}$이므로 $t=\dfrac{1}{5}$일 때 $\bigcirc\!\!\bigcirc$은 최댓값을 갖는다.

따라서 $P(t^2-t+1\leq X\leq t^2+t+1)$의 최댓값은
$$P\left(\frac{1}{5}-1\leq Z\leq\frac{1}{5}+1\right)=P(-0.8\leq Z\leq 1.2)$$
$$=P(0\leq Z\leq 0.8)+P(0\leq Z\leq 1.2)$$
$$=0.288+0.385$$
$$=0.673$$
이므로 $k=0.673$
$$\therefore 1000\times k=1000\times 0.673=673$$

253

표준정규분포

(전략) 정규분포를 따르는 두 확률변수를 각각 표준화하여 관계식을 구한다.

(풀이) 확률변수 X는 정규분포 $N(m_1,\ \sigma_1{}^2)$을 따르므로

$Z_1=\dfrac{X-m_1}{\sigma_1}$로 놓으면 확률변수 Z_1은 표준정규분포 $N(0,\ 1)$을

따른다.

$P(X\leq x)=P(X\geq 40-x)$에서

$$P\left(Z_1\leq\frac{x-m_1}{\sigma_1}\right)=P\left(Z_1\geq\frac{(40-x)-m_1}{\sigma_1}\right)$$

$$\frac{x-m_1}{\sigma_1}=-\frac{40-x-m_1}{\sigma_1}$$

$2m_1=40$ $\therefore m_1=20$

또, 확률변수 Y는 정규분포 $N(m_2,\ \sigma_2{}^2)$을 따르므로 $Z_2=\dfrac{Y-m_2}{\sigma_2}$

로 놓으면 확률변수 Z_2는 표준정규분포 $N(0,\ 1)$을 따른다.

$P(Y\leq x)=P(X\leq x+10)$에서

$$P\left(Z_2\leq\frac{x-m_2}{\sigma_2}\right)=P\left(Z_1\leq\frac{(x+10)-20}{\sigma_1}\right)$$

이때 두 확률변수 Z_1, Z_2는 모두 표준정규분포 $N(0,\ 1)$을 따르므

로

$$\frac{x-m_2}{\sigma_2}=\frac{x-10}{\sigma_1}$$

$$\therefore (\sigma_1-\sigma_2)x-\sigma_1 m_2+10\sigma_2=0$$

따라서 $\sigma_1-\sigma_2=0$, $-\sigma_1 m_2+10\sigma_2=0$이므로

$\sigma_1=\sigma_2$, $m_2=10$

$\therefore P(15\leq X\leq 20)+P(15\leq Y\leq 20)$

$$=P\left(\frac{15-20}{\sigma_1}\leq Z_1\leq\frac{20-20}{\sigma_1}\right)+P\left(\frac{15-10}{\sigma_2}\leq Z_2\leq\frac{20-10}{\sigma_2}\right)$$

$$=P\left(-\frac{5}{\sigma_1}\leq Z_1\leq 0\right)+P\left(\frac{5}{\sigma_2}\leq Z_2\leq\frac{10}{\sigma_2}\right)$$

$$=P\left(-\frac{5}{\sigma_2}\leq Z_2\leq 0\right)+P\left(\frac{5}{\sigma_2}\leq Z_2\leq\frac{10}{\sigma_2}\right)$$

$$=P\left(0\leq Z_2\leq\frac{5}{\sigma_2}\right)+P\left(\frac{5}{\sigma_2}\leq Z_2\leq\frac{10}{\sigma_2}\right)$$

$$=P\left(0\leq Z_2\leq\frac{10}{\sigma_2}\right)$$

$$=0.4772$$

이때 $P(0\leq Z\leq 2)=0.4772$이므로

$\dfrac{10}{\sigma_2}=2$ $\therefore \sigma_2=5$

$\therefore m_1+\sigma_2=20+5=25$

254

표준정규분포 ➕ 이항분포와 정규분포의 관계

(전략) 달걀 1개의 무게를 확률변수 X, 특란의 개수를 확률변수 Y로 놓고, 확률을 구한다.

(풀이) 달걀 1개의 무게를 확률변수 X라 하면 X는 정규분포

$N(50,\ 5^2)$을 따르므로 $Z_X=\dfrac{X-50}{5}$으로 놓으면 확률변수 Z_X는

표준정규분포 $N(0,\ 1)$을 따른다.

달걀이 특란일 확률은

$$P(X\geq 60)=P\left(Z_X\geq\frac{60-50}{5}\right)$$

$$=P(Z_X\geq 2)$$

$$=P(Z_X\geq 0)-P(0\leq Z_X\leq 2)$$

$$=0.5-0.48$$

$$=0.02$$

임의로 택한 2500개의 달걀 중 특란의 개수를 확률변수 Y라 하면

Y는 이항분포 $B(2500,\ 0.02)$를 따르므로

$E(Y)=2500\times 0.02=50$,

$V(Y)=2500\times 0.02\times 0.98=49$

즉, Y는 근사적으로 정규분포 $N(50,\ 7^2)$을 따르므로 $Z_Y=\dfrac{Y-50}{7}$

으로 놓으면 Z_Y는 표준정규분포 $N(0,\ 1)$을 따른다.

따라서 특란의 개수가 57 이상일 확률은

$$P(Y\geq 57)=P\left(Z_Y\geq\frac{57-50}{7}\right)$$

$$=P(Z_Y\geq 1)$$

$$=P(Z_Y\geq 0)-P(0\leq Z_Y\leq 1)$$

$$=0.5-0.34$$

$$=0.16$$

255

이항분포와 정규분포의 관계

(전략) 주어진 조건을 이용하여 n, p의 값을 구한 후 이항분포와 정규분포의 관계를 이용한다.

(풀이) 이항분포 $B(n,\ p)$를 따르는 확률변수 X의 분산이 $\dfrac{100}{9}$이

므로

$$np(1-p)=\frac{100}{9} \qquad\cdots\cdots\ \text{㉠}$$

또, $P(X=x)={}_nC_x p^x(1-p)^{n-x}\ (x=0,\ 1,\ 2,\ \cdots,\ n)$이고,

$P(X=n-1)=16P(X=n)$이므로

$${}_nC_{n-1}p^{n-1}(1-p)=16\times{}_nC_n p^n$$

$$\therefore n(1-p)=16p \qquad\cdots\cdots\ \text{㉡}$$

㉡을 ㉠에 대입하면

$$16p^2=\frac{100}{9} \qquad \therefore p=\frac{5}{6}\ (\because p>0)$$

$p=\dfrac{5}{6}$를 ㉡에 대입하면

$$n\times\frac{1}{6}=16\times\frac{5}{6} \qquad \therefore n=80$$

즉, X가 이항분포 $\mathrm{B}\left(80,\ \dfrac{5}{6}\right)$를 따르고

$$\mathrm{E}(X)=80\times\dfrac{5}{6}=\dfrac{200}{3},$$

$$\mathrm{V}(X)=\dfrac{100}{9}$$

이므로 X는 근사적으로 정규분포 $\mathrm{N}\left(\dfrac{200}{3},\ \left(\dfrac{10}{3}\right)^2\right)$을 따른다.

$Z=\dfrac{X-\dfrac{200}{3}}{\dfrac{10}{3}}$으로 놓으면 확률변수 Z는 표준정규분포 $\mathrm{N}(0,\ 1)$

을 따르므로

$$
\begin{aligned}
\mathrm{P}(X\geq60)&=\mathrm{P}\left(Z\geq\dfrac{60-\dfrac{200}{3}}{\dfrac{10}{3}}\right)\\
&=\mathrm{P}(Z\geq-2)\\
&=\mathrm{P}(Z\leq2)\\
&=\mathrm{P}(Z\leq0)+\mathrm{P}(0\leq Z\leq2)\\
&=0.5+0.4772\\
&=0.9772
\end{aligned}
$$

256

이항분포와 정규분포의 관계

(전략) $\mathrm{P}(A)$를 구하여 확률변수 X가 따르는 이항분포를 구한 후 이항분포와 정규분포의 관계를 이용한다.

(풀이) 3개의 주사위의 눈의 수가 모두 다를 확률은

$$\dfrac{6\times5\times4}{6^3}=\dfrac{5}{9}$$

$$\therefore\ \mathrm{P}(A)=1-\dfrac{5}{9}=\dfrac{4}{9}$$

따라서 확률변수 X는 이항분포 $\mathrm{B}\left(n,\ \dfrac{4}{9}\right)$를 따르므로

$$\mathrm{E}(X)=n\times\dfrac{4}{9}=\dfrac{4}{9}n,$$

$$\mathrm{V}(X)=n\times\dfrac{4}{9}\times\dfrac{5}{9}=\dfrac{20}{81}n$$

$\mathrm{E}(X)+\mathrm{V}(X)\leq280$에서

$$\dfrac{4}{9}n+\dfrac{20}{81}n\leq280$$

$$\dfrac{56}{81}n\leq280\qquad\therefore\ n\leq405\qquad\qquad\cdots\cdots\ \text{㉠}$$

X는 근사적으로 정규분포 $\mathrm{N}\left(\dfrac{4}{9}n,\ \left(\dfrac{2\sqrt{5n}}{9}\right)^2\right)$을 따르므로

$Z=\dfrac{X-\dfrac{4}{9}n}{\dfrac{2\sqrt{5n}}{9}}$으로 놓으면 확률변수 Z는 표준정규분포 $\mathrm{N}(0,\ 1)$

을 따른다.

$\mathrm{P}\left(X\geq\dfrac{n}{3}\right)\geq0.9772$에서

$$\mathrm{P}\left(Z\geq\dfrac{\dfrac{n}{3}-\dfrac{4}{9}n}{\dfrac{2\sqrt{5n}}{9}}\right)\geq0.9772$$

$$\mathrm{P}\left(Z\geq-\dfrac{n}{2\sqrt{5n}}\right)\geq0.9772$$

$$\mathrm{P}\left(Z\leq\dfrac{n}{2\sqrt{5n}}\right)\geq0.9772$$

$$\mathrm{P}(Z\leq0)+\mathrm{P}\left(0\leq Z\leq\dfrac{n}{2\sqrt{5n}}\right)\geq0.9772$$

$$0.5+\mathrm{P}\left(0\leq Z\leq\dfrac{n}{2\sqrt{5n}}\right)\geq0.9772$$

$$\therefore\ \mathrm{P}\left(0\leq Z\leq\dfrac{n}{2\sqrt{5n}}\right)\geq0.4772$$

이때 $\mathrm{P}(0\leq Z\leq2)=0.4772$이므로

$$\dfrac{n}{2\sqrt{5n}}\geq2$$

$$n\geq4\sqrt{5n},\ n^2\geq80n$$

$$\therefore\ n\geq80\qquad\qquad\cdots\cdots\ \text{㉡}$$

㉠, ㉡에서 $80\leq n\leq405$

따라서 자연수 n의 최댓값은 405, 최솟값은 80이므로 구하는 합은

$$405+80=485$$

도전 **1등급** 최고난도 ———————————— ● 73쪽

257 214　　**258** ③　　**259** ②

257

이산확률변수와 확률질량함수

(1단계) 3개의 공의 색이 모두 같은 경우의 확률변수의 값과 그 확률을 구한다.

주머니에서 3개의 공을 동시에 꺼내는 경우의 수는

$$_7\mathrm{C}_3=35$$

(i) 3개의 공이 모두 흰 공인 경우

　　3개의 공에 적힌 수가 2, 3, 5이므로

　　$X=1$이고 $\mathrm{P}(X=1)=\dfrac{1}{35}$ → 2+3+5, 즉 10을 3으로 나누었을 때의 나머지

(ii) 3개의 공이 모두 검은 공인 경우

　　3개의 공에 적힌 수가 1, 2, 8 또는 2, 4, 8이면

　　$X=2$이고 $\mathrm{P}(X=2)=\dfrac{2}{35}$

　　또, 3개의 공에 적힌 수가 1, 2, 4 또는 1, 4, 8이면

　　$X=1$이고 $\mathrm{P}(X=1)=\dfrac{2}{35}$

(2단계) 3개의 공의 색이 모두 같지는 않은 경우의 확률변수의 값과 그 확률을 구한다.

(iii) 흰 공이 2개, 검은 공이 1개인 경우

　　$X=8$일 때, 8이 적힌 검은 공과 2, 3, 5가 적힌 흰 공 3개 중에서 2개를 꺼내면 되므로

　　$\mathrm{P}(X=8)=\dfrac{_3\mathrm{C}_2}{35}=\dfrac{3}{35}$

$X=5$일 때, 5가 적힌 흰 공과 2, 3이 적힌 흰 공 2개 중에서
1개, 1, 2, 4가 적힌 검은 공 3개 중에서 1개를 꺼내면 되므로
$$P(X=5)=\frac{{}_2C_1\times{}_3C_1}{35}=\frac{6}{35}$$

$X=4$일 때, 4가 적힌 검은 공과 2, 3이 적힌 흰 공 2개를 꺼내
면 되므로
$$P(X=4)=\frac{1}{35}$$

$X=3$일 때, 3이 적힌 흰 공과 2가 적힌 흰 공과 1, 2가 적힌
검은 공 2개 중에서 1개를 꺼내면 되므로
$$P(X=3)=\frac{{}_2C_1}{35}=\frac{2}{35}$$

(iv) 흰 공이 1개, 검은 공이 2개인 경우

$X=8$일 때, 8이 적힌 검은 공과 1, 2, 4가 적힌 검은 공 3개 중
에서 1개, 2, 3, 5가 적힌 흰 공 3개 중에서 1개를 꺼내면 되므로
$$P(X=8)=\frac{{}_3C_1\times{}_3C_1}{35}=\frac{9}{35}$$

$X=5$일 때, 5가 적힌 흰 공과 1, 2, 4가 적힌 검은 공 3개 중에
서 2개를 꺼내면 되므로
$$P(X=5)=\frac{{}_3C_2}{35}=\frac{3}{35}$$

$X=4$일 때, 4가 적힌 검은 공과 2, 3이 적힌 흰 공 2개 중에서
1개, 1, 2가 적힌 검은 공 2개 중에서 1개를 꺼내면 되므로
$$P(X=4)=\frac{{}_2C_1\times{}_2C_1}{35}=\frac{4}{35}$$

$X=3$일 때, 3이 적힌 흰 공과 1, 2가 적힌 검은 공 2개를 꺼내
면 되므로
$$P(X=3)=\frac{1}{35}$$

$X=2$일 때, 2가 적힌 흰 공과 1, 2가 적힌 검은 공 2개를 꺼내
면 되므로
$$P(X=2)=\frac{1}{35}$$

(3단계) 확률변수 X의 확률분포를 표로 나타낸다.
이상에서 확률변수 X의 확률분포를 표로 나타내면 다음과 같다.

X	1	2	3	4	5	8	합계
$P(X=x)$	$\frac{3}{35}$	$\frac{3}{35}$	$\frac{3}{35}$	$\frac{1}{7}$	$\frac{9}{35}$	$\frac{12}{35}$	1

$\therefore E(X)$
$$=1\times\frac{3}{35}+2\times\frac{3}{35}+3\times\frac{3}{35}+4\times\frac{1}{7}+5\times\frac{9}{35}+8\times\frac{12}{35}$$
$$=\frac{179}{35}$$

따라서 $p=35$, $q=179$이므로
$p+q=35+179=214$

258

표준정규분포

(1단계) 두 확률변수 X, Y를 각각 표준화하여 $F(t)$, $G(t)$를 나타낸다.
두 확률변수 X, Y가 각각 정규분포 $N(m, \sigma^2)$, $N(2m, 4\sigma^2)$을 따
르므로

$$Z_X=\frac{X-m}{\sigma},\ Z_Y=\frac{Y-2m}{2\sigma}$$

으로 놓으면 확률변수 Z_X, Z_Y는 모두 표준정규분포 $N(0, 1)$을
따른다.

$\therefore F(t)=P(X\geq m-\sigma t)$
$$=P\left(Z_X\geq\frac{(m-\sigma t)-m}{\sigma}\right)$$
$$=P(Z_X\geq -t)$$
$G(t)=P(Y\leq 2m+\sigma t)$
$$=P\left(Z_Y\leq\frac{(2m+\sigma t)-2m}{2\sigma}\right)$$
$$=P\left(Z_Y\leq\frac{t}{2}\right)$$

(2단계) ㄱ, ㄴ, ㄷ의 참, 거짓을 판별한다.

ㄱ. $F(-1)=P(Z_X\geq 1)$, $G(2)=P(Z_Y\leq 1)$이므로
$\quad F(-1)+G(2)=1$ (참)

ㄴ. $2t_1<t_2$이면 $-t_1>-\frac{t_2}{2}$이므로

$\quad P(Z\geq -t_1)<P\left(Z\geq -\frac{t_2}{2}\right)$

$\quad\therefore F(t_1)=P(Z_X\geq -t_1)$
$$\qquad<P\left(Z_Y\geq -\frac{t_2}{2}\right)$$
$$\qquad=P\left(Z_Y\leq\frac{t_2}{2}\right)$$
$$\qquad=G(t_2)$$
$\quad\therefore F(t_1)<G(t_2)$ (참)

ㄷ. $t>0$이므로
$\quad F(t)=P(Z_X\geq -t)=P(Z_X\leq t)$
$$\qquad=P(Z_X\leq 0)+P(0\leq Z_X\leq t)$$
$$\qquad=0.5+P(0\leq Z_X\leq t)$$
$\quad G(4t)=P(Z_Y\leq 2t)$
$$\qquad=P(Z_Y\leq 0)+P(0\leq Z_Y\leq 2t)$$
$$\qquad=0.5+P(0\leq Z_Y\leq 2t)$$
$\quad\therefore 2F(t)-\{G(4t)+0.5\}$
$$\quad=2\{0.5+P(0\leq Z_X\leq t)\}-\{0.5+P(0\leq Z_Y\leq 2t)+0.5\}$$
$$\quad=2P(0\leq Z_X\leq t)-P(0\leq Z_Y\leq 2t)$$
$$\quad=2P(0\leq Z_X\leq t)-\{P(0\leq Z_Y\leq t)+P(t\leq Z_Y\leq 2t)\}$$
$$\quad=P(0\leq Z_X\leq t)-P(t\leq Z_Y\leq 2t)$$
$\quad$이때 $P(0\leq Z\leq t)>P(t\leq Z\leq 2t)$이므로
$\quad 2F(t)-\{G(4t)+0.5\}>0$
$\quad\therefore 2F(t)>G(4t)+0.5$ (거짓)
이상에서 옳은 것은 ㄱ, ㄴ이다.

259

정규분포 ➕ 표준정규분포

(1단계) 두 확률변수의 표준편차가 같음을 이용하여 k의 조건을 구한다.
$E(X)=m_1$, $E(Y)=m_2$라 하면 조건 (가)에서 두 확률변수 X, Y
는 각각 정규분포 $N(m_1, 1^2)$, $N(m_2, 1^2)$을 따른다.

(ⅰ) $m_1=m_2$일 때,

조건 (나)를 만족시키지 않는다.

(ⅱ) $m_1 \neq m_2$일 때,

$f(x)=g(x)$를 만족시키는 x를 a라 하자.

이때 $k=f(a)$이면 조건 (나)를 만족시키지 않는다.

(2단계) $m_1>m_2$일 때, 조건 (다)를 만족시키는지 확인한다.

(ⅲ) $m_1>m_2$일 때,

$k<f(a)$, $k>f(a)$인 두 가지 경우 모두 $\mathrm{P}(X\leq2)-\mathrm{P}(Y\leq2)$
의 값은 음수이므로 조건 (다)를 만족시키지 않는다.

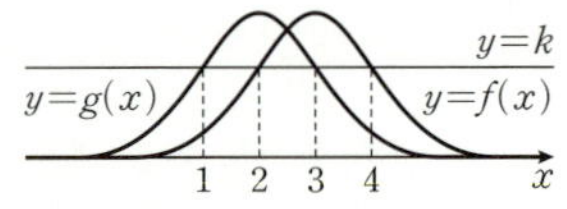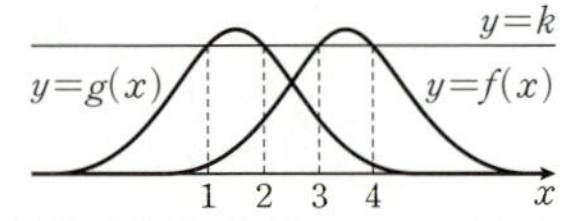

(3단계) $m_1<m_2$일 때, 조건 (다)를 만족시키는지 확인한다.

(ⅳ) $m_1<m_2$일 때,

㉠ $k<f(a)$인 경우

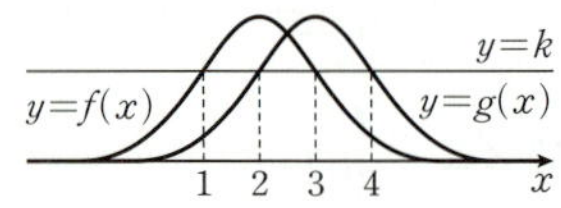

$f(1)=f(3)=k$이므로 $m_1=2$

이때 $\mathrm{P}(X\leq2)=0.5$이므로 $\mathrm{P}(X\leq2)-\mathrm{P}(Y\leq2)<0.5$가
되어 조건 (다)를 만족시키지 않는다.

㉡ $k>f(a)$인 경우

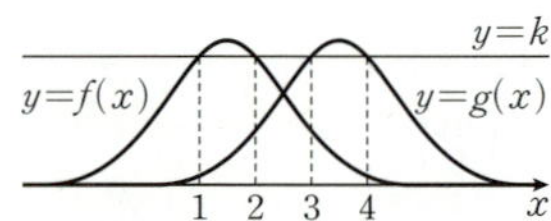

$f(1)=f(2)=k$이므로 $m_1=1.5$

$g(3)=g(4)=k$이므로 $m_2=3.5$

이때 두 확률변수 X, Y는 각각 정규분포 $\mathrm{N}(1.5,\ 1^2)$,
$\mathrm{N}(3.5,\ 1^2)$을 따르므로

$$Z_1=\frac{X-1.5}{1},\ Z_2=\frac{Y-3.5}{1}$$

로 놓으면 확률변수 Z_1, Z_2는 모두 표준정규분포 $\mathrm{N}(0,\ 1)$
을 따른다.

$\therefore\ \mathrm{P}(X\leq2)-\mathrm{P}(Y\leq2)$

$\quad=\mathrm{P}\!\left(Z_1\leq\dfrac{2-1.5}{1}\right)-\mathrm{P}\!\left(Z_2\leq\dfrac{2-3.5}{1}\right)$

$\quad=\mathrm{P}(Z_1\leq0.5)-\mathrm{P}(Z_2\leq-1.5)$

$\quad=\{0.5+\mathrm{P}(0\leq Z_1\leq0.5)\}-\{0.5-\mathrm{P}(0\leq Z_2\leq1.5)\}$

$\quad=\mathrm{P}(0\leq Z_1\leq0.5)+\mathrm{P}(0\leq Z_2\leq1.5)$

$\quad=0.1915+0.4332$

$\quad=0.6247>0.5$

즉, 조건 (다)를 만족시킨다.

(4단계) $\mathrm{P}(X\geq2.5)$의 값을 구한다.

$\therefore\ \mathrm{P}(X\geq2.5)=\mathrm{P}\!\left(Z_1\geq\dfrac{2.5-1.5}{1}\right)$

$\qquad\qquad\quad=\mathrm{P}(Z_1\geq1)$

$\qquad\qquad\quad=\mathrm{P}(Z_1\geq0)-\mathrm{P}(0\leq Z_1\leq1)$

$\qquad\qquad\quad=0.5-0.3413$

$\qquad\qquad\quad=0.1587$

06 통계적 추정

유형 분석 기출

● 76쪽~83쪽

260 401	**261** ④	**262** ②	**263** $2\sqrt{14}$	**264** ③
265 ①	**266** ②	**267** 0.1587	**268** 0.0456	**269** ③
270 ③	**271** ②	**272** ①	**273** $74.02\leq m\leq75.98$	
274 ②	**275** 0.25	**276** ③	**277** $94.2\leq m\leq145.8$	
278 ④	**279** 2.8	**280** ④	**281** 36	**282** ④
283 $\dfrac{4}{3}$	**284** ⑤	**285** 240	**286** ④	**287** 75
288 0.7745	**289** ③	**290** $0.5608\leq p\leq0.6392$		
291 $0.01\leq p\leq0.19$		**292** ③	**293** 0.1176	**294** 196
295 385				

260

모평균이 20, 모분산이 16, 표본의 크기가 16이므로

$$\mathrm{E}(\overline{X})=20,\ \mathrm{V}(\overline{X})=\frac{16}{16}=1$$

따라서 $\mathrm{V}(\overline{X})=\mathrm{E}(\overline{X}^2)-\{\mathrm{E}(\overline{X})\}^2$이므로

$\mathrm{E}(\overline{X}^2)=\mathrm{V}(\overline{X})+\{\mathrm{E}(\overline{X})\}^2$

$\qquad\quad=1+20^2=401$

261

모표준편차가 2, 표본의 크기가 n이므로

$$\sigma(\overline{X})=\frac{2}{\sqrt{n}}$$

이때 $\sigma(\overline{X})$가 $\dfrac{1}{5}$ 이하이므로

$\dfrac{2}{\sqrt{n}}\leq\dfrac{1}{5},\ \sqrt{n}\geq10$

$\therefore\ n\geq100$

따라서 n의 최솟값은 100이다.

262

모평균을 m, 모분산을 σ^2이라 하면

$\mathrm{E}(\overline{X_1})=\mathrm{E}(\overline{X_2})=m$이므로

$\mathrm{E}(\overline{X_1})-\mathrm{E}(\overline{X_2})=2n-30$에서

$2n-30=0$

$\therefore\ n=15$

$\therefore\ \dfrac{\mathrm{V}(\overline{X_1})}{\mathrm{V}(\overline{X_2})}=\dfrac{\frac{\sigma^2}{15}}{\frac{\sigma^2}{25}}=\dfrac{5}{3}$

263

확률변수 X의 확률분포를 표로 나타내면 다음과 같다.

X	1	2	3	4	5	합계
$\mathrm{P}(X=x)$	$\dfrac{1}{15}$	$\dfrac{2}{15}$	$\dfrac{1}{5}$	$\dfrac{4}{15}$	$\dfrac{1}{3}$	1

확률변수 X에 대하여
$$\mathrm{E}(X)=1\times\frac{1}{15}+2\times\frac{2}{15}+3\times\frac{1}{5}+4\times\frac{4}{15}+5\times\frac{1}{3}=\frac{11}{3}$$
$$\mathrm{V}(X)=\mathrm{E}(X^2)-\{\mathrm{E}(X)\}^2$$
$$=1^2\times\frac{1}{15}+2^2\times\frac{2}{15}+3^2\times\frac{1}{5}+4^2\times\frac{4}{15}+5^2\times\frac{1}{3}-\left(\frac{11}{3}\right)^2$$
$$=15-\frac{121}{9}=\frac{14}{9}$$

이때 표본의 크기가 25이므로
$$\mathrm{V}(\overline{X})=\frac{\frac{14}{9}}{25}=\frac{14}{225}$$
$$\therefore\ \sigma(\overline{X})=\sqrt{\mathrm{V}(\overline{X})}$$
$$=\sqrt{\frac{14}{225}}=\frac{\sqrt{14}}{15}$$
$$\therefore\ \sigma(30\overline{X})=30\sigma(\overline{X})$$
$$=30\times\frac{\sqrt{14}}{15}$$
$$=2\sqrt{14}$$

이산확률변수의 평균, 분산, 표준편차

이산확률변수 X와 두 상수 $a\ (a\neq0)$, b에 대하여
① $\mathrm{E}(aX+b)=a\mathrm{E}(X)+b$
② $\mathrm{V}(aX+b)=a^2\mathrm{V}(X)$
③ $\sigma(aX+b)=|a|\sigma(X)$

264

확률변수 X에 대하여
$$\mathrm{E}(X)=(-2)\times\frac{1}{6}+0\times\frac{1}{3}+2\times\frac{1}{3}+4\times\frac{1}{6}=1$$
$$\mathrm{V}(X)=\mathrm{E}(X^2)-\{\mathrm{E}(X)\}^2$$
$$=(-2)^2\times\frac{1}{6}+0^2\times\frac{1}{3}+2^2\times\frac{1}{3}+4^2\times\frac{1}{6}-1^2$$
$$=\frac{14}{3}-1=\frac{11}{3}$$

표본의 크기가 n일 때 $\mathrm{V}(\overline{X})=\frac{1}{6}$이므로
$$\frac{\frac{11}{3}}{n}=\frac{1}{6},\ \frac{11}{3n}=\frac{1}{6}$$
$$\therefore\ n=22$$

265

주머니에서 임의로 1개의 공을 꺼낼 때 공에 적힌 숫자를 확률변수 X라 하고 X의 확률분포를 표로 나타내면 다음과 같다.

X	0	1	2	3	4	합계
$\mathrm{P}(X=x)$	$\frac{3}{20}$	$\frac{1}{5}$	$\frac{3}{10}$	$\frac{1}{5}$	$\frac{3}{20}$	1

확률변수 X에 대하여
$$\mathrm{E}(X)=0\times\frac{3}{20}+1\times\frac{1}{5}+2\times\frac{3}{10}+3\times\frac{1}{5}+4\times\frac{3}{20}=2$$

$$\mathrm{V}(X)=\mathrm{E}(X^2)-\{\mathrm{E}(X)\}^2$$
$$=0^2\times\frac{3}{20}+1^2\times\frac{1}{5}+2^2\times\frac{3}{10}+3^2\times\frac{1}{5}+4^2\times\frac{3}{20}-2^2$$
$$=\frac{28}{5}-4=\frac{8}{5}$$

이때 표본의 크기가 10이므로
$$\mathrm{E}(\overline{X})=2$$
$$\mathrm{V}(\overline{X})=\frac{\frac{8}{5}}{10}=\frac{4}{25}$$
$$\sigma(\overline{X})=\sqrt{\mathrm{V}(\overline{X})}=\sqrt{\frac{4}{25}}=\frac{2}{5}$$
$$\therefore\ \mathrm{E}(\overline{X})+\sigma(\overline{X})=2+\frac{2}{5}=\frac{12}{5}$$

참고 표본을 뽑을 때, 특별한 언급이 없으면 임의추출은 복원추출로 생각한다.

266

화살을 한 번 쏘아서 맞힌 영역에 적힌 숫자를 확률변수 X라 하고 X의 확률분포를 표로 나타내면 다음과 같다.

X	1	2	3	합계
$\mathrm{P}(X=x)$	$\frac{1}{2}$	$\frac{1}{3}$	$\frac{1}{6}$	1

확률변수 X에 대하여
$$\mathrm{E}(X)=1\times\frac{1}{2}+2\times\frac{1}{3}+3\times\frac{1}{6}=\frac{5}{3}$$
$$\mathrm{V}(X)=\mathrm{E}(X^2)-\{\mathrm{E}(X)\}^2$$
$$=1^2\times\frac{1}{2}+2^2\times\frac{1}{3}+3^2\times\frac{1}{6}-\left(\frac{5}{3}\right)^2$$
$$=\frac{10}{3}-\frac{25}{9}=\frac{5}{9}$$

표본의 크기가 n일 때 $\mathrm{V}(\overline{X})=\frac{1}{9}$이어야 하므로
$$\frac{\frac{5}{9}}{n}=\frac{1}{9},\ \frac{5}{9n}=\frac{1}{9}$$
$$\therefore\ n=5$$

267

모집단이 정규분포 $\mathrm{N}(32,\ 12^2)$을 따르고 표본의 크기가 16이므로 표본평균 $\overline{X}$는 정규분포 $\mathrm{N}\left(32,\ \frac{12^2}{16}\right)$, 즉 $\mathrm{N}(32,\ 3^2)$을 따른다.

따라서 $Z=\dfrac{\overline{X}-32}{3}$로 놓으면 확률변수 Z는 표준정규분포 $\mathrm{N}(0,\ 1)$을 따르므로 구하는 확률은
$$\mathrm{P}(\overline{X}\leq29)=\mathrm{P}\left(Z\leq\frac{29-32}{3}\right)$$
$$=\mathrm{P}(Z\leq-1)$$
$$=\mathrm{P}(Z\geq1)$$
$$=\mathrm{P}(Z\geq0)-\mathrm{P}(0\leq Z\leq1)$$
$$=0.5-0.3413$$
$$=0.1587$$

표준정규분포에서의 확률

표준정규분포 $N(0, 1)$을 따르는 확률변수 Z에 대한 확률은 다음을 이용하여 구한다. (단, $0 < a < b$)
① $P(Z \geq 0) = P(Z \leq 0) = 0.5$
② $P(-a \leq Z \leq 0) = P(0 \leq Z \leq a)$
③ $P(-a \leq Z \leq a) = 2P(0 \leq Z \leq a)$
④ $P(Z \geq a) = 0.5 - P(0 \leq Z \leq a)$
⑤ $P(a \leq Z \leq b) = P(0 \leq Z \leq b) - P(0 \leq Z \leq a)$
⑥ $P(-a \leq Z \leq b) = P(0 \leq Z \leq a) + P(0 \leq Z \leq b)$

268

모집단이 정규분포 $N(m, 40^2)$을 따르고 표본의 크기가 64이므로 표본평균 $\overline{X}$는 정규분포 $N\left(m, \dfrac{40^2}{64}\right)$, 즉 $N(m, 5^2)$을 따른다.

따라서 $Z = \dfrac{\overline{X} - m}{5}$으로 놓으면 확률변수 Z는 표준정규분포 $N(0, 1)$을 따르므로 구하는 확률은

$$P(|\overline{X} - m| \geq 10) = P\left(\left|\dfrac{\overline{X} - m}{5}\right| \geq \dfrac{10}{5}\right)$$
$$= P(|Z| \geq 2)$$
$$= P(Z \leq -2) + P(Z \geq 2)$$
$$= 2P(Z \geq 2)$$
$$= 2\{P(Z \geq 0) - P(0 \leq Z \leq 2)\}$$
$$= 2 \times (0.5 - 0.4772)$$
$$= 0.0456$$

269

정규분포 $N(m, 6^2)$을 따르는 모집단에서 크기가 9인 표본을 임의추출하여 구한 표본평균 $\overline{X}$는 정규분포 $N\left(m, \dfrac{6^2}{9}\right)$, 즉 $N(m, 2^2)$을 따르므로 $Z_1 = \dfrac{\overline{X} - m}{2}$으로 놓으면 확률변수 Z_1은 표준정규분포 $N(0, 1)$을 따른다.

또, 정규분포 $N(6, 2^2)$을 따르는 모집단에서 크기가 4인 표본을 임의추출하여 구한 표본평균 $\overline{Y}$는 정규분포 $N\left(6, \dfrac{2^2}{4}\right)$, 즉 $N(6, 1^2)$을 따르므로 $Z_2 = \dfrac{\overline{Y} - 6}{1}$으로 놓으면 확률변수 Z_2는 표준정규분포 $N(0, 1)$을 따른다.

$P(\overline{X} \leq 12) + P(\overline{Y} \geq 8) = 1$에서

$$P\left(Z_1 \leq \dfrac{12 - m}{2}\right) + P\left(Z_2 \geq \dfrac{8 - 6}{1}\right) = 1$$

$$P\left(Z_1 \leq \dfrac{12 - m}{2}\right) + P(Z_2 \geq 2) = 1$$

$$P\left(Z_1 \leq \dfrac{12 - m}{2}\right) = 1 - P(Z_2 \geq 2)$$
$$= P(Z_2 \leq 2)$$

이때 두 확률변수 Z_1, Z_2는 모두 표준정규분포 $N(0, 1)$을 따르므로

$$\dfrac{12 - m}{2} = 2 \qquad \therefore m = 8$$

270

모집단이 정규분포 $N(m, 12^2)$을 따르고 표본의 크기가 n이므로 표본평균 $\overline{X}$는 정규분포 $N\left(m, \left(\dfrac{12}{\sqrt{n}}\right)^2\right)$을 따른다.

따라서 $Z = \dfrac{\overline{X} - m}{\dfrac{12}{\sqrt{n}}}$으로 놓으면 확률변수 Z는 표준정규분포 $N(0, 1)$을 따르고 모평균과 표본평균의 차가 2 이하일 확률이 0.6826 이상이므로

$$P(|\overline{X} - m| \leq 2) \geq 0.6826$$

$$P\left(\left|\dfrac{\overline{X} - m}{\dfrac{12}{\sqrt{n}}}\right| \leq \dfrac{2}{\dfrac{12}{\sqrt{n}}}\right) \geq 0.6826$$

$$P\left(|Z| \leq \dfrac{\sqrt{n}}{6}\right) \geq 0.6826$$

$$P\left(-\dfrac{\sqrt{n}}{6} \leq Z \leq \dfrac{\sqrt{n}}{6}\right) \geq 0.6826$$

$$2P\left(0 \leq Z \leq \dfrac{\sqrt{n}}{6}\right) \geq 0.6826$$

$$\therefore P\left(0 \leq Z \leq \dfrac{\sqrt{n}}{6}\right) \geq 0.3413$$

이때 $P(0 \leq Z \leq 1) = 0.3413$이므로

$$\dfrac{\sqrt{n}}{6} \geq 1, \ \sqrt{n} \geq 6$$

$$\therefore n \geq 36$$

따라서 구하는 자연수 n의 최솟값은 36이다.

271

모집단이 정규분포 $N(80, 20^2)$을 따르고 표본의 크기가 25이므로 표본평균 $\overline{X}$는 정규분포 $N\left(80, \dfrac{20^2}{25}\right)$, 즉 $N(80, 4^2)$을 따른다.

따라서 $Z = \dfrac{\overline{X} - 80}{4}$으로 놓으면 확률변수 Z는 표준정규분포 $N(0, 1)$을 따르므로

$P(\overline{X} \leq k) = 0.0668$에서

$$P\left(Z \leq \dfrac{k - 80}{4}\right) = 0.0668$$

$$P\left(Z \geq -\dfrac{k - 80}{4}\right) = 0.0668$$

$$0.5 - P\left(0 \leq Z \leq -\dfrac{k - 80}{4}\right) = 0.0668$$

$$\therefore P\left(0 \leq Z \leq -\dfrac{k - 80}{4}\right) = 0.4332$$

이때 $P(0 \leq Z \leq 1.5) = 0.4332$이므로

$$-\dfrac{k - 80}{4} = 1.5, \ k - 80 = -6$$

$$\therefore k = 74$$

272

공장에서 생산하는 양초 한 개의 무게를 확률변수 X라 하면 X는 정규분포 $N(25, 3^2)$을 따른다.

이때 임의추출한 양초 4개의 무게의 평균을 $\overline{X}$라 하면 표본평균 $\overline{X}$는 정규분포 $\mathrm{N}\left(25,\ \dfrac{3^2}{4}\right)$, 즉 $\mathrm{N}\left(25,\ \left(\dfrac{3}{2}\right)^2\right)$을 따르므로

$Z=\dfrac{\overline{X}-25}{\dfrac{3}{2}}$로 놓으면 확률변수 Z는 표준정규분포 $\mathrm{N}(0,\ 1)$을 따른다.

따라서 양초 4개를 포장한 한 상자의 무게가 109 g 이상 115 g 이하일 확률은

$$
\begin{aligned}
\mathrm{P}(109\leq 4\overline{X}\leq 115) &= \mathrm{P}\left(\dfrac{109}{4}\leq \overline{X}\leq \dfrac{115}{4}\right)\\
&= \mathrm{P}\left(\dfrac{\dfrac{109}{4}-25}{\dfrac{3}{2}}\leq Z\leq \dfrac{\dfrac{115}{4}-25}{\dfrac{3}{2}}\right)\\
&= \mathrm{P}(1.5\leq Z\leq 2.5)\\
&= \mathrm{P}(0\leq Z\leq 2.5)-\mathrm{P}(0\leq Z\leq 1.5)\\
&= 0.4938-0.4332\\
&= 0.0606
\end{aligned}
$$

273

표본의 크기 64가 충분히 크므로 모표준편차 대신 표본표준편차 4를 사용할 수 있다.

표본평균이 75이므로 모평균 m에 대한 신뢰도 95 %의 신뢰구간은

$$75-1.96\times \dfrac{4}{\sqrt{64}}\leq m\leq 75+1.96\times \dfrac{4}{\sqrt{64}}$$

$$\therefore\ 74.02\leq m\leq 75.98$$

274

표본평균이 11, 모표준편차가 5, 표본의 크기가 n이므로 모평균 m에 대한 신뢰도 99 %의 신뢰구간은

$$11-2.58\times \dfrac{5}{\sqrt{n}}\leq m\leq 11+2.58\times \dfrac{5}{\sqrt{n}}$$

이 신뢰구간이 $8.85\leq m\leq 13.15$와 일치하므로

$$11-2.58\times \dfrac{5}{\sqrt{n}}=8.85,$$

$$11+2.58\times \dfrac{5}{\sqrt{n}}=13.15$$

따라서 $2.58\times \dfrac{5}{\sqrt{n}}=2.15$이므로

$$\sqrt{n}=6 \quad \therefore\ n=36$$

275

표본의 크기 49가 충분히 크므로 모표준편차 대신 표본표준편차 k를 사용할 수 있다.

표본평균이 15.5이므로 모평균 m에 대한 신뢰도 95 %의 신뢰구간은

$$15.5-1.96\times \dfrac{k}{\sqrt{49}}\leq m\leq 15.5+1.96\times \dfrac{k}{\sqrt{49}}$$

$$\therefore\ 15.5-0.28k\leq m\leq 15.5+0.28k$$

이 신뢰구간이 $15.43\leq m\leq 15.57$과 일치하므로

$$15.5-0.28k=15.43,$$

$$15.5+0.28k=15.57$$

따라서 $0.28k=0.07$이므로

$$k=0.25$$

276

표본평균이 $\overline{x}$, 모표준편차가 16, 표본의 크기가 64이므로 모평균 m에 대한 신뢰도 95 %의 신뢰구간은

$$\overline{x}-1.96\times \dfrac{16}{\sqrt{64}}\leq m\leq \overline{x}+1.96\times \dfrac{16}{\sqrt{64}}$$

$$\therefore\ \overline{x}-3.92\leq m\leq \overline{x}+3.92$$

이 신뢰구간이 $240.12\leq m\leq a$와 일치하므로

$$\overline{x}-3.92=240.12,\ \overline{x}+3.92=a$$

$$\overline{x}=240.12+3.92=244.04$$

$$a=244.04+3.92=247.96$$

$$\therefore\ \overline{x}+a=244.04+247.96$$

$$=492$$

277

표본평균의 값을 $\overline{x}$라 하면 모평균 m에 대한 신뢰도 95 %의 신뢰구간은

$$\overline{x}-1.96\times \dfrac{\sigma}{\sqrt{n}}\leq m\leq \overline{x}+1.96\times \dfrac{\sigma}{\sqrt{n}}$$이므로

$$\overline{x}-1.96\times \dfrac{\sigma}{\sqrt{n}}=100.4 \qquad \cdots\cdots\ \text{㉠}$$

$$\overline{x}+1.96\times \dfrac{\sigma}{\sqrt{n}}=139.6 \qquad \cdots\cdots\ \text{㉡}$$

㉠+㉡을 하면

$$2\overline{x}=240 \qquad \therefore\ \overline{x}=120$$

$\overline{x}=120$을 ㉡에 대입하면

$$1.96\times \dfrac{\sigma}{\sqrt{n}}=19.6 \qquad \therefore\ \dfrac{\sigma}{\sqrt{n}}=10$$

따라서 모평균 m에 대한 신뢰도 99 %의 신뢰구간은

$$120-2.58\times 10\leq m\leq 120+2.58\times 10$$

$$\therefore\ 94.2\leq m\leq 145.8$$

278

표본평균이 160, 모표준편차가 12, 표본의 크기가 36이므로

$\mathrm{P}(|Z|\leq k)=\dfrac{\alpha}{100}$라 할 때, 모평균 m에 대한 신뢰도 α %의 신뢰구간은

$$160-k\times \dfrac{12}{\sqrt{36}}\leq m\leq 160+k\times \dfrac{12}{\sqrt{36}}$$

$$\therefore\ 160-2k\leq m\leq 160+2k$$

이 신뢰구간이 $156.24\leq m\leq 163.76$과 일치하므로

$$160-2k=156.24,\ 160+2k=163.76$$

$$\therefore\ k=1.88$$

이때 주어진 표준정규분포표에서

$$\begin{aligned}
\mathrm{P}(|Z|\leq 1.88)&=2\mathrm{P}(0\leq Z\leq 1.88)\\
&=2\times 0.47\\
&=0.94
\end{aligned}$$

이므로 $\dfrac{\alpha}{100}=0.94$

$\therefore \alpha=94$

279

모표준편차가 5, 표본의 크기가 49이므로 모평균 m에 대한 신뢰도 95 %의 신뢰구간의 길이는

$$2\times 1.96\times\frac{5}{\sqrt{49}}=2.8$$

280

ㄱ. 표본평균의 값을 $\overline{x}$라 하면 모평균 m에 대한 신뢰도 95 %의 신뢰구간은

$$\overline{x}-1.96\times\frac{\sigma}{\sqrt{n}}\leq m\leq\overline{x}+1.96\times\frac{\sigma}{\sqrt{n}}$$

모평균 m에 대한 신뢰도 99 %의 신뢰구간은

$$\overline{x}-2.58\times\frac{\sigma}{\sqrt{n}}\leq m\leq\overline{x}+2.58\times\frac{\sigma}{\sqrt{n}}$$

따라서 신뢰도 99 %의 신뢰구간은 신뢰도 95 %의 신뢰구간을 포함한다. (참)

ㄴ. 정규분포 $\mathrm{N}(m,\ \sigma^2)$을 따르는 모집단에서 크기가 n인 표본을 임의추출하여 신뢰도 α %로 추정한 모평균에 대한 신뢰구간의 길이는

$$2k\frac{\sigma}{\sqrt{n}}\ \left(\text{단, } \mathrm{P}(|Z|\leq k)=\frac{\alpha}{100}\right) \qquad\cdots\cdots\text{㉠}$$

신뢰도가 일정할 때, 표본의 크기가 작을수록 $\sqrt{n}$의 값이 작아지므로 신뢰구간의 길이는 길어진다. (거짓)

ㄷ. ㉠에서 신뢰도를 낮추면 k의 값이 작아지고 표본의 크기를 크게 하면 $\sqrt{n}$의 값이 커지므로 신뢰구간의 길이는 짧아진다. (참)

이상에서 옳은 것은 ㄱ, ㄷ이다.

281

$b-a$의 값은 신뢰도 α %로 추정한 모평균의 신뢰구간의 길이이므로

$$b-a=2k\frac{\sigma}{\sqrt{n}}\ \left(\text{단, } \mathrm{P}(|Z|\leq k)=\frac{\alpha}{100}\right)$$

$n=196$이면 $b-a=4$이므로

$$2k\times\frac{\sigma}{\sqrt{196}}=4,\ \frac{k\sigma}{7}=4$$

$\therefore k\sigma=28$

따라서 $b-a=\dfrac{28}{3}$이면

$$2k\frac{\sigma}{\sqrt{n}}=\frac{28}{3},\ \frac{2\times 28}{\sqrt{n}}=\frac{28}{3}$$

$\sqrt{n}=6\quad\therefore n=36$

282

모표준편차가 10, 표본의 크기가 64이므로

$$\mathrm{P}(-k\leq Z\leq k)=\frac{\alpha}{100}\ (k\text{는 상수})$$

라 하면 신뢰도 α %로 추정한 모평균에 대한 신뢰구간의 길이는

$$2k\times\frac{10}{\sqrt{64}}=4\quad\therefore k=1.6$$

따라서 $\mathrm{P}(-1.6\leq Z\leq 1.6)=\dfrac{\alpha}{100}$이므로

$$\begin{aligned}
\alpha&=100\,\mathrm{P}(-1.6\leq Z\leq 1.6)\\
&=200\,\mathrm{P}(0\leq Z\leq 1.6)\\
&=200\times 0.45=90
\end{aligned}$$

283

$\mathrm{P}(|Z|\leq k)=\dfrac{\alpha}{100}$라 하면 모표준편차가 4, 표본의 크기가 25일 때 신뢰도 α %로 추정한 모평균에 대한 신뢰구간의 길이는

$$a=2k\times\frac{4}{\sqrt{25}}=\frac{8}{5}k$$

모표준편차가 4, 표본의 크기가 64일 때 신뢰도 α %로 추정한 모평균에 대한 신뢰구간의 길이는

$$b=2k\times\frac{4}{\sqrt{64}}=k$$

이때 $a+b=2.6$에서

$$\frac{8}{5}k+k=2.6,\ \frac{13}{5}k=2.6$$

$\therefore k=1$

따라서 구하는 신뢰구간의 길이는

$$2\times 1\times\frac{4}{\sqrt{36}}=\frac{4}{3}$$

284

표준편차가 σ인 정규분포를 따르는 모집단에서 크기가 n인 표본을 임의추출하여 신뢰도 α %로 추정한 모평균에 대한 신뢰구간의 길이 l은

$$l=2k\frac{\sigma}{\sqrt{n}}\ \left(\text{단, } \mathrm{P}(|Z|\leq k)=\frac{\alpha}{100}\right)$$

이므로

$$\frac{l}{3}=2k\frac{\sigma}{\sqrt{n}}\times\frac{1}{3}$$

$\therefore \dfrac{l}{3}=2k\dfrac{\sigma}{\sqrt{9n}}$

따라서 신뢰구간의 길이가 $\dfrac{l}{3}$이 되려면 표본의 크기는 $9n$이 되어야 한다.

285

표본의 크기를 n이라 하면 모표준편차가 9이므로 신뢰도 99 %로 추정한 모평균에 대한 신뢰구간의 길이는

$$2\times 2.58\times\frac{9}{\sqrt{n}}$$

신뢰구간의 길이가 3 이하가 되려면

$$2 \times 2.58 \times \frac{9}{\sqrt{n}} \leq 3$$

$$\sqrt{n} \geq 15.48 \quad \therefore n \geq 239.6304$$

따라서 표본의 크기의 최솟값은 240이다.

286

모비율이 p, 표본의 크기가 36이므로

$$\mathrm{E}(\hat{p}) = p, \ \mathrm{V}(\hat{p}) = \frac{p(1-p)}{36}$$

이때 $\mathrm{E}(\hat{p}) + 12\mathrm{V}(\hat{p}) = \frac{13}{16}$에서

$$p + 12 \times \frac{p(1-p)}{36} = \frac{13}{16}$$

$$16p^2 - 64p + 39 = 0, \ (4p-3)(4p-13) = 0$$

$$\therefore p = \frac{3}{4} \ (\because 0 < p < 1)$$

287

모비율이 0.75, 표본의 크기가 n이므로

$$\sigma(\hat{p}) = \sqrt{\frac{0.75 \times 0.25}{n}} = \frac{\sqrt{3}}{4\sqrt{n}}$$

이때 $\sigma(\hat{p}) \leq 0.05$에서

$$\frac{\sqrt{3}}{4\sqrt{n}} \leq \frac{1}{20}, \ \sqrt{n} \geq 5\sqrt{3}$$

$$\therefore n \geq 75$$

따라서 구하는 자연수 n의 최솟값은 75이다.

288

임의추출한 64명 중에서 찬성한 학생의 비율을 $\hat{p}$이라 하면 64는 충분히 큰 수이므로 $\hat{p}$은 근사적으로 정규분포 $\mathrm{N}\!\left(0.8, \dfrac{0.8 \times 0.2}{64}\right)$, 즉 $\mathrm{N}(0.8, \, 0.05^2)$을 따른다.

따라서 $Z = \dfrac{\hat{p} - 0.8}{0.05}$로 놓으면 확률변수 Z는 근사적으로 표준정규분포 $\mathrm{N}(0, 1)$을 따르므로 구하는 확률은

$$\mathrm{P}\!\left(\frac{48}{64} \leq \hat{p} \leq \frac{56}{64}\right) = \mathrm{P}(0.75 \leq \hat{p} \leq 0.875)$$

$$= \mathrm{P}\!\left(\frac{0.75 - 0.8}{0.05} \leq Z \leq \frac{0.875 - 0.8}{0.05}\right)$$

$$= \mathrm{P}(-1 \leq Z \leq 1.5)$$

$$= \mathrm{P}(0 \leq Z \leq 1) + \mathrm{P}(0 \leq Z \leq 1.5)$$

$$= 0.3413 + 0.4332$$

$$= 0.7745$$

289

임의추출한 400개의 콩 중에서 녹색 콩의 비율을 $\hat{p}$이라 하면 400은 충분히 큰 수이므로 $\hat{p}$은 근사적으로 정규분포 $\mathrm{N}\!\left(0.1, \dfrac{0.1 \times 0.9}{400}\right)$, 즉 $\mathrm{N}(0.1, \, 0.015^2)$을 따른다.

따라서 $Z = \dfrac{\hat{p} - 0.1}{0.015}$로 놓으면 확률변수 Z는 근사적으로 표준정규분포 $\mathrm{N}(0, 1)$을 따르므로 구하는 확률은

$$\mathrm{P}\!\left(\hat{p} \leq \frac{49}{400}\right) = \mathrm{P}(\hat{p} \leq 0.1225)$$

$$= \mathrm{P}\!\left(Z \leq \frac{0.1225 - 0.1}{0.015}\right)$$

$$= \mathrm{P}(Z \leq 1.5)$$

$$= \mathrm{P}(Z \geq 0) + \mathrm{P}(0 \leq Z \leq 1.5)$$

$$= 0.5 + 0.4332$$

$$= 0.9332$$

290

표본비율이 $\dfrac{360}{600} = 0.6$, 표본의 크기가 600이므로 공업단지 조성에 찬성하는 주민의 비율 p에 대한 신뢰도 95 %의 신뢰구간은

$$0.6 - 1.96 \times \sqrt{\frac{0.6 \times 0.4}{600}} \leq p \leq 0.6 + 1.96 \times \sqrt{\frac{0.6 \times 0.4}{600}}$$

$$\therefore 0.5608 \leq p \leq 0.6392$$

291

표본비율이 $\dfrac{10}{100} = 0.1$, 표본의 크기가 100이므로 정기적으로 봉사 활동을 하는 학생의 비율 p에 대한 신뢰도 99 %의 신뢰구간은

$$0.1 - 3 \times \sqrt{\frac{0.1 \times 0.9}{100}} \leq p \leq 0.1 + 3 \times \sqrt{\frac{0.1 \times 0.9}{100}}$$

$$\therefore 0.01 \leq p \leq 0.19$$

292

표본비율이 $\dfrac{16}{100} = 0.16$, 표본의 크기가 n이므로 불량률 p에 대한 신뢰도 95 %의 신뢰구간은

$$0.16 - 2 \times \sqrt{\frac{0.16 \times 0.84}{n}} \leq p \leq 0.16 + 2 \times \sqrt{\frac{0.16 \times 0.84}{n}}$$

이것이 $0.128 \leq p \leq 0.192$와 같으므로

$$0.16 - 2 \times \sqrt{\frac{0.16 \times 0.84}{n}} = 0.128$$

$$0.16 + 2 \times \sqrt{\frac{0.16 \times 0.84}{n}} = 0.192$$

$$2 \times \sqrt{\frac{0.16 \times 0.84}{n}} = 0.032$$

$$\therefore n = 525$$

293

표본의 크기가 100, 표본비율이 0.1이므로 모비율 p에 대한 신뢰도 95 %의 신뢰구간의 길이는

$$2 \times 1.96 \times \sqrt{\frac{0.1 \times 0.9}{100}} = 0.1176$$

294

표본의 크기가 n, 표본비율이 0.5이고 모비율 p에 대한 신뢰도 95 %의 신뢰구간의 길이가 0.14이므로

$$2 \times 1.96 \times \sqrt{\frac{0.5 \times 0.5}{n}} = 0.14$$

$$\sqrt{n} = 14 \quad \therefore n = 196$$

295

표본의 크기가 n, 표본비율이 0.2이므로 모비율을 p라 하면 모비율 p에 대한 신뢰도 $95\,\%$의 신뢰구간은

$$0.2-1.96\times\sqrt{\frac{0.2\times0.8}{n}}\leq p\leq0.2+1.96\times\sqrt{\frac{0.2\times0.8}{n}}$$

$$-1.96\times\sqrt{\frac{0.2\times0.8}{n}}\leq p-0.2\leq1.96\times\sqrt{\frac{0.2\times0.8}{n}}$$

$$\therefore\ |p-0.2|\leq1.96\times\sqrt{\frac{0.2\times0.8}{n}}$$

이때 모비율과 표본비율의 차가 0.04 이하가 되어야 하므로

$$1.96\times\sqrt{\frac{0.2\times0.8}{n}}\leq0.04$$

$$\sqrt{n}\geq19.6 \quad \therefore\ n\geq384.16$$

따라서 n의 최솟값은 385이다.

● 84쪽

296 (1) $a=\dfrac{1}{20},\ b=\dfrac{1}{8}$　(2) $\dfrac{19}{64}$　　**297** 0.8185

298 9　　**299** 0.8413

296

(1) 확률의 총합은 1이므로

$$P(X=1)+P(X=2)+P(X=3)+P(X=4)=1$$
$$(a+b)+(2a+b)+(3a+b)+(4a+b)=1$$
$$\therefore\ 10a+4b=1 \qquad \cdots\cdots\ \bigcirc$$

$E(X)=E(\overline{X})=\dfrac{11}{4}$이므로

$$(a+b)+2(2a+b)+3(3a+b)+4(4a+b)=\frac{11}{4}$$

$$\therefore\ 30a+10b=\frac{11}{4} \qquad \cdots\cdots\ \bigcirc\!\bigcirc$$

$\bigcirc$, $\bigcirc\!\bigcirc$을 연립하여 풀면

$$a=\frac{1}{20},\ b=\frac{1}{8} \qquad \cdots\cdots\ ㉮$$

(2) $E(X^2)$

$$=(a+b)+2^2\times(2a+b)+3^2\times(3a+b)+4^2\times(4a+b)$$
$$=100a+30b$$
$$=100\times\frac{1}{20}+30\times\frac{1}{8}$$
$$=\frac{35}{4}$$

이므로

$$V(X)=E(X^2)-\{E(X)\}^2$$
$$=\frac{35}{4}-\left(\frac{11}{4}\right)^2$$
$$=\frac{19}{16} \qquad \cdots\cdots\ ㉯$$

$$\therefore\ V(\overline{X})=\frac{\dfrac{19}{16}}{4}=\frac{19}{64} \qquad \cdots\cdots\ ㉰$$

	채점 기준	배점 비율
(1)	㉮ 상수 a, b의 값 구하기	$50\,\%$
(2)	㉯ $V(X)$ 구하기	$30\,\%$
	㉰ $V(\overline{X})$ 구하기	$20\,\%$

297

모집단이 정규분포 $N(40,\ 0.1)$을 따르고 표본의 크기가 10이므로 표본평균 $\overline{X}$는 정규분포 $N\!\left(40,\ \dfrac{0.1}{10}\right)$, 즉 $N(40,\ 0.1^2)$을 따른다.

$$\cdots\cdots\ ㉮$$

따라서 $Z=\dfrac{\overline{X}-40}{0.1}$으로 놓으면 확률변수 Z는 표준정규분포 $N(0,\ 1)$을 따른다.

한 상자의 무게는 $10\overline{X}$이므로 재포장을 하지 않을 확률은

$$P(399\leq10\overline{X}\leq402)$$
$$=P(39.9\leq\overline{X}\leq40.2)$$
$$=P\!\left(\frac{39.9-40}{0.1}\leq Z\leq\frac{40.2-40}{0.1}\right)$$
$$=P(-1\leq Z\leq2)$$
$$=P(-1\leq Z\leq0)+P(0\leq Z\leq2)$$
$$=P(0\leq Z\leq1)+P(0\leq Z\leq2)$$
$$=0.3413+0.4772$$
$$=0.8185 \qquad \cdots\cdots\ ㉯$$

채점 기준	배점 비율
㉮ 표본평균 $\overline{X}$가 따르는 정규분포 구하기	$30\,\%$
㉯ 재포장을 하지 않을 확률 구하기	$70\,\%$

298

표본의 크기가 m일 때, 신뢰도 $95\,\%$의 신뢰구간의 길이는

$$2\times1.96\times\frac{1}{\sqrt{m}}=\frac{3.92}{\sqrt{m}} \qquad \cdots\cdots\ ㉮$$

표본의 크기가 n일 때, 신뢰도 $95\,\%$의 신뢰구간의 길이는

$$2\times1.96\times\frac{1}{\sqrt{n}}=\frac{3.92}{\sqrt{n}} \qquad \cdots\cdots\ ㉯$$

두 신뢰구간의 길이의 비가 $1:3$이므로

$$\frac{3.92}{\sqrt{m}}:\frac{3.92}{\sqrt{n}}=1:3$$
$$\frac{\sqrt{m}}{\sqrt{n}}=3$$
$$\therefore\ \frac{m}{n}=9 \qquad \cdots\cdots\ ㉰$$

채점 기준	배점 비율
㉮ 표본의 크기가 m일 때, 신뢰구간의 길이 구하기	$30\,\%$
㉯ 표본의 크기가 n일 때, 신뢰구간의 길이 구하기	$30\,\%$
㉰ $\dfrac{m}{n}$의 값 구하기	$40\,\%$

299

모비율이 $\dfrac{40}{200}=0.2$이고 임의추출한 64개의 공 중에서 검은 공의 비율을 $\hat{p}$이라 하면 64는 충분히 큰 수이므로 $\hat{p}$은 근사적으로 정규분포 $\mathrm{N}\!\left(0.2,\ \dfrac{0.2\times0.8}{64}\right)$, 즉 $\mathrm{N}(0.2,\ 0.05^2)$을 따른다. $\qquad$ ⓐ

따라서 $Z=\dfrac{\hat{p}-0.2}{0.05}$로 놓으면 확률변수 Z는 근사적으로 표준정규분포 $\mathrm{N}(0,\ 1)$을 따르므로 구하는 확률은

$$\begin{aligned}
\mathrm{P}(\hat{p}\leq0.25)&=\mathrm{P}\!\left(Z\leq\dfrac{0.25-0.2}{0.05}\right)\\
&=\mathrm{P}(Z\leq1)\\
&=\mathrm{P}(Z\leq0)+\mathrm{P}(0\leq Z\leq1)\\
&=0.5+0.3413\\
&=0.8413 \qquad\qquad \cdots\cdots ⓑ
\end{aligned}$$

채점 기준	배점 비율
ⓐ 표본비율 $\hat{p}$이 따르는 정규분포 구하기	30 %
ⓑ 검은 공의 비율이 25% 이하로 나올 확률 구하기	70 %

$\qquad\qquad\qquad$ ● 85쪽 ~ 86쪽

300 $\dfrac{75}{2}$ **301** 4 **302** 0.02 **303** ⑤
304 0.1574 **305** ㄱ, ㄷ **306** 58 **307** 0.8413

300

표본평균의 평균, 분산, 표준편차

(전략) $\mathrm{E}(\overline{X})=\mathrm{E}(X)$임을 이용하여 a의 값을 구한다.

(풀이) 확률변수 X에 대하여

$\mathrm{E}(\overline{X})=\mathrm{E}(X)=5$이므로

$$2\times a+4\times\left(\dfrac{1}{3}-a\right)+6\times\dfrac{1}{2}+8\times\dfrac{1}{6}=5$$

$$\therefore a=\dfrac{1}{3}$$

$$\begin{aligned}
\mathrm{V}(X)&=\mathrm{E}(X^2)-\{\mathrm{E}(X)\}^2\\
&=2^2\times\dfrac{1}{3}+4^2\times0+6^2\times\dfrac{1}{2}+8^2\times\dfrac{1}{6}-5^2\\
&=30-25=5
\end{aligned}$$

이때 표본의 크기가 2이므로

$$\mathrm{V}(\overline{X})=\dfrac{5}{2}$$

$\mathrm{V}(\overline{X})=\mathrm{E}(\overline{X}^2)-\{\mathrm{E}(\overline{X})\}^2$에서

$$\begin{aligned}
\mathrm{E}(\overline{X}^2)&=\mathrm{V}(\overline{X})+\{\mathrm{E}(\overline{X})\}^2\\
&=\dfrac{5}{2}+5^2=\dfrac{55}{2}
\end{aligned}$$

$$\mathrm{V}(2\overline{X}+1)=2^2\mathrm{V}(\overline{X})$$
$$=4\times\dfrac{5}{2}=10$$

$$\therefore \mathrm{E}(\overline{X}^2)+\mathrm{V}(2\overline{X}+1)=\dfrac{55}{2}+10=\dfrac{75}{2}$$

301

표본평균의 분포

(전략) 생수 1병의 용량을 확률변수 X라 하고, X와 표본의 크기가 n인 표본평균 $\overline{X}$를 각각 표준화하여 $p_1,\ p_2$를 구한다.

(풀이) 생수 1병의 용량을 확률변수 X라 하면 X는 정규분포 $\mathrm{N}(500,\ 20^2)$을 따른다.

이때 $Z_X=\dfrac{X-500}{20}$으로 놓으면 확률변수 Z_X는 표준정규분포 $\mathrm{N}(0,\ 1)$을 따르므로

$$\begin{aligned}
p_1&=\mathrm{P}(X\geq520)\\
&=\mathrm{P}\!\left(Z_X\geq\dfrac{520-500}{20}\right)\\
&=\mathrm{P}(Z_X\geq1)\\
&=\mathrm{P}(Z_X\geq0)-\mathrm{P}(0\leq Z_X\leq1)\\
&=0.5-0.3413=0.1587
\end{aligned}$$

또, 크기가 n인 표본의 표본평균 $\overline{X}$는 정규분포 $\mathrm{N}\!\left(500,\ \dfrac{20^2}{n}\right)$, 즉 $\mathrm{N}\!\left(500,\ \left(\dfrac{20}{\sqrt{n}}\right)^2\right)$을 따른다.

이때 $Z_{\overline{X}}=\dfrac{\overline{X}-500}{\dfrac{20}{\sqrt{n}}}$으로 놓으면 확률변수 $Z_{\overline{X}}$는 표준정규분포 $\mathrm{N}(0,\ 1)$을 따르므로

$$\begin{aligned}
p_2&=\mathrm{P}(\overline{X}\geq480)\\
&=\mathrm{P}\!\left(Z_{\overline{X}}\geq\dfrac{480-500}{\dfrac{20}{\sqrt{n}}}\right)\\
&=\mathrm{P}(Z_{\overline{X}}\geq-\sqrt{n})
\end{aligned}$$

그런데 $p_2-p_1=0.8185$이므로

$$\begin{aligned}
p_2&=p_1+0.8185\\
&=0.1587+0.8185\\
&=0.9772
\end{aligned}$$

즉, $\mathrm{P}(Z_{\overline{X}}\geq-\sqrt{n})=0.9772$이므로

$$\mathrm{P}(-\sqrt{n}\leq Z_{\overline{X}}\leq0)+0.5=0.9772$$
$$\mathrm{P}(0\leq Z_{\overline{X}}\leq\sqrt{n})+0.5=0.9772$$
$$\therefore \mathrm{P}(0\leq Z_{\overline{X}}\leq\sqrt{n})=0.4772$$

이때 $\mathrm{P}(0\leq Z\leq2)=0.4772$이므로

$$\sqrt{n}=2$$
$$\therefore n=4$$

302

표본평균의 분포 ➕ 이항분포와 정규분포의 관계

(전략) 쿠키 상자에 들어 있는 쿠키 9개의 무게의 평균이 따르는 정규분포를 구한다.

(풀이) 한 상자에 들어 있는 쿠키 9개의 평균 무게를 $\overline{X}$라 하면 $\overline{X}$는 정규분포 $\mathrm{N}\left(60, \dfrac{3^2}{9}\right)$, 즉 $\mathrm{N}(60, 1^2)$을 따른다.

이때 $Z_{\overline{X}}=\overline{X}-60$으로 놓으면 확률변수 $Z_{\overline{X}}$는 표준정규분포 $\mathrm{N}(0, 1)$을 따르므로 이 공장에서 생산한 쿠키 9개를 담은 상자 하나가 불량품일 확률은
$$\begin{aligned}
\mathrm{P}(9\overline{X}\le 528.48) &= \mathrm{P}(\overline{X}\le 58.72)\\
&= \mathrm{P}(Z_{\overline{X}}\le 58.72-60)\\
&= \mathrm{P}(Z_{\overline{X}}\le -1.28)\\
&= \mathrm{P}(Z_{\overline{X}}\ge 1.28)\\
&= \mathrm{P}(Z_{\overline{X}}\ge 0)-\mathrm{P}(0\le Z_{\overline{X}}\le 1.28)\\
&= 0.5-0.4\\
&= 0.1
\end{aligned}$$

한편, 쿠키 상자 900개 중에서 불량품인 상자의 수를 Y라 하면 확률변수 Y는 이항분포 $\mathrm{B}(900, 0.1)$을 따르므로
$$\mathrm{E}(Y)=900\times 0.1=90$$
$$\mathrm{V}(Y)=900\times 0.1\times 0.9=81$$
즉, Y는 근사적으로 정규분포 $\mathrm{N}(90, 9^2)$을 따르므로 $Z_Y=\dfrac{Y-90}{9}$으로 놓으면 확률변수 Z_Y는 표준정규분포 $\mathrm{N}(0, 1)$을 따른다.

따라서 구하는 확률은
$$\begin{aligned}
\mathrm{P}(Y\le 72) &= \mathrm{P}\left(Z_Y\le \dfrac{72-90}{9}\right)\\
&= \mathrm{P}(Z_Y\le -2)\\
&= \mathrm{P}(Z_Y\ge 2)\\
&= \mathrm{P}(Z_Y\ge 0)-\mathrm{P}(0\le Z_Y\le 2)\\
&= 0.5-0.48\\
&= 0.02
\end{aligned}$$

303

표본평균의 분포

(전략) 두 표본평균의 확률분포를 이용하여 확률을 구한다.

(풀이) 확률변수 X의 표준편차를 σ라 하면 X는 정규분포 $\mathrm{N}(220, \sigma^2)$을 따르므로 크기가 n인 표본의 표본평균 $\overline{X}$는 정규분포 $\mathrm{N}\left(220, \left(\dfrac{\sigma}{\sqrt{n}}\right)^2\right)$을 따른다.

이때 $Z_{\overline{X}}=\dfrac{\overline{X}-220}{\frac{\sigma}{\sqrt{n}}}$으로 놓으면 확률변수 $Z_{\overline{X}}$는 표준정규분포 $\mathrm{N}(0, 1)$을 따르므로
$$\begin{aligned}
\mathrm{P}(\overline{X}\le 215) &= \mathrm{P}\left(Z_{\overline{X}}\le \dfrac{215-220}{\frac{\sigma}{\sqrt{n}}}\right)\\
&= \mathrm{P}\left(Z_{\overline{X}}\le -\dfrac{5\sqrt{n}}{\sigma}\right)\\
&= \mathrm{P}\left(Z_{\overline{X}}\ge \dfrac{5\sqrt{n}}{\sigma}\right)\\
&= 0.1587
\end{aligned}$$

한편, 주어진 표준정규분포표에서
$$\begin{aligned}
\mathrm{P}(Z\ge 1) &= 0.5-\mathrm{P}(0\le Z\le 1)\\
&= 0.5-0.3413\\
&= 0.1587
\end{aligned}$$
이므로 $\dfrac{5\sqrt{n}}{\sigma}=1$

$\therefore \dfrac{\sigma}{\sqrt{n}}=5 \qquad\qquad \cdots\cdots\ \text{㉠}$

또, 확률변수 Y의 표준편차는 $1.5\sigma=\dfrac{3}{2}\sigma$이고, Y는 정규분포 $\mathrm{N}\left(240, \left(\dfrac{3}{2}\sigma\right)^2\right)$을 따르므로 크기가 $9n$인 표본의 표본평균 $\overline{Y}$는 정규분포 $\mathrm{N}\left(240, \left(\dfrac{\sigma}{2\sqrt{n}}\right)^2\right)$을 따른다.

이때 $Z_{\overline{Y}}=\dfrac{\overline{Y}-240}{\frac{\sigma}{2\sqrt{n}}}$으로 놓으면 확률변수 $Z_{\overline{Y}}$는 표준정규분포 $\mathrm{N}(0, 1)$을 따르므로
$$\begin{aligned}
\mathrm{P}(\overline{Y}\ge 235) &= \mathrm{P}\left(Z_{\overline{Y}}\ge \dfrac{235-240}{\frac{\sigma}{2\sqrt{n}}}\right)\\
&= \mathrm{P}\left(Z_{\overline{Y}}\ge \dfrac{-5}{\frac{5}{2}}\right)(\because \text{㉠})\\
&= \mathrm{P}(Z_{\overline{Y}}\ge -2)\\
&= \mathrm{P}(Z_{\overline{Y}}\le 2)\\
&= \mathrm{P}(Z_{\overline{Y}}\ge 0)+\mathrm{P}(0\le Z_{\overline{Y}}\le 2)\\
&= 0.5+0.4772\\
&= 0.9772
\end{aligned}$$

304

표본평균의 분포

(전략) 모든 실수 x에 대하여 $f(x)=f(2a-x)$이면 함수 $y=f(x)$의 그래프는 직선 $x=a$에 대하여 대칭이다.

(풀이) 확률밀도함수 $f(x)$가 모든 실수 x에 대하여 $f(x)=f(64-x)$를 만족시키므로 $f(x)$의 그래프는 직선 $x=32$에 대하여 대칭이다.

$\therefore m=32$

모평균이 32, 표본의 크기가 36이므로 표본평균 $\overline{X}$는 정규분포 $\mathrm{N}\left(32, \dfrac{12^2}{36}\right)$, 즉 $\mathrm{N}(32, 2^2)$을 따른다.

이때 $Z_{\overline{X}}=\dfrac{\overline{X}-32}{2}$로 놓으면 $Z_{\overline{X}}$는 표준정규분포 $\mathrm{N}(0, 1)$을 따르므로
$$\begin{aligned}
\mathrm{P}(26\le \overline{X}\le 30) &= \mathrm{P}\left(\dfrac{26-32}{2}\le Z_{\overline{X}}\le \dfrac{30-32}{2}\right)\\
&= \mathrm{P}(-3\le Z_{\overline{X}}\le -1)
\end{aligned}$$

한편, $Z_X=\dfrac{X-32}{12}$로 놓으면 Z_X는 표준정규분포 $\mathrm{N}(0, 1)$을 따르므로 주어진 확률밀도함수의 그래프에서
$$\mathrm{P}(-1\le Z_X\le 1)=0.6826,$$
$$\mathrm{P}(-3\le Z_X\le 3)=0.9974$$

$$\therefore \mathrm{P}(0 \leq Z_X \leq 1) = \frac{1}{2} \times 0.6826 = 0.3413,$$

$$\mathrm{P}(0 \leq Z_X \leq 3) = \frac{1}{2} \times 0.9974 = 0.4987$$

$$\begin{aligned}
\therefore \mathrm{P}(-3 \leq Z_{\overline{X}} \leq -1) &= \mathrm{P}(-3 \leq Z_X \leq -1) \\
&= \mathrm{P}(1 \leq Z_X \leq 3) \\
&= \mathrm{P}(0 \leq Z_X \leq 3) - \mathrm{P}(0 \leq Z_X \leq 1) \\
&= 0.4987 - 0.3413 \\
&= 0.1574
\end{aligned}$$

305

모평균의 추정 ⊕ 모평균의 신뢰구간의 길이

(전략) 표준편차를 이용하여 분포의 고르기를 파악한 후, 모평균의 추정을 이용하여 두 지역 A, B의 표본의 크기를 구한다.

(풀이) ㄱ. A 지역의 표준편차는 4, B 지역의 표준편차는 9이므로 표준편차가 작은 A 지역의 분포가 더 고르다. (참)

ㄴ. 두 지역 A, B의 신뢰도가 $\alpha\,\%$로 같으므로

$\mathrm{P}(|Z| \leq k) = \dfrac{\alpha}{100}$라 하면 A 지역의 모평균에 대한 신뢰도

$\alpha\,\%$의 신뢰구간은

$$36 - k\frac{4}{\sqrt{n_1}} \leq m \leq 36 + k\frac{4}{\sqrt{n_1}} \qquad \cdots\cdots \ ㉠$$

이 신뢰구간이 $35 \leq m \leq 37$과 일치하므로

$$36 - k\frac{4}{\sqrt{n_1}} = 35, \ k\frac{4}{\sqrt{n_1}} = 1$$

$$\sqrt{n_1} = 4k$$

$$\therefore n_1 = 16k^2$$

또, B 지역의 모평균에 대한 신뢰도 $\alpha\,\%$의 신뢰구간은

$$42 - k\frac{9}{\sqrt{n_2}} \leq m \leq 42 + k\frac{9}{\sqrt{n_2}} \qquad \cdots\cdots \ ㉡$$

이 신뢰구간이 $39 \leq m \leq 45$와 일치하므로

$$42 - k\frac{9}{\sqrt{n_2}} = 39, \ k\frac{9}{\sqrt{n_2}} = 3$$

$$\sqrt{n_2} = 3k$$

$$\therefore n_2 = 9k^2$$

$$\therefore n_1 > n_2 \ (거짓)$$

ㄷ. 신뢰도를 $\alpha\,\%$보다 크게 하면 ㉠, ㉡에서 k의 값이 더 커진다.

따라서 신뢰구간의 길이 $2k\dfrac{4}{\sqrt{n_1}}$, $2k\dfrac{9}{\sqrt{n_2}}$도 각각 더 길어진다.

(참)

이상에서 옳은 것은 ㄱ, ㄷ이다.

306

모평균의 신뢰구간의 길이

(전략) 두 신뢰도에 대한 신뢰구간의 길이를 식으로 나타내어 비교한다.

(풀이) $\mathrm{P}(0 \leq Z \leq 1.64) = 0.45$에서 $\mathrm{P}(|Z| \leq 1.64) = 0.90$이고 표본의 크기가 100, 모표준편차가 2이므로 신뢰도 $90\,\%$로 추정한 신뢰구간의 길이는

$$l = 2 \times 1.64 \times \frac{2}{\sqrt{100}} = 0.656 \qquad \cdots\cdots \ ㉠$$

이때 $\mathrm{P}(|Z| \leq a) = \dfrac{k}{100}$로 놓으면

$$\frac{l}{2} = 2 \times a \times \frac{2}{\sqrt{100}} = \frac{2}{5}a$$

$$\therefore l = \frac{4}{5}a \qquad \cdots\cdots \ ㉡$$

㉠, ㉡에서 $a = 0.82$

따라서 $\mathrm{P}(0 \leq Z \leq 0.82) = 0.29$이므로

$$\mathrm{P}(|Z| \leq 0.82) = 0.58$$

$$\therefore k = 58$$

307

표본비율의 분포

(전략) 두 표본비율의 확률분포를 이용하여 확률을 구한다.

(풀이) 표본의 크기 81은 충분히 큰 수이므로 $\hat{p}_1$은 근사적으로 정규분포 $\mathrm{N}\left(0.9, \dfrac{0.9 \times 0.1}{81}\right)$, 즉 $\mathrm{N}\left(0.9, \left(\dfrac{1}{30}\right)^2\right)$을 따르고, 표본의 크기 n은 충분히 큰 수이므로 $\hat{p}_2$는 근사적으로 정규분포

$\mathrm{N}\left(0.5, \dfrac{0.5 \times 0.5}{n}\right)$, 즉 $\mathrm{N}\left(0.5, \left(\dfrac{1}{2\sqrt{n}}\right)^2\right)$을 따른다.

$\mathrm{P}(\hat{p}_1 \leq 0.95) = \mathrm{P}(\hat{p}_2 \geq 0.425)$이고 $0.425 < 0.5$이므로

$$\frac{0.95 - 0.9}{\dfrac{1}{30}} = -\frac{0.425 - 0.5}{\dfrac{1}{2\sqrt{n}}}$$

$$\sqrt{n} = 10$$

$$\therefore n = 100$$

따라서 $\hat{p}_2$은 근사적으로 정규분포 $\mathrm{N}(0.5, 0.05^2)$을 따르므로

$Z = \dfrac{X - 0.5}{0.05}$로 놓으면 확률변수 Z는 근사적으로 표준정규분포 $\mathrm{N}(0, 1)$을 따른다.

$$\begin{aligned}
\therefore \mathrm{P}(\hat{p}_2 \leq 0.55) &= \mathrm{P}\left(Z \leq \frac{0.55 - 0.5}{0.05}\right) \\
&= \mathrm{P}(Z \leq 1) \\
&= \mathrm{P}(Z \leq 0) + \mathrm{P}(0 \leq Z \leq 1) \\
&= 0.5 + 0.3413 \\
&= 0.8413
\end{aligned}$$

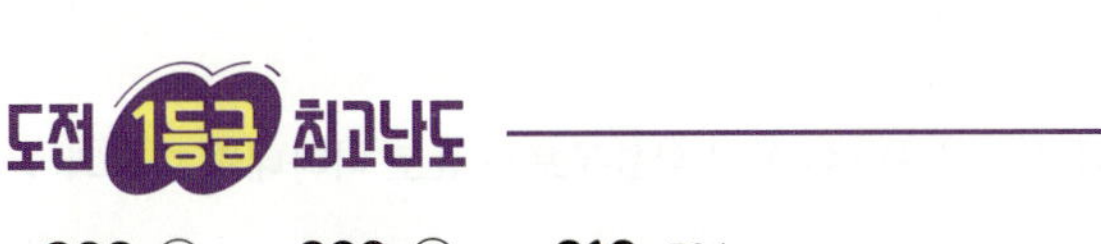

308 ⑤	309 ③	310 784

308

표본평균의 평균, 분산, 표준편차

(1단계) 주어진 상황을 확률변수로 나타낸다.

주어진 시행을 한 번 하여 기록한 수를 확률변수 X라 하면 X가 가질 수 있는 값은 1, 2, 3이고, $\overline{X}$는 임의추출한 크기가 2인 표본평균이다.

(i) $X=1$인 경우

　㉠ 주사위를 한 번 던져 나온 눈의 수가 3의 배수인 경우

　　주머니 A에서 꺼낸 2개의 공에 적혀 있는 두 수의 차가 1일
　　확률은

$$\frac{2}{6}\times\frac{2}{{}_3C_2}=\frac{1}{3}\times\frac{2}{3}=\frac{2}{9}$$

　㉡ 주사위를 한 번 던져 나온 눈의 수가 3의 배수가 아닌 경우

　　주머니 B에서 꺼낸 2개의 공에 적혀 있는 두 수의 차가 1일
　　확률은

$$\frac{4}{6}\times\frac{3}{{}_4C_2}=\frac{2}{3}\times\frac{1}{2}=\frac{1}{3}$$

　㉠, ㉡에서

$$P(X=1)=\frac{2}{9}+\frac{1}{3}=\frac{5}{9}$$

(ii) $X=2$인 경우

　㉠ 주사위를 한 번 던져 나온 눈의 수가 3의 배수인 경우

　　주머니 A에서 꺼낸 2개의 공에 적혀 있는 두 수의 차가 2일
　　확률은

$$\frac{2}{6}\times\frac{1}{{}_3C_2}=\frac{1}{3}\times\frac{1}{3}=\frac{1}{9}$$

　㉡ 주사위를 한 번 던져 나온 눈의 수가 3의 배수가 아닌 경우

　　주머니 B에서 꺼낸 2개의 공에 적혀 있는 두 수의 차가 2일
　　확률은

$$\frac{4}{6}\times\frac{2}{{}_4C_2}=\frac{2}{3}\times\frac{1}{3}=\frac{2}{9}$$

　㉠, ㉡에서

$$P(X=2)=\frac{1}{9}+\frac{2}{9}=\frac{1}{3}$$

(iii) $X=3$인 경우

　㉠ 주사위를 한 번 던져 나온 눈의 수가 3의 배수인 경우

　　주머니 A에서 꺼낸 2개의 공에 적혀 있는 두 수의 차가 3인
　　경우는 존재하지 않는다.

　㉡ 주사위를 한 번 던져 나온 눈의 수가 3의 배수가 아닌 경우

　　주머니 B에서 꺼낸 2개의 공에 적혀 있는 두 수의 차가 3일
　　확률은

$$\frac{4}{6}\times\frac{1}{{}_4C_2}=\frac{2}{3}\times\frac{1}{6}=\frac{1}{9}$$

　㉠, ㉡에서

$$P(X=3)=\frac{1}{9}$$

(i), (ii), (iii)에서 확률변수 X의 확률분포를 표로 나타내면 다음과 같다.

X	1	2	3	합계
$P(X=x)$	$\frac{5}{9}$	$\frac{1}{3}$	$\frac{1}{9}$	1

〔3단계〕 $P(\overline{X}=2)$의 값을 구한다.

주어진 시행을 2번 반복하여 기록한 두 개의 수를 각각 a, b라 할
때, $\overline{X}=2$, 즉 $\dfrac{a+b}{2}=2$가 되는 경우는

$a=1,\ b=3$ 또는 $a=2,\ b=2$ 또는 $a=3,\ b=1$

$$\therefore P(\overline{X}=2)=P(X=1)\times P(X=3)$$
$$+P(X=2)\times P(X=2)+P(X=3)\times P(X=1)$$
$$=\frac{5}{9}\times\frac{1}{9}+\frac{1}{3}\times\frac{1}{3}+\frac{1}{9}\times\frac{5}{9}$$
$$=\frac{5}{81}+\frac{1}{9}+\frac{5}{81}$$
$$=\frac{19}{81}$$

309
표본평균의 분포

〔1단계〕 표본평균 $\overline{X}$가 따르는 정규분포를 구한다.

모집단이 정규분포 $N(m,\ \sigma^2)$을 따르므로 표본평균 $\overline{X}$는 정규분
포 $N\left(m,\ \dfrac{\sigma^2}{4}\right)$, 즉 $N\left(m,\ \left(\dfrac{\sigma}{2}\right)^2\right)$을 따른다.

따라서 $Z=\dfrac{\overline{X}-m}{\dfrac{\sigma}{2}}$으로 놓으면 확률변수 Z는 표준정규분포

$N(0,\ 1)$을 따른다.

〔2단계〕 ㄱ, ㄴ, ㄷ의 참, 거짓을 판별한다.

　ㄱ. $f(m-1)=P(m-2\leq\overline{X}\leq m+2)$
$$=P\left(\frac{m-2-m}{\dfrac{\sigma}{2}}\leq Z\leq\frac{m+2-m}{\dfrac{\sigma}{2}}\right)$$
$$=P\left(-\frac{4}{\sigma}\leq Z\leq\frac{4}{\sigma}\right)$$
$$=P\left(|Z|\leq\frac{4}{\sigma}\right)$$

$$P(|\overline{X}-m|\leq4)=P\left(\left|\frac{\overline{X}-m}{\sigma}\right|\leq\frac{4}{\sigma}\right)$$
$$=P\left(|Z|\leq\frac{4}{\sigma}\right)$$

　$\therefore f(m-1)=P(|\overline{X}-m|\leq4)$ (참)

　ㄴ. $f(m)=P(m-1\leq\overline{X}\leq m+3)$
$$=P\left(\frac{m-1-m}{\dfrac{\sigma}{2}}\leq Z\leq\frac{m+3-m}{\dfrac{\sigma}{2}}\right)$$
$$=P\left(-\frac{2}{\sigma}\leq Z\leq\frac{6}{\sigma}\right)$$

이때

$$P\left(-\frac{4}{\sigma}\leq Z\leq-\frac{2}{\sigma}\right)$$
$$=P\left(\frac{2}{\sigma}\leq Z\leq\frac{4}{\sigma}\right)$$
$$>P\left(\frac{4}{\sigma}\leq Z\leq\frac{6}{\sigma}\right)$$

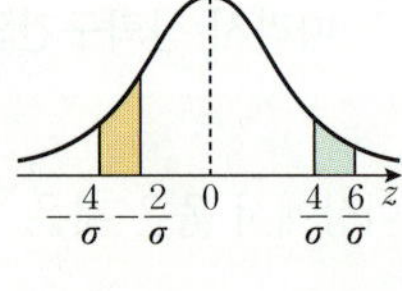

이므로

$$f(m)=P\left(-\frac{2}{\sigma}\leq Z\leq\frac{6}{\sigma}\right)$$
$$<P\left(-\frac{4}{\sigma}\leq Z\leq\frac{4}{\sigma}\right)$$
$$=f(m-1)$$

따라서 $t=m$일 때, 함수 $f(t)$는 최댓값을 갖지 않는다. (거짓)

ㄷ. $f(m+k-1)$

$\quad = \mathrm{P}(m+k-2 \leq \overline{X} \leq m+k+2)$

$\quad = \mathrm{P}\left(\dfrac{m+k-2-m}{\dfrac{\sigma}{2}} \leq Z \leq \dfrac{m+k+2-m}{\dfrac{\sigma}{2}}\right)$

$\quad = \mathrm{P}\left(2 \times \dfrac{k-2}{\sigma} \leq Z \leq 2 \times \dfrac{k+2}{\sigma}\right)$

$f(m-k-1)$

$\quad = \mathrm{P}(m-k-2 \leq \overline{X} \leq m-k+2)$

$\quad = \mathrm{P}\left(\dfrac{m-k-2-m}{\dfrac{\sigma}{2}} \leq Z \leq \dfrac{m-k+2-m}{\dfrac{\sigma}{2}}\right)$

$\quad = \mathrm{P}\left(-2 \times \dfrac{k+2}{\sigma} \leq Z \leq -2 \times \dfrac{k-2}{\sigma}\right)$

일반적으로 $a<b$인 두 실수 a, b에 대하여

$\mathrm{P}(a \leq Z \leq b) = \mathrm{P}(-b \leq Z \leq -a)$가 성립하므로

$f(m+k-1) = f(m-k-1)$ (참)

이상에서 옳은 것은 ㄱ, ㄷ이다.

개념 보충

확률변수 X가 정규분포 $\mathrm{N}(m,\ \sigma^2)$을 따를 때, 정규분포곡선은 직선 $x=m$에 대하여 대칭이다.

따라서 $\mathrm{P}(a \leq X \leq b)$가 최대이려면 오른쪽 그림과 같아야 하므로

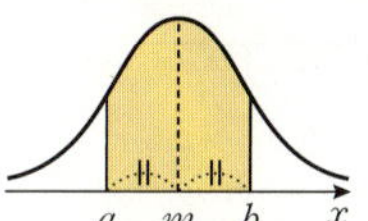

$\dfrac{a+b}{2} = m$ (단, $b-a$는 일정)

310

모비율의 신뢰구간의 길이

(1단계) 신뢰구간의 길이를 p, n에 대한 식으로 나타낸다.

모비율 p에 대한 신뢰도 95 %의 신뢰구간의 길이를 l이라 하면

$$l = 2 \times 1.96 \times \sqrt{\dfrac{p(1-p)}{n}}$$

(2단계) p의 조건을 이용하여 신뢰구간의 범위를 구한다.

$0.8 \leq p \leq 1$이므로

$p(1-p) = -p^2 + p$

$\qquad = -\left(p - \dfrac{1}{2}\right)^2 + \dfrac{1}{4}$

$\qquad \leq -\left(\dfrac{4}{5} - \dfrac{1}{2}\right)^2 + \dfrac{1}{4}$

$\qquad = \dfrac{4}{25}$

$\therefore\ l = 2 \times 1.96 \times \sqrt{\dfrac{p(1-p)}{n}}$

$\qquad \leq 2 \times 1.96 \times \dfrac{2}{5\sqrt{n}}$

$\qquad = \dfrac{1.568}{\sqrt{n}}$

(3단계) n의 최솟값을 구한다.

$l \leq 0.056$에서

$\dfrac{1.568}{\sqrt{n}} \leq 0.056$

$\sqrt{n} \geq 28 \qquad \therefore\ n \geq 784$

따라서 구하는 n의 최솟값은 784이다.

MEMO

MEMO

MEMO

www.mirae-n.com

학습하다가 이해되지 않는 부분이나 정오표 등의 궁금한 사항이 있나요?
미래엔 홈페이지에서 해결해 드립니다.

교재 내용 문의
나의 교재 문의 | 자주하는 질문 | 기타 문의

교재 정답 및 정오표
정답과 해설 | 정오표

교재 학습 자료
MP3

Contact Mirae-N
www.mirae-n.com
(우)06532 서울시 서초구 신반포로 321
1800-8890

실력 상승 문제집

파사쥬

대표 유형과 실전 문제로 내신과 수능을
동시에 대비하는 실력 상승 실전서

국어	국어, 문학, 독서
영어	기본영어, 유형구문, 유형독해, 20회 듣기모의고사, 25회 듣기 기본 모의고사
수학	수학Ⅰ, 수학Ⅱ, 확률과 통계, 미적분

수능 완성 문제집

수능 주도권

핵심 전략으로 수능의 기선을 제압하는
수능 완성 실전서

국어영역	문학, 독서, 언어와 매체, 화법과 작문
영어영역	독해편, 듣기편
수학영역	수학Ⅰ, 수학Ⅱ, 확률과 통계, 미적분

수능 기출 문제집

N기출

수능N 기출이 답이다!

국어영역	공통과목_문학, 공통과목_독서, 선택과목_화법과 작문, 선택과목_언어와 매체
영어영역	고난도 독해 LEVEL 1, 고난도 독해 LEVEL 2, 고난도 독해 LEVEL 3
수학영역	공통과목_수학Ⅰ+수학Ⅱ 3점 집중, 공통과목_수학Ⅰ+수학Ⅱ 4점 집중, 선택과목_확률과 통계 3점/4점 집중, 선택과목_미적분 3점/4점 집중, 선택과목_기하 3점/4점 집중

N기출 모의고사

수능의 답을 찾는 우수 문항 기출 모의고사

수학영역	공통과목_수학Ⅰ+수학Ⅱ, 선택과목_확률과 통계, 선택과목_미적분

미래엔 교과서 연계 도서

미래엔 교과서 자습서

교과서 예습 복습과 학교 시험 대비까지
한 권으로 완성하는 자율학습서

[2022 개정]

국어	공통국어1, 공통국어2
영어	공통영어1, 공통영어2
수학	공통수학1, 공통수학2, 기본수학1, 기본수학2
사회	통합사회1, 통합사회2, 한국사1, 한국사2
과학	통합과학1, 통합과학2
제2외국어	중국어, 일본어
한문	한문

[2015 개정]

국어	문학, 독서, 언어와 매체, 화법과 작문, 실용 국어
수학	수학Ⅰ, 수학Ⅱ, 확률과 통계, 미적분, 기하
한문	한문Ⅰ

미래엔 교과서 평가 문제집

학교 시험에서 자신 있게
1등급의 문을 여는 실전 유형서

[2022 개정]

국어	공통국어1, 공통국어2
사회	통합사회1, 통합사회2, 한국사1, 한국사2
과학	통합과학1, 통합과학2

[2015 개정]

국어	문학, 독서, 언어와 매체

가 슴 엔 · 듯 · 눈 엔 · 듯 · 또 · 피 줄 엔 ·
듯 · 마 음 이 · 도 른 도 른 · 숨 어 · 있 는 · 곳 ·
내 · 마 음 의 · 어 딘 · 듯 · 한 편 에 · 끝 없 는 ·
강 물 이 · 흐 르 네

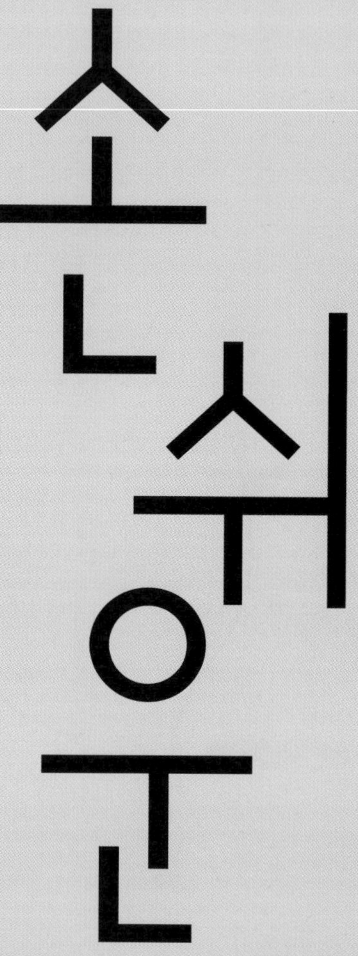

문학은 감상입니다. 감상을 통한 손쉬운 공부 비법을 배웁니다.

고등학교 문학 입문서

손쉬운

손쉬운 학습   각종 국어 교과서 대표 작품으로 익힙니다.
손쉬운 이해   문학 개념부터 작품 핵심까지 술술 읽으며 터득합니다.
손쉬운 대비   자주 출제되는 문제 유형으로 내신과 수능을 준비합니다.